烟草制品
体外毒性评价

谢复炜
李 翔 主编
尚平平

中国轻工业出版社

图书在版编目（CIP）数据

烟草制品体外毒性评价/谢复炜，李翔，尚平平主编. —北京：中国轻工业出版社，2019.12

ISBN 978-7-5184-2706-2

Ⅰ.①烟…　Ⅱ.①谢…　②李…　③尚…　Ⅲ.①烟草制品—有毒物质—研究　Ⅳ.①TS47

中国版本图书馆 CIP 数据核字（2019）第 245661 号

责任编辑：张　靓　　责任终审：张乃东　　封面设计：锋尚设计
版式设计：砚祥志远　　责任校对：吴大鹏　　责任监印：张　可

出版发行：中国轻工业出版社（北京东长安街 6 号，邮编：100740）

印　　刷：三河市国英印务有限公司

经　　销：各地新华书店

版　　次：2019 年 12 月第 1 版第 1 次印刷

开　　本：720×1000　1/16　印张：15

字　　数：310 千字

书　　号：ISBN 978-7-5184-2706-2　　定价：58.00 元

邮购电话：010-65241695

发行电话：010-85119835　传真：85113293

网　　址：http://www.chlip.com.cn

Email：club@ chlip.com.cn

如发现图书残缺请与我社邮购联系调换

190188K4X101ZBW

本书编写人员

主　　编	谢复炜　李　翔　尚平平	
副 主 编	赵俊伟　郭军伟　郭吉兆	
参　　编	颜权平　赵　阁　王　昇	
	刘显军　华辰凤　杨　松	

前言
PREFACE

吸烟有害健康已成社会共识。卷烟烟气、环境烟气（二手烟）、三手烟对人体和环境都带来了不利的健康影响。全球范围内的控烟运动日益高涨，来自大学、科研机构和烟草工业的科研团体一直都在开展吸烟与健康的研究。评价烟草烟气暴露的生物学效应，寻找吸烟相关疾病的分子机制以及有害结局路径，获得健康风险评估的科学数据，提供可控的干预措施，可为政府管控政策的制定以及工业减害技术的研发提供可靠的、客观的、科学的依据。

烟草烟气的暴露主要通过呼吸系统，吸入毒性的风险和健康危害是最直接的影响。卷烟烟气是一种复杂的、动态的气溶胶，这就注定了研究卷烟烟气吸入的暴露风险是困难的课题。卷烟烟气由粒相和气相组分组成，烟气颗粒物的尺寸效应，新鲜产生的烟气颗粒物的凝聚、碰撞、沉积和陈化等物理特性，以及颗粒物载带化学成分的复杂程度，直接影响了卷烟烟气的生物学效应。吸烟是烟草烟气的直接暴露，模拟实际烟气暴露的生理微环境，开展相关的毒理学实验研究，可以更好地理解烟草烟气导致的生理性和病理性的损伤效应，对于公众健康具有重大意义。

当前有关烟气吸入毒性的研究虽然较多，但并不系统全面，涉及从卷烟烟气气溶胶的理化特性到毒理学效应的综合分析较少，尤其是气溶胶粒径分布和生物学影响的相关性研究未见报道。传统的吸入毒性研究多利用动物模型，然而，随着实验动物使用"3R原则"的倡导与实施以及生物医学研究模式的转变，替代动物实验的体外模型研究已成为毒理学发展的重要方向。随着"21世纪毒性测试"理念的提出，在传统的烟气毒性评价方法的基础上发展了新的评估程序，并逐步形成了以基因组学、转录组学、蛋白组学和系统生物学为新的技术手段的评价策略；同时，不同学科交叉融合，多水平多维度的暴露评价模型及方法也逐步发展。2011年，美国FDA授权美国医学研究院（IOM）制订了"MRTP研究的科学标准"，提出MRTP的健康风险评估框架，其中体外毒性测试是评估框架的重要组成部分。近年来，新型烟草制品不断涌现，产品开发日益加速，对新产品的健康风险评估也受到关注，政府和管控机构对于新产品的上市提出了要求。国际上各个烟草公司都在积极发展建立相应的新型烟草制品健康风险评估的方法和框架，以满足管控机构的管控要求。

　　本书围绕烟草烟气毒理学评价主题进行讨论，并以具体的实例做详细的分析。全书共分为 6 部分：第 1 部分概述了烟草烟气的化学组成和有害成分；第 2 部分介绍了卷烟烟气体外毒理学评价方法；第 3 部分讨论了卷烟主流烟气颗粒物的尺度、化学组成与生物毒性特征；第 4 部分介绍了基于气-液界面暴露的卷烟烟气体外毒性测试方法和研究进展；第 5 部分以具体实例讨论了微流控芯片暴露模型在卷烟烟气体外毒性测试中的应用；第 6 部分简要综述了新型烟草制品的毒理学评价研究。

　　书中若有不妥之处，恳请读者指正。

编者

目 录
CONTENTS

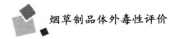

第 1 部分
烟草及烟草制品危害性评价

　　烟草及烟草制品对健康产生的影响在科技文献中多有报道，虑及国际社会关于烟草消费和接触烟草烟气对健康、社会、经济和环境造成的破坏性后果的关注，2003 年 5 月 21 日世界卫生大会批准了《世界卫生组织烟草控制框架公约》［World Health Organization Framework Convention on Tobacco Control（WHO FCTC）］。公约呼吁所有国家开展尽可能广泛的国际合作，控制烟草的广泛流行。中国于 2003 年 11 月 10 日正式签署 FCTC。2006 年 1 月，FCTC 在中国正式生效。2007 年 4 月，国务院批准成立了 FCTC 履约工作部协调领导小组（简称"履约小组"），由国家发展和改革委员会牵头 FCTC 的履约职能；2008 年，转由工业和信息化部牵头；2018 年 3 月，国务院机构改革将 FCTC 履约职能划归国家卫生健康委员会。中国也积极履约 FCTC，《中华人民共和国烟草专卖法》（2009 年 8 月 27 日第十一届全国人民代表大会常务委员会第十次会议修订）的第五条规定，"国家加强对烟草专卖品的科学研究和技术开发，提高烟草制品的质量，降低焦油和其他有害成分的含量。国家和社会加强吸烟危害健康的宣传教育，禁止或者限制在公共交通工具和公共场所吸烟，劝阻青少年吸烟，禁止中小学生吸烟。"目前，中国已形成了包括有害成分分析和体外毒性评价的较为系统的烟草制品危害性评价方法，在降焦减害方面取得了显著成效。

　　烟草戒断存在很大的难度，在过去几十年，国际跨国烟草公司和中国均推出了低焦油、"淡"卷烟等风险改变烟草制品（Modified Risk Tobacco Products，MRTPs），此举被认为有误导消费者嫌疑。鉴于此，美国于 2009 年通过了《家庭吸烟预防与烟草控制法案》（以下简称《法案》），《法案》第 911 节对 MRTPs 做出了明确规定，并给出 MRTPs 的定义：任何销售或发行的，旨在降低吸烟者罹患烟草相关疾病风险或降低疾病危害的烟草制品。《法案》授权美国食品与药物管理局（FDA）对烟草制品的制造、发行与销售进行管制，并要求 FDA 编制科学评估 MRTPs 的管制措施或指导意见，同时强调，编制管制措施或指导意见时，应向美国国家科学院医学研究所寻求咨询。

依照《法案》规定，美国国家科学院医学研究所召集了来自各个领域（包括成瘾研究、心脏病学、肺病学、肿瘤学、流行病学、方法设计研究、生物统计学、风险认知研究、青少年行为研究、药物与设备管理与立法研究、人群健康研究、吸烟与戒烟研究以及毒理学）的 15 名专家组成了风险改变烟草制品研究科学标准委员会。在为期 10 个月的时间内，委员会召开了 5 次会议，详细研究了以往的文献资料，分别听取了来自烟草行业、公共卫生宣传组织与监管机构代表的意见，并且听取了外部专家的建议，最终形成了MRTPs 的评价方法，规定在健康效应、潜在致癌能力以及公众对 MRTPs 的认知三个方面开展研究并且获取有利证据后，MRTPs 方能进入市场。

其中，健康效应的研究，即危害性评价。包括：

（1）化学成分及有害成分分析。

（2）临床前毒性研究　主要目的是鉴别出极端有害的产品，并将其排除在临床试验之外，以及鉴别出具有潜在减害能力的产品，并准许其进入临床戒断评估。烟草制品应进行的标准体外测试包括：细胞毒性、遗传毒性、细胞凋亡、氧化应激、炎症、恶性转化等实验。完成体外毒性测试后，方可开展动物实验。

（3）临床研究　在评估人体与 MRTPs 特定成分的暴露程度时可使用暴露生物标志物，暴露生物标志物包括特定成分本身的代谢产物，或上述两种物质与 DNA 或蛋白质的加合物。在比较 MRTPs 和传统卷烟对人体健康的影响时，流行病学研究可提供更令人信服的证据，横断面调查、随机对照临床实验或前瞻性队列研究的证据性更强，并可用于风险评估。

本章主要对烟草使用、烟草烟气化学成分、有害成分等方面进行论述。

1　烟草的使用历史

烟草的历史已长达多个世纪，最初兴起于美洲，在 1492 年与欧洲人进行烟草贸易之前，西方国家的烟草商业已经有了千年历史。烟草是由美国中部与南部地区的美洲原住民开始种植的，据玛雅神庙的雕刻中描述，烟草常作为宗教用途[1]。如图 1.1 所示为描绘玛雅统治者抽雪茄场景的宫殿纹陶罐，玛雅人常以雪茄、鼻烟或液体等方式单独食用或混合吸入烟草，产生一种迷幻和恍惚感。在宗教典礼中烟草也可以作为迷幻剂来使用，被认为是奉献给神的祭品。

烟草从美洲流传到世界各地的时间可追溯到 1492 年 10 月 11 日，当时哥伦布在阿拉瓦克人的住宅中得到了一些干燥烟叶，并将这些烟叶带回了欧洲，可能同时也学会了抽烟的技巧[2]。这种植物以一名法国驻葡萄牙大使的名字命名，称为 nicotiana，据说是这位大使将它引进法国。在法国与西班牙种植的烟草为红花烟草（*Nicotiana tabacum*），种子来自巴西与墨西哥，而在葡萄牙与英格兰种植的烟草为黄花烟草（*Nicotiana rustica*），种子分别来自佛罗里达州与弗吉尼亚州[2]。烟草约在 16 世纪中、后期传入中国。

图 1.1　玛雅宫殿纹陶罐

（8 月 24 日，深圳博物馆、湖北省博物馆与成都金沙遗址博物馆联名引进"自然的力量"：洛杉矶郡艺术博物馆藏古代玛雅艺术品）

如表 1.1[2] 所示，早期社会中烟草就已广泛分布，其广泛使用的原因包含了社会心理学因素以及药理学因素。对于许多吸烟者来说，烟碱很容易让人上瘾，另外烟草烟气中的其他成分、气味或添加剂也会对人产生影响。

表 1.1　　　　　　　　　　早期烟草的种植与使用编年史

时间	事件
1492 年	哥伦布发现了阿拉瓦克人的住宅，并得到了一些干燥烟叶
1499 年	阿美利哥·韦斯普奇记录了委内瑞拉附近一座岛屿上的人嚼用烟草的行为
1545 年	加拿大蒙特利尔市附近的易洛魁印第安人被发现有吸烟习性
1556 年	法国开始种植烟草，烟草在法国初为人知
1558 年	烟草开始在巴西和葡萄牙盛行
1559 年	西班牙引进烟草
1560 年	中非引进黄花烟草
1565 年	英格兰引进烟草
1600 年	烟草被引入意大利、德国、挪威、瑞典、俄国、波斯、印度、印度支那、日本以及非洲西岸
1612 年	来自弗吉尼亚詹姆斯敦的约翰·罗尔夫最早将种植烟草用于出口贸易
1631 年	烟草生产开始扩展到马里兰州，并逐渐向其他地区延伸
17 世纪 50 年代	葡萄牙人将烟草带到南非及其他国家，西班牙人则将烟草运往菲律宾、危地马拉、其他美洲中部与南部国家以及西印度群岛。印度尼西亚开始种植烟草。烟草栽培扩展到欧洲

烟草的现代史始于 19 世纪中期，美国人詹姆斯·艾伯特·邦萨克（James Albert Bonsack）于 1880 年发明了连续成条卷烟机（图 1.2），并获得专利权，这一发明为烟草行业的工业化奠定了基础[3]，确立了卷烟工业在烟草工业中的主导地位。1891—1892 年，美商老晋隆洋行在天津和上海开设卷烟厂，将邦萨克卷烟机带入中国，带动了中国烟草工业的发展。中华人民共和国成立后，历经半个世纪，烟草工业装备和技术总体上实现了跨越式发展，部分卷烟和复烤企业已达到国际先进水平。

图 1.2　邦萨克卷烟机

（［行业·设备］卷烟机的历史发展［EB/OL］. http：//www. sohu. com/a/343418792/20066604，2019. 09. 25）

中国是世界烟草大国，烟叶总产量约占世界烟叶总产量的四分之一，从 1980 年起，中国烟叶种植面积和产销量均居世界第一位。中国烟草种植分布广泛，其中种植面积最大、产量最多的是烤烟，其次是晾晒烟、白肋烟、香料烟和少量黄花烟。

2　烟草制品的化学组成

烟草制品是以烟草为原料制成的嗜好性消费品，分为燃吸类烟草制品和非燃吸类烟草制品，前者包括卷烟、雪茄、水烟、旱烟等，后者包括鼻烟、嚼烟等。使用者暴露两种烟草制品的途径和物质存在差异，使用燃吸类烟草制品是经呼吸系统暴露烟气，使用非燃吸类烟草制品是经消化系统直接暴露烟草。以下从烟草和烟气化学成分和有害成分两方面来介绍烟草制品的化学组成。

2.1　烟草和烟气化学成分

　　1950 年 5 月 27 日，美国科学家 Levin 和 Wynder 在《美国医学会杂志》发表了吸烟与肺癌关系的病例。对照研究结果，首次将吸烟与肺癌联系起来[4]。1948—1952 年，英国科学家 Richard Doll 和 Austin Bradford Hill（图 1.3）用回顾性配对调查方法研究吸烟与健康的关系，研究结果发表在《不列颠医学杂志》，论文指出吸烟与肺癌的发生有密切的联系，肺癌患者比对照者抽吸烟支数多、抽吸频率大、开始吸烟的年龄早、吸烟时间长，并采用相对危险度表示吸纸烟和患肺癌之间的关联高达 7 倍甚至十几倍，而且重度吸烟者得肺癌的几率是非吸烟者的 50 倍[5]。这两项流行病学研究使人们认识到抽吸卷烟带来的健康风险。

　　为确定卷烟烟气导致癌症的机

图 1.3　Richard Doll 和 Austin Bradford Hill
[．流行病学（第八版）．人民卫生出版社]

制，对不同品系的小鼠进行了一系列的试验研究，1953 年，美国科学家 Wynder 等采用丙酮萃取卷烟烟气冷凝物（Cigarette Smoke Condensate，CSC），将其涂抹在小鼠的皮肤上，24 个月后，81 只小鼠中有 48 只发生皮肤乳头状瘤，36 只小鼠在染毒部位发生表皮样癌，这一试验结果从动物实验方面证实了吸烟对健康的不利影响[6]。从此，烟草和烟气化学成分和有害成分的研究与鉴定工作广泛开展，人们对烟草和烟气的物理化学性质、尤其是化学成分的组成的了解越来越深入。

从 20 世纪 50 年代开始，世界范围内的"吸烟与健康"研究发展迅速。到 1970 年，关于"吸烟与健康"的论文就有 14500 多篇。而从 1970—2000 年的 30 年间，研究人员发表了超过 10 万篇的论文，研究向更高水平发展。卷烟烟气提取物或冷凝物的毒性作用也促进了烟草和烟气化学成分分析的发展。20 世纪 50 年代，鉴于分析技术的限制，虽然烟草和烟气被认为是极其复杂的混合物，但对它的组成却知之甚少，仅鉴定报道了不到 100 种物质。随着分析技术的提高，烟草和烟气中鉴定出的化学成分呈逐年增加趋势，如图 1.4 所示，截至 2012 年，烟草和烟气中鉴定出的化学成分分别为 5596 和 6010 种，其中烟草和烟气共有的为 2215 种[7]。

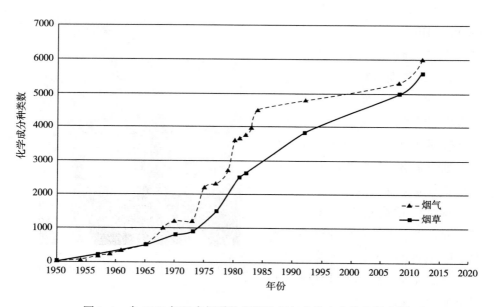

图 1.4　自 1954 年以来报道的烟草和烟气中鉴定出的化学成分

如表 1.2 所示为 Rodgman 等 2008 年对烟草和烟气中的主要化学成分进行的总结[8]。已从烟草中鉴定出的化合物将近 5000 种，从卷烟烟气中鉴定出的化学成分超过 5000 种。该表显示，烟草和烟气中的成分主要有烃类，如烷烃、烯烃和炔、烯类化合物；含氧化合物，如植物甾醇和衍生物、醛、酮、羧酸；含氮组分，如腈、蛋白质和胺、酰胺、酰亚胺类、亚硝胺；杂环化合物，如硫化物、含卤素和固定气体、金属、非金属和离子、农药残留。就烟草中已鉴定的成分而言，其质量占烟草总质量的 98.7% 以上，而已鉴定出的烟气中化学成分的质量则超过总烟气质量的99%。

表1.2	烟草和烟气中的化学成分（2008年）	
化合物	烟草中成分	烟气中成分
烃类		
烷烃	20	31
烯烃和炔	16	320
烯类化合物	42	76
单环芳烃	8	58
多环芳烃	12	570
小计	98	1055
含氧组分		
醇	875	542
植物甾醇和衍生物	63	9
醛	119	62
酮	418	514
羧酸	368	275
脂类和树脂	—	—
氨基酸	69	1
酯	388	123
内酯	133	118
酸酐	6	7
碳水化合物	230	6
酚类	107	363
醌	14	26
醚	466	392
小计	3256	2438
含氮类化合物		
腈	9	111
蛋白质和胺	198	177
酰胺类	88	106
酰亚胺类	19	44
N-亚硝胺	13	15

续表

化合物	烟草中成分	烟气中成分
硝基烷烃、硝基苯和硝基酚	17	54
氮杂芳烃类	219	642
内酰胺类	20	82
噁唑类	14	41
α-芳烃、杂芳烃衍生物和 N-杂环胺	56	265
小计	653	1537
杂类化合物		
硫化物	133	99
含卤素和固定气体	70	133
金属、非金属和离子	125	13
农药残留	188	4
酶	469	0
自由基	0	32
小计	985	281
总计	4994	5311

2.2 卷烟烟气的产生及测试

将烟叶做成卷烟涉及很多不同的加工工艺，主要为初烤、打叶复烤、醇化、制丝、卷包、添加剂处理等。卷烟一般有两种燃烧方式，吸燃和阴燃，其中吸燃是烟支在被抽吸的瞬间进行的燃烧，阴燃是烟支在两次抽吸之间，无抽吸状态下进行的自然燃烧。如图 1.5 所示，这两种不同燃烧方式也产生两种卷烟烟气的组成形式——主流烟气（Main Stream Smoke，MS）和侧流烟气（Side Stream Smoke，SS）。卷烟主流烟气是烟支在吸燃时形成的气溶胶通过烟气柱从滤棒末端吸出的烟气，卷烟侧流烟气是由烟支阴燃时产生的不经过烟气柱而直接进入空气的烟气和烟支在吸燃时由卷烟纸透出的烟气组成。卷烟侧流烟气和吸烟者口腔呼出的烟气在环境空气中混合、稀释和陈化就构成了环境烟草烟气（Environmental Tobacco Smoke，ETS），这是卷烟烟气的另一种存在形式。

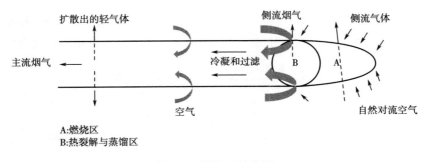

A:燃烧区
B:热裂解与蒸馏区

图 1.5　燃烧时的卷烟

卷烟烟气的化学成分取决于卷烟在抽吸时的两种途径：一是烟草中易挥发性成分蒸发直接转移到烟气中；二是源于烟草成分的烟气的热裂解，其中热裂解涉及多种反应，包括氧化、还原、芳构化、水化、脱水、缩合、环化、集合、解聚等[8]。在抽吸过程中，燃烧区温度高达 900℃ 时，会产生碳氧化物、水、一氧化氮等气体部分，大多数主流烟气成分的热裂解发生在距离燃烧锥 3~4mm 的烟丝棒上，温度范围为 500~650℃。在阴燃过程中，燃烧锥的温度是 500~600℃，在这个温度范围侧流烟气从烟草中释放出来[9]。

卷烟烟气是由气态、蒸气态和固态物质组成的复杂气溶胶，目前世界各国政府及烟草公司通常依据三种不同的吸烟机测试方法，对卷烟主流烟气中的化学成分进行检测：

（1）国际标准化组织（ISO）或美国联邦贸易委员会（Federal Trade Commission，FTC）的标准抽吸模式（简称 ISO 抽吸模式）　抽吸容量 35mL/口，持续时间 2s，抽吸频率 60s。

（2）加拿大卫生部深度抽吸模式（Health Canada Intense，HCI）　抽吸容量 55mL/口，持续时间 2s，抽吸频率 30s，滤棒通风孔 100% 封闭。

（3）美国马萨诸塞州抽吸模式　抽吸容量 45mL/口，持续时间 2s，抽吸频率 30s，滤棒通风孔 50% 封闭。

通常把在室温下能通过剑桥滤片*的主流烟气部分称为气相物质，被截留的烟气部分称为湿总粒相物（Wet Total Particle Phase，WTPM），校正含水率（减去水分）的称为总粒相物（Total Particle Phase，TPM）。从总粒相物中除

---

　*　一种玻璃纤维制成的滤片，它能滤除 99.5% 以上直径大于 0.3μm 的微粒。

去烟碱（也称尼古丁）剩余的混合物则是焦油。

目前，通常将剑桥滤片收集的粒相物用 TPM 或 CSC 表示，包括烟碱和水分。如表 1.3 和表 1.4 所示为主要的卷烟烟气气相成分和粒相成分的含量[7]。

表 1.3　　　　　　　　　　卷烟烟气气相成分及其含量

化合物	含量/支	化合物	含量/支
氮气	280～320mg	甲醛	20～100μg
氧气	50～70mg	乙醛	400～1400μg
二氧化碳	45～65mg	丙烯醛	60～240μg
一氧化碳	14～23mg	其他挥发性醛	80～140μg
水	7～12mg	丙酮	100～650μg
氩	5mg	其他挥发性酮	50～100μg
氢	0.5～1.0mg	甲醇	80～180μg
氨	10～130μg	其他挥发性醇	10～30μg
氮氧化物	100～600μg	乙腈	100～150μg
氢氰酸	400～500μg	其他挥发性腈	50～80μg
硫化氢	20～90μg	呋喃	20～40μg
甲烷	1.0～2.0mg	其他挥发性呋喃	45～125μg
其他挥发性烷烃	1.0～1.6mg	吡啶	20～200μg
挥发性烯烃	0.4～0.5mg	甲基吡啶	15～80μg
异戊二烯	0.2～0.4mg	3-乙烯基吡啶	7～30μg
丁二烯	25～40μg	其他挥发性吡啶	20～50μg
乙炔	20～35μg	吡咯	0.1～10μg
苯	6～70μg	吡咯烷	10～18μg
甲苯	5～90μg	N-甲基吡咯烷	2.0～3.0μg
苯乙烯	10μg	挥发性吡嗪	3.0～8.0μg
其他挥发性芳烃	15～30μg	甲胺	4～10μg
甲酸	200～600μg	其他脂肪胺	3～10μg
乙酸	300～1700μg	甲酸酯	20～30μg
丙酸	100～300μg	其他挥发性酸	5～10μg

表 1.4　　　　　　　　　　卷烟烟气粒相成分及其含量

化合物	含量/（μg/支）	化合物	含量/（μg/支）
烟碱	100~3000	其他二羟基苯	15~30
降烟碱	5~150	莨菪亭	n. a.
新烟草碱	5~15	其他多酚	40~70
假木贼碱	5~12	环烯	0.5
其他烟草生物碱	n. a.	醌	600~1000
二吡啶基化合物	10~30	茄尼醇	200~350
$n-31$ 碳烷（$n-C_{31}H_{64}$）	100	新植二烯	30~60
总难挥发性烃	300~400	柠檬烯	n. a.
萘	2~4	其他萜烯	100~150
萘衍生物	3~6	棕榈酸	50~75
菲衍生物	0.2~0.4	油酸	40~110
蒽衍生物	0.05~0.1	亚油酸	150~250
芴衍生物	0.3~0.5	亚麻酸	150~250
芘衍生物	0.3~0.45	乳酸	60~80
荧蒽衍生物	0.1~0.25	吲哚	10~15
致癌多环芳烃	80~160	3-甲基吲哚	12~16
酚	60~180	其他吲哚	n. a.
其他取代酚类化合物	200~400	喹啉	2~4
儿茶酚	100~200	其他氮杂芳烃	n. a.
其他取代儿茶酚化合物	200~400	苯并呋喃	200~300

2.3　烟草和烟气中的主要有害成分

烟草和烟气中的 9000 多种化合物，有害和致癌成分仅占极小部分。1954年，Cooper 等首次从卷烟烟气中分离鉴定出苯并 [a] 芘，这是在烟草和烟气中鉴定出的第一种致癌成分[10]。自此，烟草和烟气有害成分的分析鉴定研究得到了广泛开展。尽管报道的卷烟烟气有害成分超过 100 种，但对其中相当多化合物的有害与否存在很多争议。20 世纪 60 年代以来，各个研究机构和研究人员纷纷根据自己的研究提出各自的烟草和烟气中有害成分名单，表 1.5是对主要的有害成分名单的总结，其中影响较大的名单为：①Hoffmann 于1990 年提出的烟草和烟气中的 43 种致瘤物名单[11]；②加拿大政府于 1998 年提出的烟草和烟气中 46 种致瘤物名单[12,13]；③Hoffmann 于 2001 年提出的卷烟烟气中的 69 种致癌物名单[14]；④Rodgman 于 2002 年提出的卷烟烟气中的 149 种有害成分名单[15]；⑤世界卫生组织 2008 年提出的卷烟主流烟气 9+9 种代表性有害成分[16]；⑥谢剑平等 2009 年提出的卷烟主流烟气 7 种代表性有害成分[17]；⑦美国 FDA 于 2012 年提出的烟草制品和烟草烟气中 93 种有害和潜在有害成分[18]。以下对这 7 个名单进行简要介绍。

表 1.5 　　　　　　　　　　　　　烟草和烟气中有害成分名单

年代	提出者	名单名称	有害成分数量
1964	美国公共健康服务部咨询委员会		
1990	Hoffmann 和 Hecht	烟草和烟气中的致瘤物	43
1993	Hoffmann 等	烟草和烟气中的致瘤物	41
		美国消费产品毒性测试名单	19
1997	Hoffmann 和 Hoffmann	烟草和烟气中的致癌物	60
1998	Hoffmann 和 Hoffmann	无滤嘴卷烟主流烟气中的毒性物质	82
	加拿大政府	烟草和烟气中的致瘤物	46
2001	Hoffmann 等	卷烟烟气中的致癌物（"69 种成分"修改名单）	69
	Hoffmann 等	卷烟烟气中的有害成分	82
2002	Rodgman 和 Green	卷烟烟气中的有害成分	149
2003	Rodgman 和 Green	卷烟主流烟气中的致癌物风险排序	62
	Fowles 和 Dybing	卷烟主流烟气中有害成分（致癌和非致癌）	158
2004	Baker 和 Bishop	卷烟烟气中的有害成分	44
2008	世界卫生组织	卷烟主流烟气中代表性有害成分	9+9
2009	谢剑平等	卷烟主流烟气中代表性有害成分	7
	Rodgman 等	烟草、烟气和烟草替代物烟气中的 Hoffmann 分析物	110
2012	美国 FDA	烟草制品和烟草烟气中有害和潜在有害成分	93
2018	加拿大卫生部	卷烟和小雪茄烟气中的致癌物	>70

2.3.1　Hoffmann 的烟草和烟气中的 43 种致瘤物名单

第一份卷烟烟气有害成分名单收录在 1964 年美国公共健康服务部咨询委员会有关吸烟与健康的报告中。自第一份名单出现后，几乎每年都有新的主流烟气有害物质名单发表，或对以前发表过名单的修订再公布。最著名的是 Hoffmann 和

Hecht 于 1990 年公布的烟草和烟气中 "43 种致瘤物" 有害成分名单（表 1.6）。

表 1.6　　　Hoffmann "43 种致瘤物" 有害成分名单（1990 年）

类别	化合物	类别	化合物
多环芳烃（11）	苯并 [a] 蒽	亚硝胺（9）	N-二甲基亚硝胺
	苯并 [b] 荧蒽		N-甲基乙基亚硝胺
	苯并 [j] 荧蒽		N-二乙基亚硝胺
	苯并 [k] 荧蒽		N-亚硝基吡咯烷
	苯并 [a] 芘		N-亚硝基二乙醇胺
	䓛		N'-亚硝基降烟碱
	二苯并 [a, h] 蒽		4-（N-甲基亚硝胺基）-1-（3-吡啶基）-1-丁酮基
	二苯并 [a, i] 芘		N'-亚硝基假木贼碱
	二苯并 [a, l] 芘		N-亚硝基吗啉
	茚并 [1, 2, 3-cd] 芘	芳香胺（3）	1-甲基苯胺
	5-甲基䓛		2-氨基萘
杂环烃（4）	喹啉		4-氨基联苯
	二苯并 [a, h] 吖啶	醛（3）	甲醛
	二苯并 [a, j] 吖啶		乙醛
	7H-二苯并 [c, g] 咔唑		巴豆醛
无机化合物（7）	肼	其他有机化合物（6）	苯
	砷		丙烯腈
	镍		1, 1-二甲肼
	铬		2-硝基丙烷
	镉		氨基甲酸乙酯
	铅		氯乙烯
	钋-210		

2.3.2　加拿大政府的烟草和烟气中 46 种致瘤物名单

　　1998 年，加拿大政府通过立法，要求卷烟生产商定期检测卷烟主流烟气中 46 种有害成分（表 1.7）的含量，并将结果向社会公布。这一名单实际是一个修正的 Hoffmann 名单，在世界范围内造成了很大的影响，名单中的有害成分得到了医学界和烟草行业的普遍认可。

表 1.7 加拿大政府名单

类别	化合物	类别	化合物
芳香胺 （4）	3-氨基联苯	无机化合物 （4）	氢氰酸
	4-氨基联苯		氨
	1-氨基萘		NO
	2-氨基萘		NO$_x$
挥发性有机化合物 （5）	1-3-丁二烯	有害元素 （7）	汞
	异戊二烯		镍
	丙烯腈		铅
	苯		镉
	甲苯		铬
半挥发性有机化合物 （3）	吡啶		砷
	喹啉		硒
	苯乙烯	挥发性酚类成分 （7）	对苯二酚
常规成分 （3）	焦油		间苯二酚
	烟碱		邻苯二酚
	CO		苯酚
羰基化合物 （8）	甲醛		间-甲酚
	乙醛		对-甲酚
	丙酮		邻-甲酚
	丙烯醛	亚硝胺 （4）	NNN
	丙醛		NAT
	巴豆醛		NAB
	2-丁酮		NNK
	丁醛	多环芳烃（1）	苯并［a］芘

与 Hoffmann "43 种有害成分"名单相比，加拿大政府名单中只有 1 种多环芳烃，采用苯并［a］芘作为多环芳烃的代表，亚硝胺类化合物包括 4 种烟草特有亚硝胺，此外还有 4 种无机化合物、8 种羰基化合物、7 种有害元素、4 种芳香胺、5 种挥发性有机化合物、3 种半挥发性有机化合物、7 种挥发性酚类成分以及 3 种常规有害成分。这 46 种有害成分的来源和产生有很大的区别，主要可以分为 3 种类型：

（1）苯并［a］芘、4 种无机化合物（气体成分）、8 种羰基化合物、5 种挥发性有机化合物、7 种挥发性酚类成分以及焦油、CO，它们主要是在烟草燃烧过程中由一些大分子化合物燃烧和热裂解生成；

（2）芳香胺和半挥发性有机化合物，一部分是由烟草直接转移到烟气中，另一部分也是由一些大分子化合物燃烧和热裂解生成；

（3）烟草特有亚硝胺和有害元素主要是由烟草直接转移到烟气中。

2.3.3　Hoffmann 的卷烟烟气中的 69 种致癌物名单

随着研究的发展，Hoffmann 等又发表了补充的和修订的烟气有害物质名单。表 1.8 所示为 Hoffmann 在 2001 年发表的"卷烟烟气中的 69 种致癌物"名单。

表 1.8　　　　Hoffmann 卷烟烟气中的 69 种致癌物名单

类别	化合物	类别	化合物
多环芳烃 （10）	苯并［a］蒽	亚硝胺 （10）	N-二甲基亚硝胺
	苯并［b］荧蒽		N-甲基乙基亚硝胺
	苯并［j］荧蒽		N-二乙基亚硝胺
	苯并［k］荧蒽		N-二正丙基亚硝胺
	苯并［a］芘		N-二正丁基亚硝胺
	二苯并［a，h］蒽		N-亚硝基吡咯烷
	二苯并［a，i］芘		N-亚硝基吡咯烷
	二苯并［a，l］芘		哌啶
	茚并［1，2，3-cd］芘		N′-亚硝基降烟碱
	5-甲基䓛		4-（N-甲基亚硝胺基）-1- （3-吡啶基）-1-丁酮
芳香胺 （4）	2-甲基苯胺	醛 （2）	甲醛
	2，6-二甲基苯胺		乙醛
	2-氨基萘	挥发烃 （4）	1，3-丁二烯
	4-氨基联苯		异戊二烯
杂环胺 （8）	2-氨基-9H-吡啶开 ［2，3-b］吲哚		苯
			苯乙烯
	2-氨基-3-甲基-9H- 吡啶开［2，3-b］吲哚	酚 （3）	儿茶酚
			咖啡酸
	2-氨基-3-甲基-3 氢- 咪唑开［4，5-f］喹啉		甲基丁子香酚

续表

类别	化合物	类别	化合物
杂环胺 （8）	3-氨基-1，4-二甲基-5H-吡啶开［4，3-b］吲哚	其他 有机化合物 （10）	乙酰胺
	3-氨基-1-甲基-5H-吡啶开［4，3-b］吲哚		丙烯酰胺
	2-氨基-6-甲基二吡啶开［1，2-α：3′2′-d］咪唑		丙烯腈
	2-氨基-吡啶开［1，2-α：3′2′-d］咪唑		氯乙烯
	2-氨基-3-甲基-6-苯基咪唑开［4，5-f］吡啶		滴滴涕（DDT）
			滴滴伊（DDE）
			1，1-二甲肼
无机 化合物 （9）	肼		氨基甲酸乙酯
	砷		环氧乙烷
	铍		环氧丙烷
	镍	杂环烃 （6）	呋喃
	铬		喹啉
	镉		二苯并［a，h］吖啶
	钴		二苯并［a，j］吖啶
	铅		7H-二苯并［c，g］咔唑
	钋-210		苯并［b］呋喃
硝基烃 （3）	硝基甲烷		
	硝基丙烷		
	硝基苯		

Hoffmann 的 69 种有害成分名单中主要包括 10 种多环芳烃、6 种杂环烃、10 种亚硝胺、4 种芳香胺、8 种杂环胺、2 种醛、3 种酚、4 种挥发烃、3 种硝基烃、10 种其他有机化合物和 9 种无机化合物。

尽管 Hoffmann 等对烟草和烟气有害成分的研究比较详尽和权威，但对他提出的有害成分名单仍然存在争议，比如他采用的烟气数据均为无滤嘴卷烟的数据，并且一些分析方法还可能存在人为生成物的问题。

2.3.4 Rodgman 的卷烟烟气中 149 种有害成分名单

2002 年，Rodgman 和 Green 对烟气中已报道的有害成分进行了总结，认为在卷烟烟气中共存在 149 种有害成分（表 1.9）。这 149 种化合物的有害性甄别主要依据以下几个名单：

（1）1993 年美国消费产品毒性测试名单（19 种）。

（2）加拿大政府名单（46 种）。

（3）国际癌症研究机构（IARC）致癌性物质名单（83 种）。

（4）美国环保署化学毒性发布清单（92 种）。

表 1.9　　　　　　　　　　烟草和烟气中的 149 种有害成分名单

类别	化合物	CAS	美国 CPSC	加拿大 卫生部	IARC 分组	EPA	其他
	二氢苊	83-32-9					X
	苊	208-96-8					X
	蒽	120-12-7				X	
	苯并 [a] 蒽	56-55-3			2A	X	
	苯并 [b] 荧蒽	205-99-2			2B	X	
	苯并 [a] 芘	50-32-8	X	X	1	X	
	苯并 [c] 菲	195-19-7			3		
	苯并 [e] 芘	192-97-2			3		
	苯并 [g, h, i] 苝	191-24-2				X	
	苯并 [j] 荧蒽	205-82-3			2B	X	
	苯并 [k] 荧蒽	207-08-9			2B	X	
	二苯并 [a, i] 芘	189-55-9			2B	X	
多环芳烃	䓛	218-01-9			3	X	
（26）	5-甲基䓛	3697-24-3			2B	X	
	二苯并 [a, h] 蒽	53-70-3			2A	X	
	二苯并 [a] 芘	189-64-0			2B	X	
	二苯并 [a, l] 芘	191-30-0			2B	X	
	荧蒽	206-44-0					X
	芴	86-73-7					X
	茚并 [1, 2, 3-cd] 芘	193-39-5			2B	X	
	萘	91-20-3				X	
	1-甲基萘	90-12-0					X
	2-甲基萘	91-57-6					X
	二苯并 [a, e] 芘	192-65-4			2B	X	
	菲	85-01-8				X	
	芘	129-00-0				X	

续表

类别	化合物	CAS	美国 CPSC	加拿大 卫生部	IARC 分组	EPA	其他
	7H-二苯并［c，g］咔唑	194-59-2			2B	X	
	假木贼碱	494-52-0					X
	咔唑	86-74-8					X
	9-甲基咔唑	1484-12-4					X
	二苯并［a，h］吖啶	226-36-8			2B	X	
	二苯并［a，j］吖啶	224-42-0			2B	X	
氮杂芳烃	吲哚	120-72-9					X
（14）	1-甲基吲哚	603-76-9					X
	吡啶	110-86-1		X		X	
	3-乙烯基吡啶	1121-55-7					X
	2-甲基吡啶	109-06-8				X	
	3-甲基吡啶	108-99-6					X
	4-甲基吡啶	108-89-4					X
	喹啉	91-22-5		X		X	
	苯胺	62-53-3			3	X	
	2，6-二甲基苯胺	87-62-7			2B	X	
芳香胺	2-甲基苯胺	95-53-4			2B	X	
（7种）	3-氨基联苯	2243-47-2	X				
	4-氨基联苯	92-67-1	X		1	X	
	1-氨基萘	134-32-7	X			X	
	2-氨基萘	91-59-8	X		1	X	
	AαC	26148-68-5			2B		
	Glu-p-1	67730-11-4			2B		
	Glu-p-2	67730-10-3			2B		
N-杂环胺	IQ	76180-96-6			2A		
（23种）	Me AαC	68006-83-7			2B		
	Me IQ	77094-11-2			2B		
	PhIP	105650-23-5			2B		
	Trp-p-1	62450-06-0			2B		

续表

类别	化合物	CAS	美国 CPSC	加拿大 卫生部	IARC 分组	EPA	其他
	Trp-P-2	62450-07-1			2B		
	N-亚硝胺						
N-杂环胺 (23 种)	4-（N-甲基亚硝胺基）-1-（3-吡啶基）-1-丁酮	64091-91-4	X	X	1		
	N'-亚硝基假木贼碱	37620-20-5		X	3		
	N'-亚硝基新烟草碱	71267-22-6		X	3		
	N'-亚硝基降烟碱	16543-55-8	X	X	1	X	
	N-亚硝基二乙醇胺	1116-54-7			2B		
	N-二乙基亚硝胺	55-18-5	X		2A	X	
	N-二甲基亚硝胺	62-75-9	X	X	2A	X	
	N-二正丁基亚硝胺	924-16-3			2B	X	
	N-二正丙基亚硝胺	621-64-7			2B	X	
	N-甲基乙基亚硝胺	10595-95-6			2B		
	N-甲基正丁基亚硝胺	7068-83-9				X	
	N-亚硝基哌啶	100-75-4			2B	X	
	N-亚硝基吡咯烷	930-55-2	X	X	2B		
醛类 (7 种)	乙醛	75-07-0	X	X	2B	X	
	丙烯醛	107-02-8	X	X	3	X	
	丁醛	123-72-8		X			
	巴豆醛	123-73-9		X	3	X	
	甲醛	50-0-0		X	2A	X	
	糠醛	98-01-1					X
	丙醛	123-38-6	X	X		X	
酸类 (3 种)	乙酸	64-19-7					X
	甲酸	64-18-6				X	
	丙酸	79-09-4					X
酮类 (3 种)	2,3-丁二酮	57-71-6					X
	2-丁酮	78-93-3		X		X	
	丙酮	67-64-1		X			

续表

类别	化合物	CAS	美国 CPSC	加拿大 卫生部	IARC 分组	EPA	其他
酚类 (9种)	咖啡酸	331-39-5			2B		
	儿茶酚	120-80-9	X	X	2B	X	
	甲基丁子香酚	93-15-2					X
	对苯二酚	123-31-9		X		X	
	苯酚	108-95-2	X	X		X	
	2-甲基苯酚	95-48-7		X		X	
	3-甲基苯酚	108-39-4		X		X	
	4-甲基苯酚	106-44-5		X		X	
	间苯二酚	108-46-3		X		X	
挥发性碳氢 化合物 (6种)	苯	71-43-2	X	X	1	X	
	1,3-丁二烯	106-99-0	X	X	2A	X	
	d-苧烯	5989-27-5					
	异戊二烯	78-79-5	X	X	2B	X	
	苯乙烯	100-42-4		X	2B		
	甲苯	108-88-3	X	X		X	
多氯杂环 化合物 (2种)	多氯二苯并-p-二噁英				1	X	
	多氯二苯并呋喃				3	X	
硝基 有机化合物 (3种)	硝基苯	98-95-3			2B	X	
	硝基甲烷	75-52-5			2B		
	2-硝基丙烷	79-46-9			2B	X	
其他 有机化合物 (31种)	乙酰胺	60-35-5			2B	X	
	丙烯酰胺	79-06-1			2A	X	
	乙腈	75-05-8				X	
	丙烯腈	107-13-1		X	2B	X	
	苯并［b］呋喃	271-89-6			2B		
	二硫化碳	75-15-0				X	
	一氧化碳	630-08-0	X	X			
	四硫化碳	463-58-1				X	

续表

类别	化合物	CAS	美国 CPSC	加拿大 卫生部	IARC 分组	EPA	其他
	氰	460-19-5					X
	滴滴伊（DDE）	72-55-9			2B		
	滴滴涕（DDT）	50-29-3			2B		
	二甲胺	124-40-3				X	
	氨基甲酸乙酯（尿烷）	51-79-6			2B	X	
	环氧乙烷	75-21-8			1	X	
	亚乙基硫脲	96-45-7			2B	X	
	呋喃	110-00-9			2B		
	γ-丁内酯	96-48-0					X
	1，1-二甲基肼	57-14-7			2B	X	
其他 有机化合物 （31 种）	氰氢酸	74-90-8	X	X		X	
	硫化氢	7783-06-4					X
	羰基镍	13463-39-3					X
	马来酰肼	123-33-1					X
	甲醇	67-56-1				X	
	甲酸甲酯	107-31-3					X
	异氰酸甲酯	624-83-9				X	
	甲胺	74-89-5					X
	邻苯二甲酸二（2-乙基己基）酯	117-81-7				X	
	环氧丙烷	75-56-9			2B	X	
	醌	106-51-4				X	
	乙酸乙烯酯	108-05-4			2B	X	
	氯乙烯	75-01-4			1	X	
无机化合物 （4 种）	氨	7664-41-7		X		X	
	肼	302-01-2			2B	X	
	氧化氮	10102-43-9	X	X			
	二氧化硫	7446-09-5					

续表

类别	化合物	CAS	美国 CPSC	加拿大 卫生部	IARC 分组	EPA	其他
金属（11 种）	砷	7440-38-2		X	1	X	
	铍	7440-41-7			1	X	
	镉	7440-43-9		X	1	X	
	铬	7440-47-3		X	1	X	
	铬（VI）	1333-82-0			1	X	
	钴	7440-48-4			2B	X	
	铅	7439-92-1		X	2B	X	
	汞	7439-97-6		X		X	
	镍	7440-02-0		X	1	X	
	^{210}钋（pCi）	7440-08-6			1		
	硒	7782-49-2		X		X	

注：IARC 癌症分级，"1"为确定的人类致癌物，"2A"为可能的人类致癌物，"2B"为可疑的人类致癌物；X：表明此成分为所列名单中的化合物。

在上述 149 种有害成分中，种类最多的为多环芳烃类化合物（26 种），氮杂芳烃、N-亚硝胺和重金属类的化学成分也比较多，其余的有害成分还包括芳香胺、N-杂环胺、醛类、酮类、酸类、酚类、挥发性碳氢化合物、多氯杂环化合物、硝基化合物、无机化合物和一些其他有机化合物。

2.3.5 世界卫生组织的卷烟主流烟气 9+9 种代表性有害成分

《世界卫生组织烟草控制框架公约》（World Health Organization Framework Convention on Tobacco Control，WHO FCTC）2003 年 5 月 21 日获得世界卫生大会通过，并于 2005 年 2 月 27 日生效，呼吁所有国家开展尽可能广泛的国际合作，控制烟草的广泛流行。现成为联合国历史上获得最广泛接受的条约之一，迄今已有 166 个缔约方。中国 2003 年 11 月 10 日签署公约，2005 年 10 月 11 日经全国人大常委会批准，2006 年 1 月公约正式在我国生效。

WHO FCTC 的第 9 条和第 10 条对烟草成分、释放物检测和披露的要求如下：

第 9 条：烟草制品成分管制。缔约方会议应与有关国际机构协商提出检测和测量烟草制品成分和燃烧释放物的指南以及对这些成分和释放物的管制指南。经有关国家当局批准，每一缔约方应对此类检测和测量以及此类管制采取和实行有效的立法、实施以及行政或其他措施。

第 10 条：烟草制品披露的规定。每一缔约方应根据其国家法律采取和实行有效的立法、行政或其他措施，要求烟草制品生产商和进口商向政府当局披露烟草制品成分和释放物的信息。每一缔约方应进一步采取和实行有效措施以公开披露烟草制品的有毒成分和它们可能产生的释放物的信息。

2002 年，WHO 烟草管制科学咨询委员会（现改称为烟草制品管制小组，WHO Study Group on Tobacco Product Regulation，TobReg）发布报告，认为目前测定焦油、烟碱和一氧化碳的 ISO 方法对消费者和监管部门会产生误导，但也认为在没有建立有效的生物标志物方法之前撤销现行方法会造成监管真空。基于此，WHO FCTC 建议发展新的、更适合的测定方法，目前已经发布了基于加拿大政府方法的"深度抽吸方案"。

WHO FCTC 提出对烟草制品进行调控的要求，认为以往的烟碱、焦油评价方法不能真实反映其危害性，需要建立更加科学的危害性评价方法。WHO 的调控措施是控制卷烟烟气单位烟碱中有害成分的释放量水平，禁止销售和进口超过限量水平的卷烟品牌。根据以下原则选择控制的有害成分：有害成分的动物试验和人群暴露的毒性数据，危害指数，不同卷烟品牌之间有害成分的变异性，有害成分被降低的可能性。依据这一原则，2008 年 WHO 发布了《WHO 烟草产品管制研究组技术报告：烟草产品管制的科学基础》第 951 号文件，对卷烟烟气中有害成分进行优先分级，筛选出了需要优先管制的有害成分（表 1. 10）。

表 1. 10　　　　　　　　　WHO 优先管控有害成分

化合物	化合物
NNK	丙烯腈
NNN	4-氨基联苯
乙醛	2-萘胺
丙烯醛	镉
苯	邻苯二酚

续表

化合物	化合物
B［a］P	巴豆醛
1，3-丁二烯	HCN
CO	对苯二酚
甲醛	氮氧化物

综合考虑以上 18 种化合物的毒性、降低的可能性以及在卷烟烟气中的分布特性，WHO 确定了需要优先管制的 9 种有害成分建议名单，包括：NNK、NNN、乙醛、丙烯醛、苯、B［a］P、1，3-丁二烯、CO 和甲醛。

对于以上 9 种有害成分，WHO 推荐的限量管控措施如下：

（1）对单位烟碱有害成分释放量进行管控；

（2）对 9 种限量有害成分同时进行管控；

（3）针对每种有害成分设定限量，超过限量的卷烟品牌不能销售。

推荐的烟气有害成分限量水平如下：

（1）NNN、NNK 限量水平：释放量的中位值；

（2）其他有害成分限量水平：释放量中位值的 125%；

（3）限量水平可根据 FCTC 提供的数据进行设定，也可使用自己卷烟销售市场的统计数据进行设定。

FCTC 提出的管制建议是一项非常严格的限制要求，按此限量要求，菲莫美国和菲莫国际的 50 种主要卷烟品牌，只有 11 种能够符合管制要求，另外 39 种卷烟品牌都需要退出市场。由此可见，此项管制措施的可行性存在比较大的问题。

2.3.6　谢剑平等的卷烟主流烟气 7 种代表性有害成分

2005—2008 年，中国烟草总公司郑州烟草研究院联合中国人民解放军军事医学科学院放射与辐射医学研究所、云南烟草科学研究院、国家烟草质量监督检验中心、长沙卷烟厂、重庆烟草工业公司、红塔烟草（集团）有限公司、武汉烟草（集团）有限公司、常德卷烟厂、兰州大学等单位合作，开展了卷烟危害性指标体系研究工作。

项目以美国环保署（US EPA）混合物风险度评价导则为依据，从分析卷烟主流烟气有害成分释放量与毒理学指标入手，研究了烟气基质下的有害成分与毒理学指标之间的相关关系。其中目标有害成分是以加拿大卫生部的 46 种有害成分名单为基础，选择主流烟气中释放量较大、毒性较强并具有稳定测试方法的 29 种（实际测试 28 种）有害成分（表 1.11）作为研究目标化合物；毒理学指标除了采用 CORESTA 推荐的三项毒理学指标（Ames 试验、微核分析和细胞毒性试验）之外，还增加了卷烟烟气动物急性吸入毒性试验。

表 1.11 有害成分分析列表

类别	具体指标
常规成分	焦油、烟碱、一氧化碳
无机成分	HCN、NH_3、NO、NO_x
多环芳烃	苯并［a］芘、苯并［a］蒽、Chrysene
烟草特有亚硝胺	NNN、NAT、NAB、NNK
挥发性羰基化合物	甲醛、乙醛、丙酮、丙烯醛、丙醛、巴豆醛、2-丁酮、丁醛
挥发性分类化合物	对苯二酚、间苯二酚、邻苯二酚、苯酚、对甲酚、间甲酚、邻甲酚

注：在实际分析测试中，对甲酚和间甲酚很难分离，因此在计算时将两者合并，因此实际测试的是 28 种成分。

研究分析 28 种有害成分与 4 项毒理学指标之间的关系，并对 28 种有害成分进行筛选，找到影响卷烟主流烟气危害性最主要的化学成分指标。化学成分的筛选分别采用了无信息变量删除方法、遗传算法和改良遗传算法——基于多维服务质量约束的网格负载均衡优化任务调度算法（Load Balance and Multie Quality of Service Optimization Ge-netic Algorithm，LGGA），通过考察变量（即化学成分）对定量模型稳定性或预测能力的影响，分别对 28 种化学成分进行评价和筛选，提出以 CO、HCN、NNK、NH_3、苯并［a］芘、苯酚、巴豆醛等 7 种代表性有害成分综合表征卷烟主流烟气的危害性。建立了有害成分与毒理学指标之间量化数学模型，提出了卷烟主流烟气危害性定量评价方法——危害性评价指数（Hazard Index，HI）式（1-1）：

$$HI = \frac{Y_{CO}}{C_1} + \frac{Y_{HCN}}{C_2} + \frac{Y_{NNK}}{C_3} + \frac{Y_{NH_3}}{C_4} + \frac{Y_{B[a]P}}{C_5} + \frac{Y_{PHE}}{C_6} + \frac{Y_{CRO}}{C_7} \tag{1-1}$$

式中 Y——卷烟主流烟气有害成分释放量；

$C_1 \sim C_7$——参考值。

卷烟危害性评价指数由 CO、HCN、NNK、NH$_3$、B［a］P、苯酚、巴豆醛 7 个分项组成，每个分项值为某一卷烟的实测值与参考值之比，7 个分项值之和即为该卷烟的危害性评价指数值。值越大，则危害性越大，值越小，则危害性越小。卷烟烟气的常规指标和 7 种有害成分的分析方法也较为成熟，卷烟主流烟气中的焦油采用 GB/T 19609—2004《卷烟　用常规分析用吸烟机测定总粒相物和焦油》；烟碱采用 GB/T 23355—2009《卷烟　总粒相物中烟碱的测定方法　气相色谱法》；水分采用 YC/T 157—2001《卷烟　总粒相物中水分的测定方法——气相色谱法》；CO 采用 GB/T 23356—2009《卷烟　烟气气相中一氧化碳的测定　非散射红外法》；HCN 采用 YC/T253—2008《卷烟　主流烟气中氰化氢的测定连续流动法》；NNK 采用 GB/T 23228—2008《卷烟　主流烟气总粒相物中烟草特有 N-亚硝胺的测定—气相色谱—热能分析联用法》；NH$_3$ 采用加拿大卫生部方法（离子色谱法）；B［a］P 采用 GB/T 21130—2007《卷烟　烟气总粒相物中苯并［a］芘的测定》；苯酚采用 YC/T 255—2008《卷烟　主流烟气中主要酚类化合物的测定高效液相色谱法》；巴豆醛采用 YC/T 254—2008《卷烟　主流烟气中主要羰基化合物的测定高效液相色谱法》。

中式卷烟产品设计的核心内容包括两个方面：一是围绕"双高双低"的原则，即高香气、高品质、低焦油、低危害；二是继续高举降焦减害旗帜，稳住上限标准，形成梯次结构，扩大中档比重，实现总体降焦。2009 年，中国烟草总公司启动卷烟减害技术重大专项，提出了"卷烟危害性指数"，建立了具有中式卷烟特色、有别于英美日等其他国家的卷烟危害性评价体系。危害性指数从 2008 年的 10.0 降到 2017 年的 8.4，相应的焦油也从 12.8mg/支下降到 10.3mg/支。

2.3.7　美国 FDA 的烟草制品和烟草烟气中 93 种有害和潜在有害成分

2009 年 6 月 22 日，美国总统签署了《家庭吸烟预防和烟草控制法》（简称《烟草控制法》）。《烟草控制法》修订了原来的 FD&C 法案，增加了一个新的章节，授权美国 FDA 对烟草产品的生产、销售和分销进行监管，以保护公众健康。为了公众健康，美国 FDA 被要求根据品牌和产量对每个品牌和子品牌的烟草制品，包括卷烟烟气，建立并定期修改合适的"有害和潜在有害的成分列表"。

2010 年 5 月 1 日，美国烟草产品科学咨询委员会（TPSAC）下属的烟草产品科学咨询委员会（TPSAC）* 成立了烟草产品成分小组委员会（以下简称小组委员会），负责就烟草产品和烟草烟气中的 HPHCs 向 TPSAC 提出初步建议。小组委员会于 2010 年 6 月 8 日、9 日以及 7 月 7 日举行了公开会议。在这些会议之前，美国 FDA 向公众征集了关于烟草产品和烟草烟气中 HPHCs 的数据、信息和/或意见。小组委员会在这些会议上：

• 审查其他国家和组织制定的烟草产品和烟草烟气中的 HPHCs 清单；

• 确定烟草制品和烟草烟气中致癌物质、有毒物质和成瘾性化学品或化合物的选择标准；

• 识别出符合识别标准的化学品或化合物；

• 确认所鉴定的每种化学品或化合物的测量方法的存在；

• 确定烟草制品或烟草烟气中测定 HPHCs 的其他潜在重要信息或标准，如用于测定 HPHCs 的吸烟机方案。

小组委员会拟定了 110 种烟草烟气有害成分名单（表 1.12），并向 TPSAC 提出了初步建议。

表 1.12　　　　美国 FDA 初定的 110 种烟草烟气有害成分名单

序号	化合物英文名称	CAS 号	化合物中文名称	烟气	无烟气烟草	IARC致癌分级	毒性作用
1	Acetaldehyde	75-07-0	乙醛	S	ST	2B	CA, RT, AD
2	Acetamide	60-35-5	乙酰胺	S		2B	CA
3	Acetone	18523-69-8	丙酮	S			RT
4	Acrolein	107-02-8	丙烯醛	S			RT, CT
5	Acrylamide	1979/6/1	丙烯酰胺	S		2A	CA
6	Acrylonitrile	107-13-1	丙烯腈	S		2B	CA, RT
7	Aflatoxin B-1	1162-65-8	黄曲霉毒素 B_1		ST	1	

* Information about TPSAC as well as information and background materials on TPSAC meetings are available at http：//www.fda.gov/AdvisoryCommittees/CommitteesMeetingMaterials/TobaccoProductsScientificAdvisoryCommittee/default.htm.

续表

序号	化合物英文名称	CAS 号	化合物中文名称	烟气	无烟气烟草	IARC致癌分级	毒性作用
8	4-Aminobiphenyl	92-67-1	4-氨基联苯	S		1	CA
9	1-Aminonaphthalene	134-32-7	1-萘胺	S			CA
10	2-Aminonaphthalene	91-59-8	2-萘胺	S		1	CA
11	Ammonia	7664-41-7	氨	S			CA
12	Ammonium Salts	90506-15-3	铵盐	ST			
13	Anabasine	40774-73-0	新烟碱	ST			
14	Anatabine	2743-90-0	新烟草碱（去氢新烟碱）	ST			
15	o-Anisidine	134-29-2	邻甲氧基苯胺	S		2B	RT
16	Arsenic	7440-38-2	砷	S	ST	1	AD
17	2-Amino-9H-pyrido[2, 3-b]indole(A-α-C)	26148-68-5	2-氨基-9H-吡啶并[2, 3-b]吲哚	S		2B	CA
18	Benz[a]anthracene	56-55-3	苯并[a]蒽	S	ST	2B	CA, CT, RDT
19	Benzo[b]fluoranthene	205-99-2	苯并(b)荧蒽	S		2B	CA
20	Benz[j]aceanthrylene	479-23-2	苯[7, 8]醋蒽	S		1	CA, CT
21	Benz[k]fluoranthene	207-08-9	苯并[k]荧蒽	S	ST	2B	CA
22	Benzene	71-43-2	苯	S	ST	2B	CA, CT, RDT
23	Benzofuran	271-89-6	苯并呋喃	S		2B	CA, CT
24	Benzo[a]pyrene	50-32-8	苯并[a]芘	S	ST	1	CA, CT
25	Benzo[c]phenanthrene	195-19-7	苯并[c]菲	S		2B	CA
26	Beryllium	7440-41-7	铍	S	ST	1	CA
27	1, 3-Butadiene	106-99-0	1, 3-丁二烯	S		1	CA

续表

序号	化合物 英文名称	CAS 号	化合物 中文名称	烟气	无烟气 烟草	IARC 致癌 分级	毒性 作用
28	Butyraldehyde	123-72-8	丁醛	S			CA
29	Cadmium	7440-43-9	镉	S	ST	1	CA, RT, RDT
30	Caffeic acid	331-39-5	咖啡酸	S		2B	CA, RT, RDT
31	Carbon monoxide	630-08-0	一氧化碳	S			CA
32	Catechol	120-80-9	儿茶酚（邻苯二酚）	S		2B	RDT
33	Chlorinated dioxins and furans	—	氯化二噁英和呋喃	S			CA
34	Chromium	7440-47-3	铬	S	ST	1	CA, RDT
35	Chrysene	218-01-9	苯并［a］菲	S	ST	2B	CA, RT, RDT
36	Cobalt	7440-48-4	钴	S		2B	CA, CT
37	Coumarin	91-64-5			ST		
38	Cresols	1319-77-3	煤酚	S			CA, CT
39	Crotonaldehyde	123-73-9	巴豆醛	S	ST		Banned in food
40	Cyclopenta［c, d］pyrene	27208-37-3	环戊烯［c, d］芘	S		2A	CA, RT
41	Dibenz［a, h］acridine	226-36-8	二苯并［a, h］杂蒽	S		2B	CA
42	Dibenz［a, j］acridine	224-42-0	二苯并（a, j）丫啶	S		2B	CA
43	Dibenz［a, h］anthracene	53-70-3	二苯蒽	S	ST	2A	CA
44	Dibenzo（c, g）carbazole	194-59-2	7H-二苯并咔唑	S		2B	CA

续表

序号	化合物英文名称	CAS 号	化合物中文名称	烟气	无烟气烟草	IARC致癌分级	毒性作用
45	Dibenzo［a, e］pyrene	192-65-4	二苯并［a, e］芘	S		2B	CA
46	Dibenzo［a, h］pyrene	189-64-0	二苯并［a, h］芘	S		2B	CA
47	Dibenzo［a, i］pyrene	189-55-9	二苯并［a, i］芘	S		2B	CA
48	Dibenzo［a, l］pyrene	191-30-0	二苯并［a, l］芘	S		2A	CA
49	2, 6-Dimethylaniline	87-62-7	2, 6-二甲苯胺	S		2B	CA, RDT
50	Ethyl Carbamate (urethane)	51-79-6	氨基甲酸乙酯	S	ST	2B	CA
51	Ethylbenzene	100-41-4	乙基苯	S		2B	CA, RT, RDT
52	Ethylene oxide	75-21-8	环氧乙烷	S		1	CA, RT
53	Eugenol	97-53-0	丁香油酚	S			CA
54	Formaldehyde	50-00-0	甲醛	S	ST	1	CA
55	Furan	110-00-9	呋喃	S		2B	CA
56	2-Amino-6-methyl-dipyrido［1, 2-a: 3′, 2′-d］imidazole（Glu-P-1）	67730-11-4	2-氨基-6-甲基二吡啶［1, 2-A: 3′, 2′-D］咪唑盐酸盐水合物	S		2B	CA, RT
57	2-Aminodipyrido［1, 2-a: 3′, 2′-d］imidazole（Glu-P-2）	67730-10-3	2-氨基二吡啶并［1, 2-A: 3′, 2′-D］咪唑盐酸盐	S		2B	RT, CT
58	Hydrazine	302-01-2	肼	S		2B	CA

续表

序号	化合物 英文名称	CAS 号	化合物 中文名称	烟气	无烟气 烟草	IARC 致癌 分级	毒性 作用
59	Hydrogen cyanide	74-90-8	氰化氢	S			CA
60	Hydroquinone	123-31-9	对苯二酚	S			CA
61	Indeno［1，2，3-cd］pyrene	193-39-5	茚并［1，2，3-cd］芘	S	ST	2B	CA, CT, RDT
62	2-Amino-3-methylimidazo［4，5-f］quinoline（IQ）	76180-96-6	2-氨基-3-甲基-3H-咪唑并喹啉	S		2A	CA
63	Isoprene	78-79-5	异戊二烯	S		2B	CA, RDT
64	Lead	7439-92-1	铅	S	ST	2A	RT
65	2-Amino-3-methyl-9H-pyrido［2，3-b］indole（MeA-α-C）	68006-83-7	2-氨基-3-甲基-9H-吡啶［2，3-b］吲哚	S		2B	CA
66	Mercury	92786-62-4	汞		ST	2B	
67	Methyl ethyl ketone（MEK）	78-93-3	2-丁酮；甲基乙基酮；	S			CA
68	5-Methylchrysene	3697-24-3	5-甲基-1，2-苯并菲	S		2B	CA, RT
69	4-（methylnitrosamino）-1-（3-pyridyl）-1-butanone（NNK）	64091-91-4	4-甲基亚硝胺基-1-3-吡啶基-1-丁酮	S	ST	1	CA, RT
70	4-（methylnitrosamino）-1-（3-pyridyl）-1-butanol（NNAL）	76014-81-8	4-（甲基亚硝基苯）-1-（3-吡啶基）-1-丁醇	S	ST		RDT, AD
71	Myosmine	532-12-7	麦斯明		ST		
72	Naphthalene	91-20-3	萘	S	ST	2B	CA, RT, RDT
73	Nickel	7440-02-0	镍	S	ST	1	CA

续表

序号	化合物英文名称	CAS 号	化合物中文名称	烟气	无烟气烟草	IARC致癌分级	毒性作用
74	Nicotine	54-11-5	烟碱	S	ST		CA
75	Nitrate	7631-99-4	硝酸钠	S	ST		CA
76	Nitric oxide/nitrogen oxides	10102-43-9	氮氧化物	S			CA
77	Nitrite	14797-65-0	亚硝酸盐		ST		
78	Nitrobenzene	10389-51-2	硝基苯	S		2B	CA
79	Nitromethane	75-52-5	硝基甲烷	S		2B	CA
80	2-Nitropropane	79-46-9	2-硝基丙烷	S		2B	CA
81	*N*-Ntrosoanabasine (NAB)	1133-64-8	*N*-亚硝基假木贼碱	S	ST		CA
82	*N*-Nitrosodiethanolamine (NDELA)	1116-54-7	二乙醇亚硝胺	S	ST	2B	CA
83	*N*-Nitrosodiethylamine	55-18-5	亚硝基-二乙基胺	S		2A	CA
84	*N*-Nitrosodimethylamine (NDMA)	62-75-9	*N*-亚硝基二甲胺	S	ST	2A	CA
85	*N*-Nitrosoethylmethylamine	10595-95-6	*N*-亚硝基甲基乙基胺	S		2B	AD
86	*N*-Nitrosomorpholine (NMOR)	59-89-2	4-碘-1H-咪唑		ST	2B	
87	*N*-Nitrosonornicotine (NNN)	16543-55-8	*N*-亚硝基降烟碱	S	ST	1	RT, CT
88	*N*-Nitrosopiperidine (NPIP)	100-75-4	*N*-亚硝基哌啶	S	ST	2B	CA
89	*N*-Nitrosopyrrolidine (NPYR)	930-55-2	亚硝基吡咯烷	S	ST	2B	CA
90	*N*-Nitrososarcosine (NSAR)	13256-22-9	亚硝基肌氨酸		ST	2B	

续表

序号	化合物 英文名称	CAS 号	化合物 中文名称	烟气	无烟气 烟草	IARC 致癌 分级	毒性 作用
91	Nornicotine	—	降烟碱		ST		
92	Phenol	108-95-2	苯酚	S			RT, CT
93	2-Amino-1-methyl-6-phenylimidazo [4, 5-b] pyridine（PhIP）	105650-23-5	2-氨基-1-甲基-6-苯基咪唑 [4, 5-b] 吡啶	S		2B	CA, RT
94	Polonium-210（Radio-isotope）	—	钋-210（放射线同位素）	S	ST	1	CA
95	Propionaldehyde	123-38-6	丙醛	S			RT
96	Propylene oxide	75-56-9	环氧丙烷	S		2B	CA
97	Pyridine	110-86-1	吡啶	S			CA
98	Quinoline	91-22-5	喹啉	S			RT, RDT
99	Resorcinol	108-46-3	间苯二酚	S			CA
100	Selenium	7782-49-2	硒	S	ST		CA
101	Styrene	100-42-5	苯乙烯	S		2B	CA, RT
102	Tar	—	焦油	S			CA, RT
103	2-Toluidine	95-53-4	邻甲苯胺	S		2A	CA, RT
104	Toluene	108-88-3	甲苯	S			CA
105	3-Amino-1, 4-dimethyl-5H-pyrido [4, 3-b] indole（Trp-P-1）	62450-06-0	3-氨基-1, 4-甲基-5 氢-吡啶 [4, 3-b] 哚吲	S		2B	
106	3-Amino-1-methyl-5H-pyrido [4, 3-b] indole（Trp-P-2）	72254-58-1	3-氨基-1-甲基-5 氢-吡啶 [4, 3-b] 哚吲	S		2B	
107	Uranium-235（Radio-isotope）	—	铀-235（放射线同位素）		ST	1	
108	Uranium-238（Radio-isotope）	—	铀-238（放射线同位素）		ST	1	

续表

序号	化合物英文名称	CAS 号	化合物中文名称	烟气	无烟气烟草	IARC致癌分级	毒性作用
109	Vinyl Acetate	108-05-4	醋酸乙烯酯	S		2B	
110	Vinyl Chloride	75-01-4	氯乙烯	S		1	

注："—"代表无信息；"S"表示化学成分存在于烟气中，"ST"代表存在于非燃烧的烟草制品中；IARC 癌症分级，"1"为确定的人类致癌物，"2A"为可能的人类致癌物，"2B"为可疑的人类致癌物；毒性作用，"CA"为致癌性（Carcinogen），"RT"为呼吸系统毒性（Respiratory Toxicant），"CT"为心血管毒性作用（Cardiovascular Toxicant），"RDT"为生殖发育毒性（Reproductive or Developmental Toxicant），"AD"为致瘾性（Addictive）

2010 年 8 月 30 日，委员会召开公开会议，审议小组委员会的建议。在本次会议之前，美国 FDA 在联邦登记册上发布了一份公告，征求公众对本次会议讨论的问题的数据、信息和/或意见。美国 FDA 询问了 TPSAC 推荐该机构使用哪些标准来确定一种成分是致癌物质、有毒物质、成瘾性化学物质或化合物，而这些物质应该被列入已建立的 HPHC 清单。经讨论后，建议采用下列准则选择已确立的健康保护名单：

（1）经国际癌症研究机构（IARC）、美国环境保护署（EPA）或国家毒理学计划（National Toxicology Program，NTP）鉴定为已知或可能致癌物质的成分；

（2）IARC 或 EPA 确认为可能的人类致癌物的成分，以及/或国家职业安全与健康研究所确认为潜在的职业致癌物；

（3）经 EPA 或有毒物质及疾病登记处（ATSDR）确认对呼吸或心脏有不良影响的成分；

（4）由美国加利福尼亚州 EPA 鉴定为生殖或发育毒物的成分；

（5）根据同行评议的文献，有证据证明至少有以下两项滥用（成瘾）可能的成分：

- 中枢神经系统活动；
- 动物药物鉴别；
- 条件性位置偏爱；
- 动物自我给药；

- 人类自我给药；

- 喜好吸食；

- 戒断症状；

- 食品中禁止的成分（适用于无烟烟草产品）

2011 年 1 月 31 日，美国 FDA 宣布，根据联邦食品、药物及化妆品法第 904（e）条，烟草制品中含有"有害和潜在有害成分""有害和潜在有害成分"包括烟草制品或烟气中的导致或有可能导致直接或间接危害使用者或烟草制品的任何化学成分。有可能对烟草制品使用者或非使用者造成直接伤害的成分包括有毒物质、致癌物质、成瘾性化合物；对烟草制品使用者或非使用者可能造成间接损害的成分，包括可能增加烟草制品构成成分的有害影响的成分，这些成分包括：①可能促进烟草制品的使用；②可能妨碍烟草制品的戒断；③可能增加烟草制品的使用强度（例如：使用频率、消耗量、吸入深度）。根据会议讨论，去掉了原 110 种有害和潜在有害成分清单中的铵盐、新烟草碱（去氢新烟碱）、丁醛、二苯并［a，h］杂蒽、二苯并［a，j］丫啶、7H-二苯并咔唑、丁香油酚、对苯二酚、4-（甲基亚硝基苯）-1-（3-吡啶基）-1-丁醇、麦斯明、硝酸钠、氮氧化物、亚硝酸盐、N-亚硝基假木贼碱、吡啶、间苯二酚、焦油等 17 种有害成分，最终于 2012 年发布了确定的烟草及烟气中有害和潜在有害的 93 种成分（HPHCs）清单（表 1.13）。

表 1.13　　　　　　美国 FDA 最终确定的 93 种 HPHCs 清单

序号	化合物	CAS 号	来源	IARC 致癌分级	毒性作用
1	乙醛	75-07-0	S, ST	2B	CA, RT, AD
2	乙酰胺	60-35-5	S	2B	CA
3	丙酮	18523-69-8	S		RT
4	丙烯醛	107-02-8	S		RT, CT
5	丙烯酰胺	1979/6/1	S	2A	CA
6	丙烯腈	107-13-1	S	2B	CA, RT
7	黄曲霉毒素 B_1	1162-65-8	ST	1	
8	4-氨基联苯	92-67-1	S	1	CA

续表

序号	化合物	CAS 号	来源	IARC 致癌分级	毒性作用
9	1-萘胺	134-32-7	S		CA
10	2-萘胺	91-59-8	S	1	CA
11	氨	7664-41-7	S		CA
12	新烟碱	40774-73-0	ST		
13	邻甲氧基苯胺	134-29-2	S	2B	RT
14	砷	7440-38-2	S, ST	1	AD
15	2-氨基-9H-吡啶并 [2, 3-b] 吲哚	26148-68-5	S	2B	CA
16	苯并 [a] 蒽	56-55-3	S, ST	2B	CA, CT, RDT
17	苯并 [b] 荧蒽	205-99-2	S	2B	CA
18	苯 [7, 8] 醋蒽	479-23-2	S	1	CA, CT
19	苯并 [k] 荧蒽	207-08-9	S, ST	2B	CA
20	苯	71-43-2	S, ST	2B	CA, CT, RDT
21	苯并呋喃	271-89-6	S	2B	CA, CT
22	苯并 [a] 芘	50-32-8	S, ST	1	CA, CT
23	苯并 [c] 菲	195-19-7	S	2B	CA
24	铍	7440-41-7	S, ST	1	CA
25	1, 3-丁二烯	106-99-0	S	1	CA
26	镉	7440-43-9	S, ST	1	CA, RT, RDT
27	咖啡酸	331-39-5	S	2B	CA, RT, RDT
28	一氧化碳	630-08-0	S		CA
29	儿茶酚 (邻苯二酚)	120-80-9	S	2B	RDT
30	氯化二噁英和呋喃	—	S		CA
31	铬	7440-47-3	S, ST	1	CA, RDT
32	苯并 [a] 菲	218-01-9	S, ST	2B	CA, RT, RDT
33	钴	7440-48-4	S	2B	CA, CT
34	香豆素	91-64-5	ST		
35	煤酚	1319-77-3	S		CA, CT

续表

序号	化合物	CAS 号	来源	IARC 致癌分级	毒性作用
36	巴豆醛	123-73-9	S, ST		Banned in food
37	环戊烯 [c, d] 芘	27208-37-3	S	2A	CA, RT
38	二苯蒽	53-70-3	S, ST	2A	CA
39	二苯并 [a, e] 芘	192-65-4	S	2B	CA
40	二苯并 [a, h] 芘	189-64-0	S	2B	CA
41	二苯并 [a, i] 芘	189-55-9	S	2B	CA
42	二苯并 [a, l] 芘	191-30-0	S	2A	CA
43	2, 6-二甲苯胺	87-62-7	S	2B	CA, RDT
44	氨基甲酸乙酯	51-79-6	S, ST	2B	CA
45	乙基苯	100-41-4	S	2B	CA, RT, RDT
46	环氧乙烷	75-21-8	S	1	CA, RT
47	甲醛	50-00-0	S, ST	1	CA
48	呋喃	110-00-9	S	2B	CA
49	2-氨基-6-甲基二吡啶 [1, 2-A: 3′, 2′-D] 咪唑盐酸盐水合物	67730-11-4	S	2B	CA, RT
50	2-氨基二吡啶并 [1, 2-A: 3′, 2′-D] 咪唑盐酸盐	67730-10-3	S	2B	RT, CT
51	肼	302-01-2	S	2B	CA
52	氰化氢	74-90-8	S		CA
53	茚并 [1, 2, 3-cd] 芘	193-39-5	S, ST	2B	CA, CT, RDT
54	2-氨基-3-甲基-3H-咪唑并喹啉	76180-96-6	S	2A	CA
55	异戊二烯	78-79-5	S	2B	CA, RDT
56	铅	7439-92-1	S, ST	2A	RT
57	2-氨基-3-甲基-9H-吡啶 [2, 3-b] 吲哚	68006-83-7	S	2B	CA
58	汞	92786-62-4	ST	2B	

续表

序号	化合物	CAS 号	来源	IARC 致癌分级	毒性作用
59	甲基乙基酮	78-93-3	S		CA
60	5-甲基-1，2-苯并菲	3697-24-3	S	2B	CA, RT
61	4-甲基亚硝胺基-1-3-吡啶基-1-丁酮	64091-91-4	S, ST	1	CA, RT
62	萘	91-20-3	S, ST	2B	CA, RT, RDT
63	镍	7440-02-0	S, ST	1	CA
64	烟碱	1954/11/5	S, ST		CA
65	硝基苯	10389-51-2	S	2B	CA
66	硝基甲烷	75-52-5	S	2B	CA
67	2-硝基丙烷	79-46-9	S	2B	CA
68	二乙醇亚硝胺	1116-54-7	S, ST	2B	CA
69	亚硝基-二乙基胺	55-18-5	S	2A	CA
70	N-亚硝基二甲胺	62-75-9	S, ST	2A	CA
71	N-亚硝基甲基乙基胺	10595-95-6	S	2B	AD
72	4-碘-1H-咪唑	59-89-2	ST	2B	
73	N-亚硝基降烟碱	16543-55-8	S, ST	1	RT, CT
74	N-亚硝基哌啶	100-75-4	S, ST	2B	CA
75	亚硝基吡咯烷	930-55-2	S, ST	2B	CA
76	亚硝基肌氨酸	13256-22-9	ST	2B	
77	降烟碱	—	ST		
78	苯酚	108-95-2	S		RT, CT
79	2-氨基-1-甲基-6-苯基咪唑［4，5-b］吡啶	105650-23-5	S	2B	CA, RT
80	钋-210（放射线同位素）	—	S, ST	1	CA
81	丙醛	123-38-6	S		RT
82	环氧丙烷	75-56-9	S	2B	CA
83	喹啉	91-22-5	S		RT, RDT

续表

序号	化合物	CAS 号	来源	IARC 致癌分级	毒性作用
84	硒	7782-49-2	S，ST		CA
85	苯乙烯	100-42-5	S	2B	CA，RT
86	邻甲苯胺	95-53-4	S	2A	CA，RT
87	甲苯	108-88-3	S		CA
88	3-氨基-1，4-甲基-5 氢-吡啶 [4，3-b] 哚吲	62450-06-0	S	2B	
89	3-氨基-1-甲基-5 氢-吡啶 [4，3-b] 哚吲	72254-58-1	S	2B	
90	铀-235（放射线同位素）	—	ST	1	
91	铀-238（放射线同位素）	—	ST	1	
92	醋酸乙烯酯	108-05-4	S	2B	
93	氯乙烯	75-01-4	S	1	

注："—"代表无信息；"S"表示化学成分存在于烟气中，"ST"代表存在于非燃烧的烟草制品中；IARC 癌症分级，"1"为确定的人类致癌物，"2A"为可能的人类致癌物，"2B"为可疑的人类致癌物；毒性作用，"CA"为致癌性（Carcinogen,），"RT"为呼吸系统毒性（Respiratory Toxicant），"CT"为心血管毒性作用（Cardiovascular Toxicant），"RDT"为生殖发育毒性（Reproductive or Developmental Toxicant），"AD"为致瘾性（Addictive）。

美国 FDA 要求烟草公司披露产品中的 HPHCs，但同时 FDA 认为由于目前的测试限制，烟草行业可能无法在最后期限前完成，从而在 93 种 HPHCs 清单中筛选并制定了 20 种 HPHCs 的简略清单，并提供测试方法，FDA 目前正在行使执法裁量权，要求报告烟草制 20 种有害成分的量，具体见表 1.14[19]，其中卷烟烟气中的有害成分为 18 种。

表 1.14　　　　　　美国 FDA 提供的 20 种 HPHCs 简略清单

序号	卷烟烟气	无烟气烟草制品	自卷烟和烟草填料
1	乙醛	乙醛	氨
2	丙烯醛	砷	砷
3	丙烯腈	苯并 [a] 芘	镉
4	4-氨基联苯	镉	烟碱（总量）

续表

序号	卷烟烟气	无烟气烟草制品	自卷烟和烟草填料
5	1-萘胺	巴豆醛	NNK
6	2-萘胺	甲醛	NNN
7	氨	烟碱（总量和游离）	
8	苯	NNK	
9	苯并［a］芘	NNN	
10	1，3-丁二烯		
11	一氧化碳		
12	巴豆醛		
13	甲醛		
14	异戊二烯		
15	烟碱（总量）		
16	NNK		
17	NNN		
18	甲苯		

3　展望

　　烟草的使用历史悠久，关于烟草制品及卷烟烟气的化学成分和有害成分研究也有 70 多年的历史，为了了解和控制卷烟烟气的危害，在分析技术的快速发展下，国内外研究确定了近 20 种有害成分名单，影响力较大并在烟草企业广泛应用的约 7 种名单，涉及的有害成分从 7 种到 149 种。中国自 2008 年建立 "卷烟危害性指数" 以来，中式卷烟危害性指数从 2008 年的 10.0 降到 2017 年的 8.4，相应的焦油也从 12.8mg/支下降到 10.3mg/支。综合中国烟草发展现状和国情，今后相当长时间内中式卷烟仍是我国烟草消费的主流形态，减害降焦是中式卷烟必须长期高举的一面旗帜，通过挖掘烟叶原料、卷烟配方、辅助材料和加工工艺等关键影响因素，势必会提高控制精度，从而实现中式卷烟焦油和有害成分 "稳得住、总体降" 的目标。

参考文献

［1］ Slade J. Historical notes on tobacco ［J］. Prog. Respir. Res. , 1997, 28, 1-11.

［2］ WHO-IARC Monographs on the evaluation of the carcinogenic risk of chemicals to humans. Vol. 38, Tobacco Smoking, Lyon, IARC Press, 1986a.

［3］ Bonsack, J. A. (1881) Cigarette-Machine (Patent No. 238640 dated 8 March 1881), United States Patent Office ［http：//www. uspto. gov/patft/index. html］.

［4］ Wynder, E. L. & Graham, E. A. Tobacco smoking as a possible etiologic factor in bronchiogenic carcinoma. A study of six hundred and eighty-four proved cases ［J］. J. Am. med. Assoc. , 1950, 143, 329-336.

［5］ Doll, R. & Hill, A. B. (1950) Smoking and carcinoma of the lung：Preliminary report. Br. med. J. , ii, 739-748.

［6］ Wynder, E. L. , Graham, E. A. & Croninger, A. B. (1953) Experimental production of carcinoma with cigarette tar. Cancer Res. , 13, 855-864.

［7］ 缪明明, 刘志华, 李雪梅, 等. 烟草及烟气化学成分 ［M］. 中国科学技术出版社, 2017, 北京.

［8］ Rodgman A, Perfetti TA. The chemical components of tobacco and tobacco smoke. Taylor & Francis Group, 2008：CRC Press.

［9］ Baker RB, Bishop LJ. the pyrolysis of tobacco ingredients ［J］. Journal of Analytical & Applied Pyrolysis. 2004, 71：223-311.

［10］ Cooper R L, Lindsey A J, Waller R E. The presence of 3, 4 - benzopyrene in cigarette smoke ［J］. Chcm Ind, 1954, 46：1418.

［11］ Hoffmann D, Heeht S S. Advances in tobacco carcinogene-8is ［M］//Chemical carcinogenesis and mutagenesis. 1Cooper C S, Grover P L. Springer-Verlag, London, UK, 1990：63. 102.

［12］ http：//www. hc-sc. gc. ca/hi-vs/tobac-tabac/legislation/reg/indust/index_ f. html.

［13］ Chen P X, Moldoveanu SC. Mainstream smoke chemical analyses for 2R4F Kentucky Reference Cigarette ［J］. Beitr Tabakfor Int, 2003, 20 (7)：448-458.

［14］ Hoffmann D, Hoffmann I, El Bayoumy K. The less harmful cigarette：A controversial issue. A Tribute to Ernst L. Wynder ［J］. Chem Res Toxicol. 2001, 14：767-790.

［15］ Rodgman A, Green C R. Toxic chemicals in cigarette mainstream smoke. Hazard and hoopla ［J］. Beitr Tabakfor Int, 2003, 20 (8)：481-545.

［16］ The scientific basis of tobacco product regulation：report of a WHO study group (WHO technical report series；no. 945). World Health Organization, 2007：Switzerland.

［17］ 谢剑平, 刘惠民, 朱茂祥等. 卷烟烟气危害性指数研究 ［J］. 烟草科技.

2009, 2: 5-15.

[18] Harmful and Potentially Harmful Constituents in Tobacco Products and Tobacco Smoke: Established List. https://www.fda.gov/TobaccoProducts/Labeling/RulesRegulationsGuidance/ucm 297786. htm.

[19] Reporting Harmful and Potentially Harmful Constituents in Tobacco Products and Tobacco Smoke Under Section 904 (a) (3) of the Federal Food, Drug, and Cosmetic Act. https://www.fda.gov/TobaccoProducts/Labeling/RulesRegulationsGuidance/ucm297752. htm#_ftn1.

第 2 部分
卷烟烟气体外毒性评价

　　当前国内外对于化合物的毒性测试方法主要依赖整体动物实验，即通过观察与疾病相关的临床体征或病理变化来评估化合物的毒性。然而，传统的动物毒性测试方法不仅成本高昂、耗时、费力，而且很难满足日益增长的化合物评价需求，同时，与人类的相关性一直备受质疑，亟须促进毒性测试策略的转变和发展。2007 年，《21 世纪毒性测试：愿景与策略》应运而生，此书由美国国家研究委员会（National Research Council，NRC）发布，提出了新的风险评估体系，主要由 4 个部分构成：化合物危害鉴定、毒性测试（毒性通路和靶向测试）、剂量-反应关系和外推模型及人群暴露评价（图 2.1）。

　　近年来，国际毒理学研究发展十分迅速，体外毒性评价试验已经涵盖了一般毒性、遗传毒性、致癌毒性等多种毒性终点，研究对象也从细胞、组织发展到基因组学、蛋白质组学和代谢组学，甚至是计算机模拟辅助评价系统。

1　体外毒性评价

　　动物实验一直以来就被用于化合物的毒性评价，但随着细胞分子生物学的发展及实验动物 "3R 原则" 的提出，动物实验逐渐被体外实验所替代。"3R 原则" 包括：①减少（Rduction），指在科学研究中，使用较少量的动物获取同样多的试验数据，或使用一定数量的动物获得更多实验数据的科学方法：②替代（Replacement），指使用其他方法而不用动物所进行的试验或研究，以达到某一试验目的，或是使用没有知觉的试验材料代替以往使用神志清醒的活的脊椎动物进行试验的一种科学方法：③优化（Refinement），指在符合科学原则的基础上，通过改进条件，善待动物，提高动物福利，或完善实验程序和改进实验技术，避免或减轻给动物造成的与实验目的无关的疼痛和紧张不安的科学方法。

　　体外试验源于拉丁语 "*in vitro*"，原意是 "在试管里"，即在试管内开展

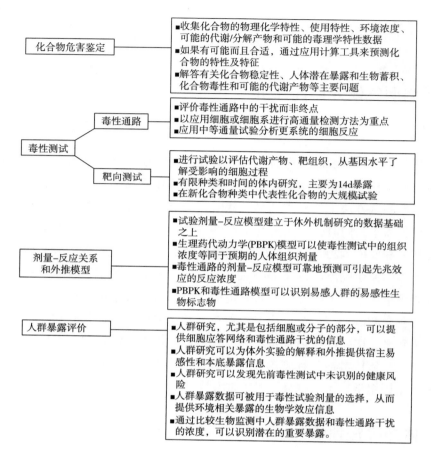

图 2.1　愿景中新的风险评估体系的组成

的试验和研究工作，后来引申为在生物体外，如试管、养瓶、培养皿内等进行的试验包括灌注器官、组织切片、细胞培养等。体外毒性评价不依赖于整体动物，而是使用细胞、组织、类器官等。体外毒性评价广泛用于化合物的危害研究和筛选，以及食品、药品和化妆品的安全性评价。虽然大多数体外毒性评价方法处于研究阶段，还没有被管理机构接受，但是体外毒性评价试验周期短，花费小，适用于大量化合物的筛选，在产品研发中占有不可或缺的地位。

体外毒性评价的研究涉及细胞毒性、遗传毒性、氧化应激、炎症反应、恶性转化等，涵盖了心脏、肝脏、肾脏、免疫系统、神经、生殖发育、内分泌等多系统。目前，全球的众多研究中心致力于生物医学科学包括毒理学中的体外替代方法的开发、验证和使用。随着体外评价技术的发展，以及新方法的结果被证明是可复制和重复的，这些替代方法将继续被接受。此外，科学界也通过考虑替代方法的优点和局限性，回应公众对减少动物使用的强烈呼声。

2　卷烟烟气体外毒性评价

2001 年，美国药物研究院报道，体外毒性试验在评价卷烟烟气以及低危害卷烟产品危害性方面扮演着极其重要的角色[1]。CORESTA 于 2002 年成立烟草烟气体外毒性测试工作组，推荐采用中性红细胞毒性试验、鼠伤寒沙门氏菌回复突变试验（Ames 试验）和哺乳动物细胞微核分析进行烟草制品的体外毒理学评价研究[2]。加拿大卫生部也制定了卷烟主流烟气的体外毒性测试方法[3~5]。

临床前研究是进行任何烟草制品评估的特定步骤。目前，卷烟烟气体外毒性的受试物有卷烟烟气冷凝物（CSC）、卷烟烟气的气相部分（GVP）或全烟气（WS），受试物的不同使得卷烟烟气的染毒存在不同的暴露方式。

其中 WS 的体外暴露研究在第三章详述，本章主要介绍 CSC 为受试物染毒的一些体外毒性评价研究。

2.1　细胞毒性

细胞毒性试验是以原代培养的细胞或是从感兴趣的靶器官取出并建立的细胞系为基础的。细胞毒性是化合物引起细胞死亡的能力的最初表现。一般以细胞毒性数据作为急性系统毒性的指标。目前，已有相当多的研究用细胞毒性数据预测体内急性毒性。

细胞毒性是化合物作用于细胞基本结构和（或）生理过程，如细胞膜或细胞骨架结构，细胞新陈代谢，细胞组分或产物的合成、降解或释放，离子调控及细胞分裂等过程，导致细胞存活、增殖和/或功能的紊乱，所引发的不良反应[6]。细胞毒性按作用机制分为三种类型：①基本细胞毒性，涉及一种或多种上述结构或功能的改变，作用于所有类型的细胞；②选择细胞毒性，存在于某些分化细胞上，主要通过化合物的生物转化，与特殊受体结合或特殊的摄入机制所引发；③细胞特殊功能毒性，对细胞结构和功能损伤轻微，但对整个机体损伤非常严重。

美国国立职业安全与卫生研究所（National Institute for Occupational Safety and Health，NIOSH）开展了体外细胞毒性和急性毒性之间的定量研究，其化合物毒性作用数据库（Registry of Cytotoxicity，RC）对多种化合物的体外细胞毒性的半数抑制浓度（IC_{50}）及经口和静脉注射的急性毒性半数致死剂量（LD_{50}）值进行线性回归分析比较，获得 RC 预测模型，用于急性毒性 LD_{50} 值的预测[7]。RC 方法具有广泛的实用价值，例如，它可以应用于制药业或化学工业，用于监管测试或研究。用 RC 法，可以在预定的剂量范围内，预测 347 种外来药物中 252 种的急性口服 LD_{50}，150 种外来药物中的 117 种，大鼠和/或小鼠静脉注射 LD_{50}。比较研究表明，这些结果具有较高的重现性。体外方法有助于预测化合物急性暴露引发的全身和局部影响，并评估体内毒性剂量。因此，进行急性毒性检测前首先进行体外细胞毒性分析，然后根据 RC 预测模型进行 LD_{50} 值预测，选择体内急性毒性最适宜的开始剂量，可以减少实验动物的使用。

卷烟烟气的细胞毒性检测方法较多，通常以永生化细胞和转化细胞为受试对象，检测方法包括：台盼蓝染料排斥法评估细胞活力、中性红染色观察溶酶体、测定四唑盐（如 MTT、XTT 等）还原为甲䐶（Formazan）的量以评估线粒体活力、LDH 释放量以评估细胞膜完整性等。

2.1.1　染料排斥或摄入法

（1）染料排斥法　细胞损伤或死亡时，某些染料，如台盼蓝、伊红 Y 和苯胺黑等，可穿透变性的细胞膜，与解体的 DNA 结合，使其着色，而活细胞能阻止这类染料进入细胞里。由此，鉴别死细胞和活细胞，通过镜下观察，按以下公式计算活细胞率[8]。

$$活细胞率（\%）=\frac{活细胞总数}{活细胞总数+死细胞总数}\times 100\%$$

（2）染料摄入法　中性红染料可以被活细胞摄入，并在溶酶体中积累。细胞增殖越快，细胞数量越多，摄入的中性红的量也越多，细胞受到损伤时，中性红的摄入能力下降。使用酶标仪检测细胞培养板每孔中性红提取液在 540nm 波长处的吸光值。半数抑制浓度（IC_{50}）的计算使用 Calcusyn 2.0 软件。

以台盼蓝染色法评价 CSC 的细胞毒性的研究较少，大多是利用中性红染色法来评价 CSC 的细胞毒性。Cervellati 等[9]以源于皮肤和肺部的细胞，即角朊细胞 HaCaT 和 A549 为受试对象，采用台盼蓝染色方法检测英国某实验卷烟

（烟碱释放量 1.1mg/支烟、焦油释放量 12mg/支烟）的细胞毒性，台盼蓝染色后，细胞计数器计数活细胞和死细胞，计数 3 次，以平均值分析，对照组 HaCaT 和 A549 的细胞存活率 24h 内无明显变化，而 CSC 在染毒的前期（6h），细胞存活率开始下降。

研究采用中性红摄入法对 ISO 标准抽吸方案和 HCI 深度抽吸方案的 CSC 进行中国仓鼠卵巢（Chinese Hamster Ovary, CHO）细胞的细胞毒性试验，研究发现，深度抽吸条件的细胞毒性小于标准抽吸条件[10]。而后在研究中发现，卷烟的接装纸透气度和滤棒吸阻对细胞毒性会产生影响，以不同透气度接装纸卷烟样品和不同吸阻滤棒卷烟样品的 CSC 为受试物，对 CHO 细胞染毒，随着接装纸透气度的增加，CSC 的 IC_{50} 值逐渐增大，表明随着接装纸透气度的增加，CSC 的细胞毒性逐渐降低；随着滤棒吸阻的增加，CSC 的 IC_{50} 值逐渐增大，表明随着滤棒吸阻的增加，CSC 的细胞毒性逐渐降低。而且 CSC 的细胞毒性与 CO、NNK、NH_3、HCN、B［a］P、巴豆醛和苯酚 7 种烟气有害成分的释放量之间具有一定的相关性[11]。

Richter 等对 2R4F 参比卷烟、美国市售不含薄荷的"淡"卷烟 LT 和 LT-MAS、美国市售不含薄荷的全味卷烟 FF、100%烟草薄片的实验卷烟 REC、100%烤烟实验的实验卷烟 BRI、100%白肋烟的试验卷烟 BUR 和美国市售不含薄荷的活性炭过滤卷烟 CHAR 等 8 种卷烟的 CSC 染毒 BALB/c-3T3 细胞和中国仓鼠卵巢（CHO）细胞，采用中性红摄入法检测细胞毒性作用。对于 BALB/c-3T3 细胞，2R4F 的 CSC 在剂量 50μg/mL 及以上对细胞呈轻微（不超过 20%的细胞呈圆形，松散附着，无胞浆内颗粒，偶见溶解细胞）到轻度的（不超过 50%的细胞呈圆形，无胞浆内颗粒，无广泛的细胞溶解和细胞间空区）细胞毒性，LT、LTMAS 和 REC 的 CSC 剂量分别在 100 和 200μg/mL 时，表现出轻微和轻度的细胞毒性。FF 的 CSC 在 100 和 200μg/mL 时具有轻微和中度的细胞毒性（不超过 70%的细胞层，含有圆形细胞或溶解细胞）。BUR 的 CSC 在 50μg/mL 及以上时表现出轻度至中度的细胞毒性。CHAR 的 CSC 在 100 和 200μg/mL 时产生轻度和中度细胞毒性。BRI 的 CSC 细胞毒性最大，在 50μg/mL 及以上时表现为轻度至重度（几乎完全破坏细胞层）。8 种卷烟对 BALB/c-3T3 细胞的毒性大小排序：BRI>BUR>CHAR>FF>2R4F>LT、LTMAS 和 REC。对于 CHO 细胞，2R4F、LT 和 BUR 的 CSC 在 100 和 200μg/mL 时表现出轻微的细胞毒性。LTMAS 和 FF 的 CSC 在 50 和 100μg/mL 时毒性较小，而 LTMAS 在 200μg/mL 时毒性较小，FF 具有中等的细胞毒性。REC 和 CHAR 的最高剂量仅为轻度细胞毒性。BRI 的 CSC 在 100μg/mL 时有轻度的细胞毒性，在 200μg/mL 时具有较强的细胞毒性，8 种卷烟对 CHO 细胞的毒性大小排序：BRI>FF>LTMAS>2R4F、LT 和 BUR>REC 和 CHAR。此外，对反应性评分的分层 RIDIT Fliss 分析表明，CHO 细胞的 CSCs 评分与 BALB/c-3T3 中的 CSCs 评分有显著性差异（$P<0.01$）。

Lou 等[12] 以 B 细胞淋巴母细胞株 HMy 2.CIR 为研究对象，中国杭州市场上 12 种市售卷烟的 CSC 为受试物，焦油释放量的范围为 3~15mg/支，ISO 标准抽吸方式收集 CSC，采用中性红摄入法进行细胞毒性试验，结果发现，除了 4 号卷烟（焦油释放量 3mg/支），其他卷烟的 CSC 均对 HMy 2.CIR 表现出细胞毒性作用，11 种卷烟的细胞毒性也有所差异，与 DMSO 相比，1 号（焦油释放量 15mg/支）、5 号（焦油释放量 15mg/支）、6 号（焦油释放量 15mg/支）、9 号（焦油释放量 12mg/支）、10 号（焦油释放量 14mg/支）、11 号（焦油释放量 15mg/支）和 12 号（焦油释放量 15mg/支）卷烟样品在剂量为 $2.5×10^{-3}~12.5×10^{-3}$ 支烟/mL 时，细胞存活率有明显下降，7 号（焦油释放量 7mg/支）和 8 号（焦油释放量 8mg/支）在剂量 $7.5×10^{-3}~12.5×10^{-3}$ 支烟/mL 时，细胞存活率有明显下降，2 号（焦油释放量 8mg/支）和 3 号（焦油释放量 5mg/支）样品在剂量为 $10.0×10^{-3}~12.5×10^{-3}$ 支烟/mL 时，细胞存活率有明显下降，并且，第 10 号卷烟的 CSC 细胞毒性最强。

2.1.2 线粒体酶活性

以线粒体酶活性来判断细胞毒性的检测方法主要有 MTT 和 XTT。

（1）MTT 四唑盐比色试验所用的显色剂是 3-（4，5-二甲基噻唑-2）-2，5-二苯基四氮唑溴盐，商品名为噻唑蓝（methyl thiazolyl tetrazolium，MTT）。MTT 比色试验的原理是，活细胞线粒体中的琥珀酸脱氢酶能使外源性 MTT 还原为不溶水性的蓝紫色结晶甲䐶，并沉积在细胞中，而死细胞无此功能。DMSO 能溶解细胞中的甲䐶，用酶联免疫检测仪在 490nm 或 540nm 波长处测定其光吸收值，可间接反映活细胞数量。在一定细胞数范围内，MTT 结晶物形成的量与细胞数呈正比。该方法不仅用于细胞毒性试验，也已广泛用于一些生物活性因子的活性检测、大规模的抗肿瘤药物筛选以及肿瘤放射敏感性等。

（2）XTT MTT 比色试验具有简便、快速、灵敏等优点，但是，MTT 经还原产生的甲䐺不溶于水，需溶解后才能检测，无疑增加了工作量，对实验结果也产生影响，而且溶解甲䐺的有机溶剂对实验者也有损害。因此，出现了以 XTT（二甲氧唑黄）进行检测的毒性测试方法。XTT 是一种类似于 MTT 的化合物，在电子耦合试剂存在的情况下，活细胞线粒体中存在与辅酶Ⅱ相关的脱氢酶，可将黄色的 XTT 还原成水溶性的橘黄色的甲䐺。生成的甲䐺能够溶解在组织培养基中，不形成颗粒，可直接用酶联免疫检测仪测定吸光值。

　　Richter 等[13]以人肺微血管内皮细胞（Human microvascular endothelial cells from the lungs，HMVEC-L）、正常人支气管上皮细胞（normal human bronchial epithelial cells，NHBE）和人小气道上皮细胞（Human Small Airway Epithelial Cells，SAEC）进行共培养，对 8 种卷烟进行 MTT 细胞毒性试验。根据对 MVEC-L、NHBE 和 SAEC 细胞的形态学观察，在人肝微粒体酶 S9 存在时，8 种卷烟的 CSC 均有明显的细胞毒性作用，在无 S9 时，NHBE、SAEC 和 MVEC-L 细胞暴露于 CSC 后，细胞的存活率下降。低剂量的 2R4F、LT、LT-MAS 和 FF 对 SAEC 有促进作用，表现为细胞活力增强。低剂量的 2R4F、LT、LTMAS、FF、REC 和 CHR 对 MVEC-L 中的细胞活力也有所提高。除 BRI 外，BUR 和 CHAR 暴露后的 NHBE 细胞存活率下降 1.5 倍，2R4F 暴露后的 NHBE 细胞存活率下降至 5.6 倍。BRI 卷烟的卷烟烟气冷凝物对 NHBE 细胞的毒性最强，BRI 的所有试验剂量将细胞存活率降低到不超过 49%。BRI 的 EC_{50} 为 15μg/mL。2R4F、LT、LTMAS、FF 和 REC 的 EC_{50} 在 92～132μg/mL。BUR 和 CHAR 的 EC_{50} 大于 200μg/mL。对于 SAEC，CSCs 引起细胞活力下降幅度在 1.3 倍（REC）和 17 倍（2R4F）之间。BRI 的 CSC 对 SAEC 细胞毒性最大，EC_{50} 为 46μg/mL。2R4F、LTMAS 和 FF（EC_{50} 为 128～170μg/mL）均有中度细胞毒性。LT、REC、BUR 和 CHAR 的 CSC 的细胞毒性最低（EC_{50} 大于 200μg/mL）。8 种卷烟的 CSC 对 MVEC 的相对存活率下降范围为 1.5 倍（BUR）至 18 倍（LT）。BRI 的 CSC 对 MCEC-L 细胞的细胞毒性最大，EC_{50} 为 32μg/mL。2R4F、LT、LTMAS 和 FF 的卷烟烟气冷凝物 EC_{50} 为 125～160μg/mL。缩合物 REC、BUR 和 CHAR 的 CSC 的 EC_{50} 均大于 200μg/mL。

　　Messner 等[14]以人脐静脉内皮细胞（Human Umbilical Vein Endothelial Cells，HUVEC）为研究对象，采用某种卷烟的 CSC 进行染毒，基于 XTT 的分析显示，与对照组相比，50 和 100mg/mL 的 CSC 可显著减少存活细胞的数量。

2.1.3 LDH 酶活性

细胞质 LDH 的释放通常是细胞膜损伤的指示物。LDH 的释放近年来用于 CSC 和新型烟草制品的细胞毒性检测。LDH 是活细胞胞浆内含酶之一。在正常情况下，不能透过细胞膜。当细胞受到有害物质攻击而损伤时，细胞膜通透性改变，LDH 可释放至介质中，释放出来的 LDH 在催化乳酸生成丙酮酸的过程中，使氧化型辅酶 I（NAD^+）变成还原型辅酶 I（$NADH/H^+$），后者和 INT（2-p-iodophenyl-3-nitrophenyl tetrazolium chloride）在硫辛酰胺脱氢酶（diaphorase）催化反应生成 NAD^+ 和有色甲䐶类化合物，在490nm 或 570nm 波长处产生吸收峰，吸光度与 LDH 活性呈线性正相关，从而通过比色来定量 LDH 的活性。

Messner 等[14]以 LDH 酶活性方法对 CSC 处理的 HUVEC 的 LDH 释放进行分析，50μg/mL 的 CSC 对细胞膜完整性无影响，而 100μg/mL 的 CSC 孵育48h 后，LDH 大量释放。Cervellati 等[15]以 HaCaT 和 A549 为受试对象，采用 LDH 释放量方法检测英国某实验卷烟的细胞毒性，按照试剂盒的指示测定和计算培养液中 LDH 的含量。在每种试验前，用 2%（体积分数）TritonX-100 在 37℃培养 30min，以 100% 毒性为阳性对照，分别进行 3 次试验，得到具有代表性的最大 LDH 释放量。对照组 HaCaT 和 A549 的细胞存活率 24h 内无明显变化，且 LDH 的释放稳定在低水平，而 CSC 在染毒的前期（6h），LDH 的释放开始增加。

Richter 等[13]也利用 LDH 法检测 CSC 的细胞毒性作用，研究发现，50μg/mL 时，膜完整性无变化，100μg/mL 时，LDH 的释放量增加，而且是在染毒48h 后开始出现 LDH 的增加。

Cavallo 等[16]将无过滤嘴卷烟 A（焦油释放量 10mg/支烟、烟碱释放量0.8mg/支烟、CO 释放量 8mg/支烟）和卷烟 B（焦油释放量 10mg/支烟、烟碱 0.9mg/支烟、CO 释放量 7mg/支烟），市售过滤嘴卷烟 C（焦油释放量9mg/支烟、烟碱 0.8mg/支烟、CO 释放量 8mg/支烟）和卷烟 D（焦油释放量9mg/支烟、烟碱 0.7mg/支烟、CO 释放量 9mg/支烟）4 种卷烟的 CSC，对A549 和支气管上皮细胞 Beas-2B 染毒。对于 A549 细胞，卷烟 A CSC 的剂量在 1.25% 和 5% 时，卷烟 B CSC 剂量为 5% CSE 时，均未见细胞膜损伤；卷烟A CSC 染毒在 10%、卷烟 B CSC 染毒剂量为 10% 时，LDH 释放量的增加，卷烟 D CSC 染毒的 A549 在剂量范围内未出现 LDH 释放量的增加，对于 Beas-

2B 细胞，卷烟 A CSC 的剂量在 1.25% 和 5% 时，卷烟 B CSC 剂量为 5% CSE 时，也均未见细胞膜损伤，卷烟 B CSC 剂量为 10% LDH 的释放均明显高于对照组，卷烟 A 和卷烟 C 的剂量组均未出现 LDH 的增加。

2.1.4 CCK-8 试剂盒

CCK-8 试剂中含有 WST-8，化学名：2-（2-甲氧基-4-硝基苯基）-3-（4-硝基苯基）-5-（2，4-二磺酸苯）-2H-四唑单钠盐，在电子载体 1-甲氧基-5-甲基吩嗪硫酸二甲酯（1-Methoxy PMS）的作用下，被细胞线粒体中的脱氢酶还原生成高度水溶性的橙黄色甲臜产物。颜色的深浅与细胞的增殖呈正比，与细胞毒性呈反比。使用酶联免疫检测仪在 450nm 波长处测定其光吸收值 OD，可间接反映活细胞数量。

Lou 等[17]采用 CCK-8 方法比较市售的 1 号卷烟（焦油释放量 3mg/支烟、烟碱 0.3mg/支烟、CO 释放量 3mg/支烟）和 2 号卷烟（焦油释放量 15mg/支烟、烟碱 1.3mg/支烟、CO 释放量 15mg/支烟）的细胞毒性差异，剂量均为 2.5×10^{-3} 支烟/mL、5.0×10^{-3} 支烟/mL、7.5×10^{-3} 支烟/mL、10.0×10^{-3} 支烟/mL 和 12.5×10^{-3} 支烟/mL，在试验剂量条件下，1 号卷烟的活细胞比例为 83.84% ~ 91.04%，2 号卷烟的活细胞比例为 12.28% ~ 90.2%，与对照组 DMSO 相比，1 号卷烟在剂量为 10.0×10^{-3} 支烟/mL、12.5×10^{-3} 支烟/mL 时，2 号卷烟在 5.0×10^{-3} ~ 12.5×10^{-3} 支烟/mL 时，活细胞比例下降显著（$P < 0.05$）。在相同剂量下，1 号卷烟与 2 号卷烟的活细胞比例比较，2 号卷烟在 5.50×10^{-3} ~ 12.5×10^{-3} 支烟/mL 剂量下的活细胞数均显著低于 1 号卷烟（$P < 0.01$）。

2.2 遗传毒性

卷烟烟气是含有多种有害成分的复杂气溶胶[18]，其中有 69 种已经确定为致癌物[19]，如 B［a］P[20]、二甲基亚硝胺[21]、多环芳烃[22]等。研究表明，随着人体长期吸烟，烟气中的遗传毒性有害成分会长期低剂量暴露于人体呼吸道等组织中，可直接或间接损伤暴露者的 DNA 从而使遗传物质在基因、染色体水平上发生改变，进而引起遗传毒性效应。在对卷烟烟气进行毒性评价时，除了细胞毒性外，还需要评价卷烟烟气的遗传毒性。2012 年，CORESTA 烟草烟气体外毒性测试工作组提出了用于评价卷烟烟气体外遗传毒性的两项测试试验，Ames 试验和体外微核试验，这也是目前国内外使用频率最高的两项遗传毒性试验，其他还有彗星试验、哺乳动物细胞 TK 基因突变试验、染色体畸变试验等。

2.2.1 Ames 试验

Ames 试验是从核酸水平研究化学物的毒性作用，具有快速、有效、经济的特点，其敏感度和特异度为 80%~90%[23]，是目前国际上普遍采用的检测环境中大量潜在致癌物通用的初筛方法之一[24]。传统的 Ames 试验是采用平板掺入法，在半固体培养液中，有外源致突变物存在的情况下，组氨酸缺陷型鼠伤寒沙门氏菌发生回复突变，回复为野生型，可在无组氨酸的培养基生长。故可根据菌落形成数量，检测受试物是否为致突变物。

食品及其添加剂的 Ames 试验通常选择 TA97、TA98、TA100 和 TA102 四种菌株，TA97 和 TA98 可检出移码突变，TA100 和 TA102 可检出碱基置换和移码突变[25]，在 S9 存在下，TA98 和 TA100 两种菌株对 3R4F 参比卷烟（图2.2）的 TPM 相对比较敏感[26,27]。TA98 和 TA100 的组合同样能检测出移码突变和碱基置换，因此，在研究 CSC 的致突变能力时，可采用 TA98 和 TA100 这两种菌株进行。由于不同诱变剂所需 S9 的浓度不同，在进行 Ames 试验时，每平板 S9 的含量，直接关系到诱变剂的最佳诱变作用。在采用体积分数 5%和 10%两种 S9 浓度进行活化后发现，两者的活化效果基本一致，因此在 S9 浓度选择上，以 5%为佳，可以在保证试验结果有效的前提下，使 Ames 试验更为简便、省时和节约[26]。而且，研究发现在标准平板掺入法的基础上增加了预培养阶段，如 37℃预培养 20min 后，回突变菌落数普遍增加，这是由于较高温度下孵育 CSC、细菌和 S9，可能提高了 CSC 中某些遗传毒性物质敏感性。同时，随着预培养时间的增加，回复突变菌落数增长相对缓慢，可能由于长时间的孵育，引起 S9 的活性降低，或是长时间接触较高浓度的 CSC 出现抑菌现象，从而影响了 CSC 对细菌的致突变作用。

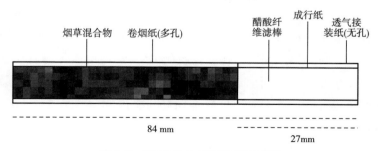

图 2.2　3R4F 参比卷烟组成示意图

Combes 等[28] 采用 TA98、TA100、TA102、TA1535 和 TA1537 这 5 种菌株，在加和不加 S9 的情况下，检测参比卷烟 2R4F、M4A（混合型烟，英美烟草公司做质控的卷烟，醋酸纤维滤棒）、W860（80% 未处理的烟叶和 20% 的梗丝，醋酸纤维滤棒）、W861（80% 未处理的烟叶和 20% 的梗丝，滤棒含 40mg 选择性吸附部分烟气成分的离子交换树脂和 20mg 活性炭）、W862（含 80% 的一些蛋白质和酚类物质去除的烟叶和 20% 的梗丝，滤棒含 40mg 选择性吸附部分烟气成分的离子交换树脂和 20mg 活性炭）、W863（含 80% 的一些蛋白质和酚类物质去除的烟叶和 20% 的梗丝，滤棒含 60mg 活性炭）和 W864（40% 混合型烟叶、40% 一些蛋白质和酚类物质去除的烟叶和 20% 的梗丝，滤棒含 60mg 活性炭）等 7 种卷烟的致突变作用。在 S9 存在时，所有卷烟的 CSC 均引起 TA98、TA100 和 TA1537 剂量依赖的回变菌落数增加。而 S9 存在时，TA102 和 TA1535 及无 S9 时的所有菌株均未表现出回变菌落数的增加。对于响应菌株，采用单位剂量的无烟碱干粒相物（Nicotine‐Free Dry Particulate Matter，NFDPM）回变菌落数表达致突变能力。当 S9 存在时，通过对 TA98 的致突变能力的比较发现，2R4F 比 M4A 具有更强的致突变性，W863 的致突变能力最小。W860 和 W861 表现出较高的致突变能力。在配对统计比较试验中，W862 的致突变能力显著低于 W861（$P<0.05$）。

McAdam 等[29] 对 9 种试验卷烟开展 Ames 试验，各卷烟中加入的烟草替代物质（Tobacco‐Substitute Sheet，TSS）的含量不同，滤棒为醋酸纤维（Cellulose Acetate，CA）滤棒或二元碳复合（Dual Segment Carbon，DC）滤棒，各卷烟的特征分别为 S618（对照烟草/CA 滤棒）、S619（60% TSS/CA 滤棒）、S620（30% TSS/CA 滤棒）、N324（对照烟草/CA 滤棒）、R817（60% TSS/CA 滤棒）、S513（对照烟草/DC 滤棒）、P462（60% TSS/DC 滤棒）和 T291（50% TSS+甘油/DC 滤棒）。按照 Baker 等[30] 的方法，使用 5 种鼠伤寒沙门氏菌株：TA 98、TA 100、TA 102、TA 1535 和 TA 1537，在加和不加 S9 的情况下，研究 9 种卷烟烟气的 TPM、NFDPM、无烟碱无保湿剂的干粒相物（Nicotine and Humectants‐Free Dry Particulate Matter，NHFDPM）的致突变作用。研究发现，仅 TA98、TA100 和 TA1537 表现出阳性反应，进一步做剂量反应关系的拟合，计算各卷烟每 1μg 的 TPM、NFDPM 和 NHFDPM 的回变菌落数，结果发现，对于 TA98 和 TA1537，实验卷烟的单位 TPM 和 NFDPM 回变菌落数均小于对照卷烟。除 S620 外，其余差异均有统计学意义。对于

TA100 菌株，除 R817 外，实验卷烟的单位 TPM 和 NFDPM 回变菌落数在统计学上未显著低于对照香烟。

Zenzen 等[31]研究 7 种卷烟的烟气致突变作用，样品分别是 3 个加热不燃烧卷烟 EHCSS 系列（EHCSS-K6、EHCSS-K6^M、EHCSS-K3）、M6UK（英国市场上 6mg 焦油的万宝路）、M6J（日本市场上 6mg 焦油的万宝路）、PM1（1mg 焦油的菲莫 1 号）和 Lark1（1mg 焦油的云雀 1 号），其中 M6J 和 Lark1 为含碳滤棒。研究发现，TA102 和 TA1535 在 S9 存在和不存在的情况下，8 种卷烟的烟气均未表现出致突变作用。对于 TA98，当 S9 存在时，M6UK 和 M6J 的单位卷烟回变菌落数最大，其次为 PM1、Lark1、EHCSS-K6、EHCSS-K6^M、EHCSS-K3，在不加 S9 时，M6UK 的单位卷烟回变菌落数最大，其次为 M6J、EHCSS-K6^M、EHCSS-K6、EHCSS-K3、PM1 和 Lark1。对于 TA100，在 S9 存在时，M6UK 和 M6J 的单位卷烟回变菌落数最大，其次为 PM1、Lark1、EHCSS-K6^M、EHCSS-K6、EHCSS-K3，在不加 S9 时，M6J 的单位卷烟回变菌落数最大，其次为 M6UK、EHCSS-K6、PM1、EHCSS-K6^M、EHCSS-K3、Lark1。对于 TA1537，在 S9 存在时，M6J 的单位卷烟回变菌落数最大，其次为 M6UK、PM1、Lark1、EHCSS-K6^M、EHCSS-K6、EHCSS-K3，在不加 S9 时，M6UK 的单位卷烟回变菌落数最大，其次为 M6J、EHCSS-K6^M、EHCSS-K6、EHCSS-K3、PM1、Lark1。

有研究认为传统平板掺入法的 Ames 试验存在灵敏度低的缺点。1976 年，Greeen 等通过改良 Ames 试验发明了波动法（Fluctuation test）[32]。1978 年，Levin[33] 在其基础上做了改进，建立了微量波动法（Microtitre Fluctuation test），Hollstein 和 McCann 认为微量波动法非常灵敏，可用于检测不到标准 Ames 试验所要求浓度的 1/100 的诱变剂[34]。微量波动法的原理与传统平板掺入法基本相同。微量波动法的受试对象也是采用鼠伤寒沙门氏菌突变型（组氨酸缺陷型），不同的是在微量波动法中，培养系统采用液体培养基（pH 在 7.2 左右），在 96 孔细胞培养板中培养，由于细菌生长、葡萄糖的分解和酸的产生，培养液的 pH 就逐渐降低，此时通过细菌代谢产物导致加入的酸碱指示剂（溴甲酚紫*）颜色变化，来判断细菌的生长，紫色透明为阴性，黄色浑浊为阳性。外源化合物致突变能力越强，变色的孔数越多。

---

* 溴甲酚紫，别名溴甲酚红、二溴邻甲酚磺酞等，可用作酸碱指示剂，其 pH 变色范围为 5.2（黄色）~6.8（紫色）。

军事医学科学院[35]以 TA98 和 TA100 为受试对象，采用 Ames 试验微量波动法和传统掺入法检测 4 种 CSC 的致突变性，结果显示，随着 CSC 剂量的增加，两种方法测定的致突变性均呈剂量依赖性的增加。表明微量波动法测定的结果与传统掺入法测定的结果具有一致性，微量波动法应用于卷烟烟气的安全性评价具有一定的可靠性和实用性。而从结果中可以看出，对于致突变性相近的 CSC，传统掺入法在较高剂量 CSC 染毒时才能显示出差别，而微量波动法在低剂量 CSC 染毒时就可表现出明显差异，表明微量波动法相对于传统掺入法在进行卷烟安全性评价中具有灵敏度高的特点[34]。2007 年，笔者项目组收集了市场上的 163 种卷烟样品，其中焦油释放量为 1~5mg 样品 5 个，占 3.1%；6~10mg 样品 24 个，占 14.7%；11~13mg 样品 31 个，占 19.0%；14~15mg 样品 103 个，占 63.2%。采用 Ames 试验微量波动法对 163 种卷烟烟气的 CSC 进行致突变试验，以 50% 细菌回复突变剂量（M50）为评价指标，联合细胞毒性试验、小鼠微核试验、急性吸入毒性试验，结合卷烟烟气的 29 种有害成分分析数据，用遗传算法建立有害成分与毒理学指标之间量化数学模型，首次确定了对卷烟主流烟气危害性影响最大的 7 项有害成分指标：CO、HCN、NNK、NH_3、B［a］P、苯酚、巴豆醛[36]。

2.2.2 体外微核试验

微核（Micronucleus，MCN），也称卫星核，细胞在有丝分裂后期染色体有规律地进入子细胞形成细胞核时，仍留在细胞质中的整条染色单体或染色体的无着丝断片或环。在末期单独形成一个或几个规则的次核，被包含在细胞的胞质内面形成。存在于细胞质中独立于主核的核小体，染色与主核一致，但比主核淡，直径小于主核的 1/3，是真核细胞的一种异常结构，主要因有害因素作用细胞导致的染色体丢失或断裂，是染色体畸变的一种表现形式。

目前国内对食品及其添加剂安全性评价时的微核试验主要以体内为主，多采用 GB 15193.5—2014《食品安全国家标准 哺乳动物红细胞微核试验》来开展研究。随着 3R 原则的推广，国内外毒性测试策略的转变，当前对化合物的微核试验多采用体外微核试验（In Vitro Micronucleus Test，IVMNT），对于此实验，OECD487 有详细的检测方针。

IVMNT 是检测分裂期间细胞质中微核的遗传毒性试验。IVMNT 是利用体外培养的人或啮齿动物细胞，检测染色体断裂剂和整倍体毒物引发的畸变。试验时可以添加或不添加肌动蛋白聚合反应抑制剂细胞松弛素 B，添加细胞松弛素 B 有利于使细胞处于有丝分裂期，由于这些细胞都是双核的，所以在那些已经完成一个细胞分裂周期的细胞中可以鉴别和选择性分析微核率。采用多种细胞系，如 CHO、V79、CHL、L5178Y 及人淋巴细胞。这些细胞的 IVMNT 已经欧洲委员会欧盟替代方法验证中心（European Centre for Validation of Alternative Methods，ECVAM）的科学咨询委员会（Scientific Advisory Committee，SAC）认可为科学有效。也有采用人 TK6 细胞和 HepG2 细胞的 IVMNT，但还需在效度研究中获得印证。

目前，国内外卷烟烟气的微核试验主要以 IVMNT 为主。

Combes 等[28]以 V79 位研究对象，采用 IVMNT 检测 W860、W861、W862、W863 和 W864 卷烟烟气粒相物（Particulate Matter，PM）的遗传毒性。在添加 10%胎牛血清的 DMEM 培养基中培养 V79 细胞，用试验或对照样品振荡培养 3h，然后用 S9 处理 17h，或在不加 S9 的情况下培养 20h。每个 PM 至少有 6 个剂量，微核结果参考 OECD487，对不同剂量的微核双核（Micronucleated Binucleated，MnBn）细胞与溶剂对照进行配对 t 检验。研究结果发现，所有的 PMs 均有遗传毒性。PMs 可使 MnBn 的微核率提高 3 倍以上，在剂量和%MnBn/μg NFDPM 上，不加 S9 的 20h 处理比 3h 处理更敏感。在不加 S9 的 20h，W862 诱发的微核率比 W860 和 W861 小。在 3h 染毒中，加和不加 S9，W862 诱发的微核率小于 W861。

采用 3R4F 参比卷烟开展 CSC 和全烟气暴露的体外微核研究，并对微核率与烟气剂量之间的关系进行回归分析，拟合线性回归方程。由于 CSC 染毒与全烟气暴露实验测试指标的单位不同，CSC 染毒实验的烟气剂量单位一般为"μg/mL CSC"，而全烟气暴露实验的烟气剂量单位一般为"烟气百分比"，因此二者的结果之间无法直接比较。为了达到比较的目的，假设进入到暴露装置的卷烟主流烟气中的 CSC 被暴露装置内培养液完全吸收，则可将以"烟气百分比"为单位的烟气剂量换算为以"μg/mL CSC"为单位的数值，研究发现，全烟气暴露与 CSC 染毒方式测试结果的线性方程斜率分别为 1.086 和 0.226。由此可见，在相同烟气剂量下，采用全烟气暴露方式测试的卷烟主流烟气遗传毒性大于 CSC 染毒的测试结果。

对卷烟烟气有害成分 NNK 和 AαC 的 CHO 细胞体外微核试验发现，与阴性对照［微核率为（1.50±0.22）%］相比，NNK 剂量大于 50μg/mL 时微核率显著增加（$P < 0.05$）。在染毒剂量大于 100μg/mL［微核率为（4.01±

0.88)%〕时，微核率较大幅度增加，在最大染毒剂量 400μg/mL 时微核率为（14.67±1.08)%。AαC 剂量大于 20μg/mL 时微核率显著增加（P<0.05）。在染毒剂量大于 20μg/mL〔微核率为（5.88±1.15)%〕时，微核率较大幅度增加，在最大染毒剂量 40μg/mL 时微核率为（10.67±1.82)%。

2.2.3 小鼠淋巴瘤细胞 TK 基因突变试验

目前国内外对卷烟烟气的危害评价主要以 CORESTA 烟草烟气体外毒性测试工作组推荐的细胞毒性试验[37]、Ames 试验[38]和体外微核试验[39]为主。而卷烟烟气中的有害成分包括多种遗传毒性化合物如多环芳烃、TSNAs 等，导致的遗传学终点也有所不同，仅仅采用 Ames 试验和体外微核试验并不足以全面评价卷烟烟气的遗传毒性，而且与食品添加剂、食品接触材料用物质、药物等遗传毒性检测的试验组合有一定的差距。

小鼠淋巴瘤细胞 TK 基因突变试验是 Clive 和 Spector 于 1975 年创建的方法，利用突变细胞对嘧啶类似物表现出抗性而存活的特点对 TK-突变体进行选择，从而检测化学物或其他环境因素的诱变性[40]，是具有检出灵敏度较高、检测谱较广，且简便易行的体外短期致突变试验方法[41]。随着 TK 基因突变试验实验技术的不断完善，欧盟、美国都将其作为食品添加剂和食品接触材料用物质必选的遗传毒性试验之一。此后，中国也开展了 TK 基因突变试验方法的推广，在修订和新发布的保健食品、药品、化妆品等安全性毒理学评价程序中，也已将其列为必选或备选的遗传毒性试验之一。

鉴于 TK 基因突变试验拥有众多优点，国内外陆续开展了卷烟烟气的 TK 基因突变实验研究。采用 ISO 4387 抽吸方法（抽吸容量 35mL，每口抽吸 2s，每 30s 抽吸一口）于转盘吸烟机抽吸 3R4F 参比卷烟 20 支，抽吸结束后，用 DMSO 以 10mg/mL 萃取滤片上的 CSC，在加 S9 的情况下，80μg/mL 的突变频率是溶剂对照组的 3 倍以上，实验结果呈现阳性[42]。Scott 等[43]检测 TPM 的体外遗传毒性强度，并对 Ames 试验、体外微核试验和小鼠淋巴瘤试验（mouse lymphoma assay，MLA）进行统一的统计分析。采用斜率、固定效应和单剂量比较的分级决策过程，解决了 TPM 遗传毒性的 30%差异。

美国 FDA[44]的研究人员采用 MLA 的微平板法和软琼脂法对 11 例 CSCs 的致突变性进行了研究。这些 CSCs 是从商业或实验卷烟中制备的，其中 10 种是使用 ISO 标准条件抽吸获得的，一种是根据马萨诸塞州公共卫生部（Massachusetts Department of Public Health，MDPH）的深度抽吸条件（抽吸容量

45mL，每口抽吸 2s，每 30s 抽吸一口，50%通风口堵塞）获得。在大鼠肝脏 S9 存在的情况下，用 11 种不同浓度（25～200mg/mL）的 CSCs 处理 L5178Y/TK$^{+/-}$小鼠淋巴瘤细胞 4h，所有 CSCs 均呈剂量依赖性增加 MLA 的细胞毒性和致突变性。用剂量-反应曲线线性回归的斜率计算了 CSCs 的抗性突变频率，并以每微克 CSC 的抗性突变频率表示 CSCs 的致突变强度，研究发现，致突变强度与卷烟焦油释放量或烟碱浓度无相关性。用两种不同的吸烟条件对同一种商业卷烟抽吸获得的两种 CSCs 进行比较，结果表明，在每微克 CSC 的基础上，ISO 条件下产生的 CSCs 比在 MDPH 条件下产生的 CSCs 具有更强的致突变性。并且研究了 11 个 CSCs 诱导的突变体在跨越整个 11 号染色体的 4 个微卫星位点上的杂合性丢失（Loss of Heterozygosity，LOH）。最常见的突变类型是 LOH，染色体损伤范围小于 34 mbp。这些结果表明 MLA 在不同的 CSCs 中可识别出不同的遗传毒性能力，并且这两种方法的结果是相似的。

Cobb RR 等[45]开展了卷烟的主流烟气和侧流烟气冷凝物的 TK 基因突变试验，以小鼠淋巴瘤 L5178Y TK+/--3.7.2C 细胞为受试对象，烟气的三氟胸苷抗性突变频率与阴性对照有显著性差异，并表现出剂量-反应关系，显示有遗传毒性。Roemer E 等[46]在 1R4F 和 8 种市售卷烟的卷烟纸上添加磷酸铵镁，采用电加热方式，比较添加磷酸铵镁和未添加磷酸铵镁的烟气毒性差异，结果显示，卷烟纸上添加磷酸铵镁的卷烟比未添加的卷烟的烟气细胞毒性和遗传毒性（Ames 试验和 TK 基因突变试验）均有明显降低。

2.2.4 其他遗传毒性试验研究

除了 Ames 试验、体外微核试验和 TK 基因突变试验，对卷烟烟气的遗传毒性研究还有彗星试验、体外检测 γH2AX 试验等。

Dalrymple 等[47]利用彗星试验检测了 3R4F 的 TPM 对肺泡 II 型细胞的遗传毒性，结果显示 3R4F 的 TPM 可以引起肺泡 II 型细胞 DNA 损伤，且随着暴露时间的延长显著增加。Messner 等[14]利用彗星试验检测了 CSC 对 HUVEC 细胞的 DNA 损伤，结果显示 CSC 可以导致 DNA 链断裂，诱导 p53 激活并影响线粒体膜电位。Kim 等[48]利用体外微核试验（CHO-K1 细胞）、Ames 试验（鼠伤寒沙门氏菌 TA98 和 TA1537）、彗星试验对韩国两种卷烟 TL 和 TW 和 3R4F 参比卷烟的 CSC 遗传毒性作了评价，结果显示 TL 和 TW 与 3R4F 参比卷烟的 CSC 均可引起显著的微核形成，TA98 和 TA1537 诱变以及 DNA 损伤，具有致突变性和遗传毒性。陆叶珍等[49]利用彗星试验、微核试验和 TCR 基因突变试验检测了卷烟 CSC 遗传毒性，结果显示 CSC 加 S9 与不加 S9 两个处理组均能诱发人外周血淋巴细胞发生 DNA 损伤、微核和 TCR 基因突变率升高。

以卷烟烟气有害成分 NNK 和 2-氨基-9H-吡啶并 ［2，3-b］ 吲哚开展遗传毒性研究，检测 γH2AX 焦点率，γH2AX 焦点与 DNA 双链断裂数量存在一一对应关系，被认为是检测细胞 DNA 双链断裂的特异性指标[50]。研究发现，随着 NNK 染毒剂量的增加，γH2AX 焦点率增加，与阴性对照 ［γH2AX 焦点率为 （1.98±0.15)％］ 相比，NNK 剂量大于 25μg/mL 时，γH2AX 焦点率显著增加 （$P<0.05$），在最大染毒剂量 400μg/mL 时 γH2AX 焦点率为 （4.34±0.20)％；随着 AαC 染毒剂量的增加，γH2AX 焦点率也呈增加趋势。与阴性对照 ［γH2AX 焦点率为 （3.81±0.15)％］ 相比，AαC 剂量大于 10μg/mL 时 γH2AX 焦点率显著增加 （$P<0.05$）。研究基于 CHO 细胞采用两种高通量的组合实验，分别从 DNA 和染色体水平，综合评价 NNK 和 AαC 的遗传毒性，结果显示两种物质均具有潜在的遗传毒性，与流式微核方法相比，流式 γH2AX 方法缩短了检测周期，提高了检测效率，流式 γH2AX 方法灵敏度更高。

2.3　细胞凋亡

细胞凋亡 （apoptosis） 是指细胞在基因及相关信号通路调控下自主地有序地死亡。细胞凋亡的检测方法[51]包括：

（1）线粒体膜电位检测　线粒体膜电位 （mitochondrial membrane potential，$\Delta\Psi_m$） 是指跨越线粒体内膜两侧的电化学势，$\Delta\Psi_m$ 的改变与细胞凋亡密切相关，引起 $\Delta\Psi_m$ 改变的因素均有可能导致细胞凋亡的发生，$\Delta\Psi_m$ 的改变发生在细胞凋亡最早期，早于磷脂酰丝氨酸外翻、天冬氨酸特异性半胱氨酸蛋白酶活化及核酸酶的激活。

（2）磷脂酰丝氨酸外翻检测　磷脂酰丝氨酸 （phosphatidylserine，PS） 位于细胞膜内侧，是细胞膜磷脂的重要组成成分。在细胞发生凋亡的早期，细胞内 ATP 供能不足，胞浆 Ca^{2+} 浓度升高，氨基磷脂转移酶 （Aminophosphatidyl Transferase，APT） 活性下降，导致 PS 从细胞膜的内侧翻转到细胞膜的表面。PS 外翻是细胞早期凋亡最明显的标志，可用 AnnexinV 联合碘化丙啶 （PI） 染色法对此进行检测。

（3）细胞色素 C 的定位检测　正常情况下，细胞色素 C 定位于线粒体膜间隙，与线粒体内膜外侧松弛结合，且不能通过外膜。细胞凋亡引起细胞色素 C 释放到胞质，caspases-3 活化，进一步激活下游的 caspase-3、6、7，引发级联反应。

（4）caspase-3 活性检测　caspase 通常以酶原形式存在，被激活后可介导蛋白酶级联反应，是凋亡信号通路的执行者。其中 caspase-3 是关键的凋亡效应分子，在死亡受体途径、线粒体途径及内质网途径中均发挥功能。

（5）细胞凋亡形态检测　细胞凋亡形态学特征性改变包括细胞体积变小、胞膜皱缩、核质浓缩、胞膜起泡（bubbling）以及出现凋亡小体等。

（6）DNA 片断检测　细胞凋亡引起内源性核酸内切酶激活，基因组 DNA 降解形成约 180~200bp 或其整数倍的 DNA 片段，进行凝胶电泳后可得到 DNA 梯状条带（DNA ladder），可用于细胞凋亡判断。

（7）细胞膜通透性检测　在细胞凋亡晚期，细胞膜的通透性增加，外部物质可以透过细胞膜进入细胞内部，检测细胞通透性变化的方法多依据此原理进行设计。

目前，国内外也有关于卷烟烟气对细胞凋亡影响的研究。CSC 染毒的研究总结如表 2.1 所示。

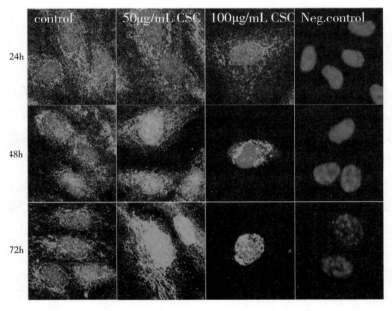

图 2.3　免疫荧光分析结果（绿色 AIF 信号与蓝色核染色共定位）[14]

表 2.1　国内外卷烟烟气冷凝物的细胞凋亡研究

检测方法	细胞株	受试样品	结果	文献来源
多重细胞毒性终点（multiple cytotoxicity endpoint, MCE）	TK6	2R4F, LT, LTMAS, FF, CHAR, REC, BRI, BUR	S9 存在时,8 种 CSC 的凋亡细胞频率与溶剂对照相当。当 FF 剂量为 200μg/mL（13.7%）时,BUR 剂量为 150μg/mL（50.1%）和 200μg/mL（46.1%）时,CHAR 剂量分别为 150μg/mL（5.9%）和 200μg/mL（22.6%）时,坏死细胞的频率增加（$P<0.001$）。FF,BUR 和 CHAR 趋势检验显示坏死细胞呈剂量-反应关系（$P<0.001$）。在无 S9 时,与溶剂对照组相比,仅 LTMAS 的剂量在 200μg/mL（13.3%）时,凋亡细胞的频率增加（$P<0.001$）。FF 的剂量为 150μg/mL（2.1%）和 200μg/mL（3%）时,LTMAS 剂量为 200μg/mL（22.6%）时,REC 剂量为 200μg/mL（22.6%）时,坏死细胞的频率较高（$P<0.001$）。对凋亡细胞和新生细胞的趋势检验显示出明显的剂量-反应关系（$P<0.001$）。FF 和 REC 趋势检验显示坏死细胞呈剂量-反应关系（$P<0.001$）	Richter et al.
AnnexinV – FITC 试剂盒,流式细胞仪检测	HMy2. CIR	12 种中国杭州市售卷烟	在 CSCs（$1.0×10^{-3}$,$2.0×10^{-3}$,$3.0×10^{-3}$,$4.0×10^{-3}$ 和 $5.0×10^{-3}$ 支烟/mL）作用 3h 后,收集细胞,用冰冷 PBS 洗涤并离心。细胞再悬浮于冰冷结合缓冲液中,然后在黑暗中悬浮 15min,再用流式细胞仪和 620nm 滤池进行分析。研究结果显示,12 种卷烟样品的 CSCs 均能诱导细胞凋亡,但 12 种卷烟样品的 CSCs 细胞凋亡率显著增高的剂量不同。与 DMSO 相比,1,5,6,9,10 和 12 样品在剂量 $2×10^{-3}$ ~ $5×10^{-3}$ 支烟/mL 时,细胞凋亡率显著提高（$P<0.05$）,2,7,8 和 11 样品在剂量在 $3.0×10^{-3}$ ~ $5.0×10^{-3}$/mL 时,3 和 4 号样品在剂量 $4.0×10^{-3}$ ~ $5.0×10^{-3}$ 支烟/mL 时,差异有显著性（$P<0.05$）	Lou Jianlin

续表

检测方法	细胞株	受试样品	结果	文献来源
凋亡诱导因子(apoptosis-inducing factor, AIF),免疫荧光分析;caspase-3活性检测,P53活性,Western blot	人脐静脉内皮细胞(human umbilical vein endothelial cells, HUVEC)	未提供信息	人凋亡诱导因子(Apoptosis Inducing Factor, AIF)(图2.3):用50mg/mL的CSC孵育可使细胞的线粒体AIF分布从更多为核分布,在CSC孵育72h后更为明显。100mg/mL的CSC孵育HUVEC,免疫荧光染色无凋亡样易位。研究能够证明,100mg/mL的CSC孵育HUVEC可诱导溶酶体的渗透。随后酶的释放可能是坏死细胞死亡(如质膜透性)的关键。溶酶体是自噬信号的中心细胞器,测试了CSC处理的HUVEC中的自噬能信号,结果显示,100mg/mL的CSC处理后,LC3-II/I*比值显著增加。为了进一步分析CSC诱导在自噬在CSC诱导的细胞死亡中的作用,将HUVEC与3-甲基腺嘌呤(3-MA)共同孵育,并对CSC诱导的细胞死亡进行了分析。分析表明,3-MA对自噬细胞形成的抑制作用不能抑制CSC诱导的细胞死亡

caspase-3活性检测:将HUVEC与熊果酸(UA)共同孵育,得到含有活性caspase-3的细胞浆提取物。这些提取物对CSC染毒,并对caspase-3活性进行分析。50mg/mL的CSC不仅不能诱导caspase-3活性,而且明显抑制无细胞提取物中caspase-3的活性

P53活性:只有50mg/mL的CSC孵育24h后,p53表达暂时增加。但50mg/mL CSC作用48和72h后,p53无诱导和稳定作用。高剂量CSC(100mg/mL)孵育不诱导p53的增加 | B Messner 等 |

注:*LC3-II(自噬体特异性形式)与LC3-I(细胞浆形式)的比值是诱导自噬的指标之一。

2.4 氧化应激

卷烟烟气是复杂的气溶胶，部分有害成分表现出一定的氧化性[52~55]。当细胞或组织暴露在卷烟烟气中时，细胞体系的氧化/抗氧化平衡被打破，细胞产生氧化应激以及炎症反应，并最终导致机体产生病理性损伤[56,57]。

动物细胞中含有大量的谷胱甘肽，谷胱甘肽属抗氧化剂，在清除氧化/氮化活性物质时自身被氧化掉。细胞中还原型/氧化型谷胱甘肽的比例可用于表示细胞的抗氧化能力。处于氧化应激状态细胞的谷胱甘肽库中，还原型谷胱甘肽水平降低，氧化型谷胱甘肽水平升高。除此之外，细胞还可通过上调其他抗氧化剂水平来应对氧化应激，或通过表达Ⅱ期解毒基因来清除氧化活性物质，同时稳定谷胱甘肽水平。解毒蛋白（如 NRF2、SOD1、NQO1 和 HMOX1）的表达及其活性可通过定量 PCR、免疫印迹（Western blot）或其他商业上成熟的检测方法来确定。

流行病学研究表明，吸烟可能与呼吸系统相关疾病的发生有关，如COPD、肺癌、动脉硬化等[58,59]。有研究表明，吸烟导致这些疾病的主要机理是氧化应激。当细胞发生氧化应激时，细胞内活性氧族（Reactive Oxygen Species，ROS）以及活性氮族（RON）增加，对脂质、蛋白质以及 DNA 等会产生不同程度的氧化损伤[60~62]，同时激活细胞内抗氧化物质如细胞外超氧化物歧化酶（EC-SOD）、还原态谷胱甘肽（GSH）、过氧化氢酶等[63]。在这些抗氧化物中，GSH 和 EC-SOD 分别在细胞内和细胞外发挥重要的抗氧化作用[64,65]。GSH 是细胞内含量丰富的硫醇式缩氨酸，对维持细胞氧化还原平衡发挥重要作用，被广泛作为细胞氧化应激标志物[66]。

通过对 A549 暴露 3R4F 的 CSC 研究发现，在 $75\mu g/mL$ 和 $100\mu g/mL$ 剂量下，实验组的 GSH/GSSG 明显低于阴性对照组（$P<0.01$）。同时，在相同的染毒剂量下，GSH/GSSG 在染毒 4 与 24h 的实验组之间不存在显著性差异。表明在 CSC 短时间染毒（4h）和长时间染毒（24h）下，细胞均发生了氧化应激。EC-SOD 是超氧化物歧化酶（SOD）在细胞外的主要存在形式，也是细胞首要的自由基清除剂。通过 3 次独立实验对 CSC 染毒 A549 细胞后的 EC-SOD 进行了测定，结果显示，在用 CSC 短时间染毒（4h）条件下，实验组EC-SOD 相对于阴性对照组没有明显增加。但随着染毒时间的延长（24h），实验组 EC-SOD 极显著地高于阴性对照组（$P<0.01$），并且低剂量组（$75\mu g/mL$）

与高剂量组（100μg/mL）也呈现极显著性差异（$P<0.01$）；此外，用相同剂量的 CSC 染毒时，24h 染毒组的 EC-SOD 水平也极显著地高于 4h 染毒组（$P<0.01$）[67]。

2.5 炎症

上皮细胞、平滑肌细胞和炎症细胞均可产生细胞因子和趋化因子，对炎症进行体外评估即基于该原理。一些细胞因子可同时在蛋白质水平和 mRNA 水平进行检测：蛋白质水平检测可通过酶联免疫吸附反应（Enzyme-Linked Immunosorbent Assay，ELISA）或免疫印迹完成；mRNA 水平检测可通过定量 PCR 完成。核因子-κB（Nuclear Factor kappa B，NF-κB）是一种重要的前炎症介质转录因子，其转录活性与炎症程度存在关联性，可通过 DNA 结合分析法确定其转录活性。其他级联信号，如有丝分裂原胞外信号调节激酶（Mitogen-Activated Protein Kinase，MAPK）亦可导致前炎症反应。级联放大路径中的关键效应蛋白经磷酸化后可与特定抗体结合，使用该方法可以确定前炎症反应的激活程度。

可吸入的烟气化学成分引起机体内 ROS 的增加，细胞内氧化/抗氧化平衡被打破，诱发氧化应激和炎症反应[68]。促炎性细胞因子白细胞介素-6（IL-6）和白细胞介素-8（IL-8）在炎症细胞的募集和激活过程中起着重要作用。Moodie 等[69]研究发现，卷烟烟气诱导的氧化应激能够调控促炎性细胞因子基因的转录，Rahman 等[70]在吸烟者和 COPD 患者肺组织中检测到促炎性细胞因子表达水平的升高。在评价卷烟烟气的生物学效应时，多种细胞被选择作为体外模型，如 CHO 细胞[71]、人肺腺癌细胞 A549[67]和人支气管上皮细胞 BEAS-2B[72]等。不同类型/来源的细胞对烟气的毒性效应有着不同的反应。通过比较 A549 和 BEAS-2B 细胞暴露 3R4F 参比卷烟的 TPM 和全烟气（Whole Smoke，WS）后，促炎性细胞因子 IL-6 和 IL-8 的释放水平变化发现，卷烟烟气 TPM 和 WS 诱导的 A549 和 BEAS-2B 细胞 IL-6 及 IL-8 的释放水平呈现一致的变化趋势，但影响程度不同。卷烟烟气诱导的促炎症反应存在细胞类型的差异。呼吸道气管上皮细胞是烟气暴露的首要靶细胞，在炎症发生和促炎性细胞因子释放的过程中起着重要作用。同时，气管上皮细胞参与了炎症反应条件下组织损伤的病理性进程。研究发现，卷烟烟气暴露于 A549 细胞没有增加其促炎性细胞因子 IL-6 和 IL-8 的释放水平；而烟气粒相组分和全烟气显著增加了 BEAS-2B 细胞 IL-6 和 IL-8 的释放水平[73]。

2.6　恶性转化

卷烟烟气中的有害成分部分有遗传毒性和/或致癌作用，但大多数有害成分的致癌机制不清楚，同时这些化合物还存在一定的交互作用，现行的动物致癌试验评价体系也存在一定的局限，使得卷烟烟气的致癌机理仍不清晰。随着毒性测试策略的转变，基于通路和毒作用模式来研究模式生物的毒理学模型呈现一片繁荣景象。恶性转化实验是模拟致癌物在体内诱发肿瘤的产生，利用培养的哺乳动物细胞暴露外源性化合物后，观察细胞的生长自控能力是否丧失，细胞是否发生恶性转化，进而评价外源性化合物的潜在致癌性。恶性转化试验的观察终点是恶性变细胞，观察细胞生长过程的变化，包括细胞形态、细胞生长力、生化特性、细胞间接触抑制等变化，以及将细胞移植到动物体内能形成肿瘤的能力。转化细胞的鉴定方法包括转化细胞灶计数、凝集试验、软琼脂培养和裸鼠接种等。

恶性转化试验大大缩短了试验周期，也被 IARC 列为有效的筛选致癌物的评价方法。目前常用的细胞系有叙利亚仓鼠胚胎细胞（SHE 细胞）、人纤维细胞、小鼠胚胎成纤维细胞 BALB/c 3T3、C3H/10T1/2、BHK-21 细胞、经人乳头状病毒 HPV-18 转染的永生化人支气管上皮细胞 BEP-2D 等。1984 年，IARC、美国国立癌症研究所（National Cancer Institute，NCI）、NIH 和 EPA 联合成立了一工作组，讨论细胞转化的分子和细胞机制，体外细胞转化与体内癌症的生物学相似性以及利用体外转化试验在已建立的细胞系中筛选环境致癌物的可行性。工作组查明了与这些分析有关的方法和技术问题，建立了 BALB/c 3T3 和 C3H/10T1/2 两种细胞的恶性转化试验方法，并制定了对形态转化灶进行评分的标准方法[74]。

当前卷烟烟气的遗传毒性和致癌性评价以短期的体外毒性实验为主，而卷烟烟气的恶性转化试验则可以模拟烟气暴露诱导细胞恶性转化的长期过程，与人类吸烟诱发肿瘤的产生过程更为接近。菲利普·莫里斯公司[75]采用小鼠胚胎成纤维细胞 Bhad 42（v-Ha-ras Transfected BALB/c 3T3）开展卷烟烟气的恶性转化研究。Bhad 42 是将 v-Ha-ras 癌基因转染到 BALB/c 3T3 细胞中而建立的细胞系，近年来备受关注。该细胞系可以检测致癌物的启动剂和促癌剂，由于 Bhad 42 细胞传染了 ras 癌基因而处于肿瘤启动阶段，因此大大缩短了试验周期，也备受众多实验室青睐。Bhad 42 细胞反复暴露于 TPM，引起Ⅲ型病灶的剂量依赖性增加，中浓度（5~60gTPM/mL）时病灶形成显著增加（高达 20 倍），峰值为 20μg/mL。在三个独立的试验中测试了三批 TPM，用 0，5，10 和 20μg TPM/mL 计算精密度（重复性和重现性）。重复度和重现性分别为 17.2% 和 19.6%，斜率分别为 0.7402±0.1247，0.9347±0.1316 和 0.8772±0.1767（增加因子 mL/mg TPM；$\bar{x}$±SD）；平均斜率的拟合优度（R^2）分别为 0.9449，0.8198 和 0.8344。本实验以 Bhad 42 细胞为试验材料，在致癌（起始和促进）两阶段模式中被认为已经启动，能够以剂量依赖性的方式检测卷烟烟气诱导的细胞转化，具有较高的灵敏度和较高的精密度。由于该方法快速、结果可靠、可用于产品评价，也可用于进一步研究卷烟烟气相关试验物质的非遗传毒性致癌活性。

英美烟草公司以 3R4F 参比卷烟的气溶胶水提物（Aerosol aqueous extracts，AqE）和 TPM 进行 Bhad 42 的恶性转化试验，在 CeruleanSM-450 直线吸烟机以加拿大深度抽吸模式[76]（抽吸容量 55mL/口，抽吸频率 30s，抽吸间隔 2s，100%封闭通风孔）抽吸卷烟 10 口，通过 20mL 的 DMEM/F12 培养基，收集不同时间的 AqE 共 3 份，测得的烟碱含量为（9.6±0.5）μg/mL，卷烟烟气 TPM 是在伯格瓦特 RM200A 转盘吸烟机上以加拿大深度抽吸模式抽吸收集，44mm 剑桥滤片上共收集约 150mg 的总粒相物。0.313%，0.625%，1.25%，2.5%，5% 和 10% 的 3R4F AqE 进行恶性转化试验，2.5%，5% 和 10% 的 3R4F AqE 表现出明显的细胞毒性，细胞存活率低于 33%，但在进行恶性转化试验时，低剂量的 3R4F AqE 均不能使 Bhad 42 发生恶性转化，6，12，24，48，60 和 120μg/mL 的 TPM 在 Bhas 启动子细胞转化试验和平行细胞生长试验均呈现阳性，细胞发生恶性转化。3R4F 参比卷烟的 TPM 是一种较强的促癌剂，在剂量范围内均出现阳性，最低浓度可达 6μg/mL。

国内的中国人民解放军军事医学科学院也开展了卷烟烟气对 BEP2D 细胞的恶性转化研究，正常 BEP2D 细胞仅能在无血清条件下培养，通常在有血清条件下，由于受到血清的诱导分化作用，细胞在含有血清的培养基中总体生长状态明显受到抑制，细胞接种效率低；而转化细胞由于卷烟烟气使细胞的遗传性状发生改变，对血清的分化诱导呈现明显抗性，因而在有血清培养基中可以正常生长。正常细胞在半固体琼脂培养基中不能形成克隆，而肿瘤细胞失去接触抑制，具有锚着独立生长能力，能够在半固体琼脂中形成克隆，因此细胞获得锚着独立性，能在软琼脂质中形成克隆是细胞发生恶性转化的重要标志，也是检测转化细胞和肿瘤生物学特性最常用的方法。根据细胞生长环境改变、锚着独立性生长的特性来检测化合物引起细胞恶性转化的作用，便于观察和判断细胞转化过程的各种生理特性变化。因为血清抗性实验在细胞恶性转化早期过程就可以出现。避免单独应用锚着独立生长实验观察和判断细胞恶性转化的单一性，同时也避免过多的传代、长时间培养所带来的繁重工作量及易污染的弊端[77,78]。研究发现，第 70 代，即 P70 的 BEP2D 细胞成功实现了恶性转化，核因子 κB 抑制蛋白 E 抗体（Inhibitor Of Nuclear Factor Kappa-B Kinase Subunit Epsilon，IKBKE）出现表达升高现象，利用慢病毒 si RNA 敲减 IKBKE 后发现，细胞增殖、细胞克隆形成和细胞凋亡显著降低，证实了 IKBKE 在 CSC 诱导的支气管上皮细胞恶性转化中担任关键作用。Western blot 检测结果发现敲减 IKBKE 能降低 STAT3 磷酸化水平。这提示 CSC 诱导细胞恶性转化过程中 IKBKE 参与了对 STAT3 通路的调控。进一步研究利用 STAT3 通路激动剂 IL-6 和 IKBKE si RNA 共同作用 P70 细胞，结果显示，IL-6 显著阻滞了敲减 IKBKE 对细胞增殖、克隆形成和凋亡的影响，证实了支气管上皮恶性转化过程中 IKBKE 对 STAT3 通路的调控作用[79]。

川北医学院[80]采用 2μg/L 的卷烟烟气提取物对人支气管上皮细胞 16HBE 进行恶性诱导，每代细胞暴露 24~48h，连续暴露 50 代，细胞发生恶性转化，恶性转化细胞命名为 16HBE-M，后将 16HBE-M 传代 10 代。恶性转化细胞的裸鼠成瘤试验和瘤体的 Ki67* 的免疫组织化学检测来验证恶性转化细胞模型的建立。

皮下成瘤试验是以 1×10^6 个细胞/只裸鼠，将 16HBE-C（16HBE 对照细胞）和 16HBE-M 细胞分别注射于 BALB/c 裸鼠左右侧前肢腋下，动物正常饲养，从第 6 天开始，每天测量 1 次肿瘤长径（b）和短径（a），计算肿瘤体积，肿瘤体积（mm^3）$= 1/2ba^2$，第 16 天给予安乐死，剥离肿瘤，称重。所有脏器和肿瘤组织以 4% 多聚甲醛固定，HE 染色病理观察。经过 16d，比较 16HBE-C 和 16HBE-M 细胞的裸鼠成瘤瘤体，发现 16HBE-M 形成的肿瘤增

---

* Ki-67 是一种与核糖体 RNA 转录有关的核蛋白，单克隆抗体 Ki-67 识别的抗原与增殖相关，由 MKI-67 基因编码，又称之为 MKI-67。Ki-67 失活，核糖体 RNA 合成受阻，可作为细胞增殖的标记物。Ki-67 在细胞增殖的各期（G1，S，G2 和 M）中均有表达，但在细胞静止期（G0 期）不表达。在病理免疫组化中经常用到，提示细胞的增殖活跃程度。在病理报告中的指数高低与许多肿瘤分化程度、浸润、转移及预后密切相关。

长速度以及所形成肿瘤体积和质量均大于 16HBE 对照细胞（16HBE-C）（图 2.4）。

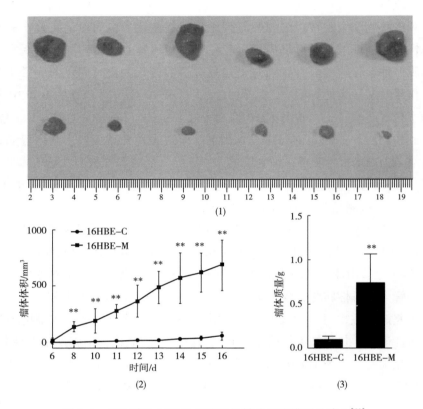

图 2.4　CSE 诱导 16HBE 细胞恶性转化细胞模型的建立[80]

（1）裸鼠注射 16HBE-C 和 16HBE-M 细胞 16d 后，成瘤瘤体的比较；（2）从第 6d 开始测量瘤体的长径和短径，计算其肿瘤体积（mm³），＊＊表示与 16HBE-C 组比较，$P \leqslant 0.01$；（3）16HBE-C 和 16HBE-M 细胞裸鼠肿瘤质量比较，＊＊表示与 16HBE-C 组比较，$P \leqslant 0.01$

　　并采用 Ki67 作为验证细胞增殖能力的指标[81]，对肿瘤组织中 Ki67 进行免疫组织化学检测，发现 16HBE-M 细胞形成肿瘤组织中的 Ki67 阳性细胞高于 16HBE-C（图 2.5）。研究通过对 16HBE-M 的长链非编码 RNA（long noncoding RNA，lncRNA）差异表达分析，筛选出了高表达的长链非编码 RNA——linc00152，并发现在 CSE 引起人支气管上皮细胞 16HBE 恶性转化过程中，linc00152 参与调控细胞黏附和间质化等恶性表型的改变，继而影响 16HBE-M 细胞在体内的转移。

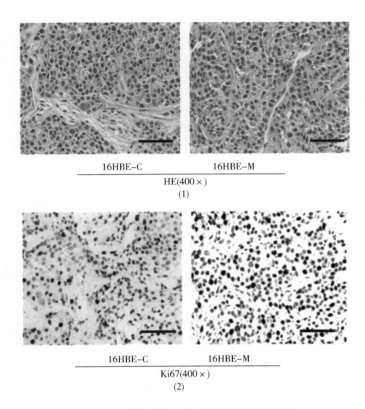

图 2.5 肿瘤组织的免疫组织化学检测[80]

（1）HE 染色的病理切片观察（400×）；

（2）反映细胞增殖能力的 Ki67 免疫组化观察，DAB 染色（400×）

2.7 免疫毒性

流行病学数据显示，吸烟能够降低一些疾病，如溃疡性结肠炎、结节病、子宫内膜异位症、子宫肌瘤、子宫内膜癌症、农民肺、帕金森氏病和阿尔茨海默病的发病率和严重性[82~84]，这些疾病多是与人体免疫系统相关的炎症性疾病或具有炎症成分。免疫系统是实现免疫功能的器官或组织，可分为外周免疫器官和中枢免疫器官两部分，以外周免疫器官淋巴结来源的小鼠淋巴瘤细胞（EL-4 细胞）和中枢免疫器官胸腺来源的小鼠巨噬细胞（Ana-1 细胞）作为研究对象，参比卷烟 3R4F 烟气总粒相物 TPM 染毒后，采用 Luminex 检测如表 2.2 所示中细胞因子的变化。

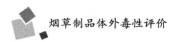

表 2.2   6 类 20 种细胞因子

分类	细胞因子	主要生物学功能
白细胞介素	白介素-1α（IL-1α）	激活淋巴细胞，诱导发热和急性期反应
	白介素-1β（IL-1β）	增强白细胞和内皮细胞间黏附
	白介素-2（IL-2）	参与炎症反应、抗肿瘤和移植排斥反应
	白介素-4（IL-4）	促进单核细胞生长发育
	白介素-5（IL-5）	促进骨髓依赖性淋巴细胞增殖和分化
	白介素-6（IL-6）	参与炎症反应，加速肝脏合成急性蛋白
	白介素-10（IL-10）	刺激肥大细胞增生，抑制多种细胞因子生成
	白介素-12（IL-12）	增强自然杀伤细胞活性
	白介素-13（IL-13）	抑制促炎性细胞因子产生
	白介素-17（IL-17）	诱导上皮细胞或内皮细胞合成分泌 IL-6、IL-8
趋化因子	γ 干扰素诱导性单核因子趋化因子（MIG）	参与变态反应性疾病发展过程
	巨噬细胞炎症蛋白-1α（MIP-1α）	参与多种疾病的发展过程；募集活化白细胞，参与炎症反应的启动及发展
	单核细胞趋化蛋白-1（MCP-1）	趋化、激活单核或巨噬细胞。参与炎症反应。促进骨髓中的炎性单核细胞向血液脾脏转移
	干扰素诱导蛋白-10（IP-10）	趋化单核细胞。诱导多种细胞到达炎症部位
	角质细胞诱导因子（KC）	趋化和激活白细胞移行到感染部位，参与炎症反应
生长因子	血管内皮生长因子（VEGF）	增强血管通透性和促进血管形成，与肿瘤发生和发展相关
	碱性成纤维细胞生长因子（FGF-basic）	促进肉芽组织形成和角膜伤口愈合
干扰素	γ-干扰素（IFN-γ）	抗病毒，免疫调节
集落刺激因子	粒细胞-巨噬细胞集落刺激因子（GM-CSF）	促进粒细胞、单核-巨噬细胞等的增殖和分化，与真菌、病毒侵袭相关
肿瘤坏死因子	肿瘤坏死因子-α（TNF-α）	参与炎症反应和免疫应答，与肿瘤发生相关

Luminex 液相芯片检测系统整合微球双荧光标记和液流分散激光自动检测技术，可自动实现核酸、酶、受体、抗体、抗原、小分子有机物等多通道高通量分析。核心技术为特制的 100 种不同色标编码的 5.6μm 塑料小球或 6.5μm 的磁珠。每一种编码的小球标记一种可以捕获相应目标分子的配体，任选几种或多至 100 种标记好的小球混合后与样品中待检目标分子作用。由于每种小球标上不同的探针分子从而可以对样本中多大 100 中的不同种目标分子进行同步检测。

TPM 染毒后，随着染毒剂量的增加，EL-4 细胞中 GM-CSF、IL-10 和 VEGF 等 3 种细胞因子的分泌量均下调；Ana-1 细胞中 MCP-1、MIP-1α 和 TNF-α 等 3 种细胞因子的分泌量均上调。TPM 染毒会引起 EL-4 和 Ana-1 细胞中不同细胞因子分泌量的改变，而采用两种细胞有利于较全面地评价卷烟烟气的体外免疫毒性。

对 7 种代表性卷烟样品，包括不同焦油量卷烟样品 [高焦油（焦油量 9~11mg/支）、中焦油（焦油量 7~8mg/支）、低焦油（焦油量 1~6mg/支）] 和不同卷烟类型（混合型与烤烟型），进行 Ana-1 细胞的体外免疫毒性评价，结果见表 2.3。

表 2.3　　　　　　　　7 种卷烟样品的焦油量、类型及细胞毒性

卷烟样品	盒标焦油量/mg	卷烟类型	IC$_{50}$（95%CI）	IC$_{15}$（95%CI）
1	11	烤烟型	85.1（76.1, 96.1）	16.7（13.2, 20.7）
2	6	烤烟型	100.7（90.7, 113.2）	24.5（20.4, 28.5）
3	8	烤烟型	132.6（111.2, 165.1）	24.4（17.6, 30.9）
4	11	烤烟型	112.6（100.9, 127.6）	26.6（21.3, 31.6）
5	12	烤烟型	72.6（64.8, 81.9）	20.0（16.0, 23.9）
6	8	混合型	69.0（64.4, 74.1）	18.8（16.5, 21.0）
7	8	烤烟型	60.3（54.3, 67.1）	11.7（9.2, 14.2）

基于 7 种卷烟品牌的 5 个剂量（0，2.5，5，10 和 20μg/mL）制作的细胞因子分泌量的热点图。细胞因子的分泌量在经 log$_2$ 标化后，计算各剂量占最高分泌量的百分比，并采用逐渐改变的颜色表示细胞因子分泌量的高低。如图 2.6 所示，与细胞因子最高分泌量相比，多种细胞因子的分泌量改变较小，如 IL-1α、IL-1β、IL-2、IL-4、IL-10、IL-13、IL-17、GM-CSF、IFN-γ、KC、

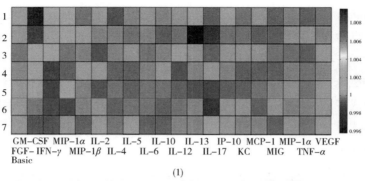

(1)

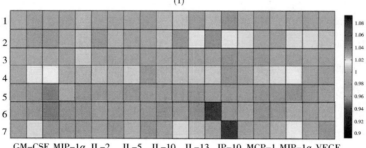

(2)

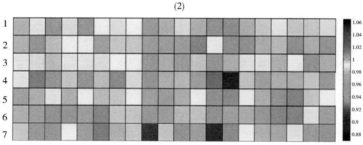

(3)

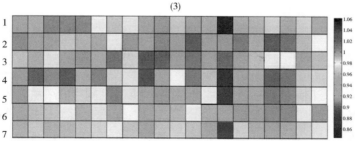

(4)

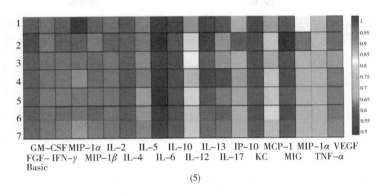

（5）

图 2.6　7 种不同卷烟免疫毒性的轮廓谱分析结果。（1）～（5）分别是 7 种卷烟的 5 个
剂量（0，2.5，5，10 和 20μg/mL）的 20 种细胞因子分泌量的热点图

MIG 和 FGF-basic。同时，与细胞因子最高分泌量相比，一些细胞因子的分泌
量改变较大，如 IL-5、IL-6、IL-12、TNF-α、VEGF、IP-10、MCP-1 和
MIP-1α。

2.8　分子生物学检测

　　随着现代生命科学高新技术和测试手段的快速发展，特别是基因组学、
转录组学、蛋白质组学、代谢组学、表型组学及生物信息学等大规模高通量
技术和理论体系的迅猛发展，将卷烟烟气的毒理学测试结果与各种"组学"
测试结果相联系，从而明确卷烟烟气与研究对象的相互作用，并通过反复整
合建立模型，预测实验对象对烟气化学成分的反应，使得卷烟烟气的研究手
段更为丰富。

　　分子生物学将成为未来独立筛检手段。转基因小鼠可使小鼠获得此基因
的功能，而基因敲除小鼠则使小鼠丧失此基因的功能。目前这些手段多用于
机制研究而非单纯用于筛检，但是将来基因改变的动物会成为特殊类型毒性
试验的标准，正如沙门氏菌成为检测有致突变能力的异型生物。

　　DNA 微阵列芯片是包含一组数以千计的具体 cDNA 序列或基因的芯片，
研究者可以探测和定量分析信使 RNAs，信使 RNAs 是芯片表面特定 cDNA 模
版的转录产物。未来的研究将需要确定哪些基因在特定疾病发展的不同阶段
起调控作用，因此阵列芯片可以设计为准确和具体的疾病预警的指标。

　　Talikka 等[85]回顾了基因组学和表观基因组学在肺癌、COPD 和心血管疾
病中的意义，并注意到虽然临床和流行病学研究很少解释将生物干扰与暴露

联系起来的机制，但预测系统生物学方法将从实验模型到生物网络的全球测量联系起来，可以在表型结果显现之前对生物扰动进行评估，并有助于确定所涉及的机制。此外，作者预测，将表观遗传学和基因组学整合到这些方法中，将有助于识别完整的生物标记物，并能更可靠地描述卷烟烟气造成的DNA 损伤。作者推测，这样就有可能将卷烟烟气中的特定有害成分与特定疾病联系起来，从而有可能将研究和开发工作的重点放在减少或消除这些化学成分上。

Pleasance 等[86]采用大规模平行测序技术对小细胞肺癌细胞系 NCI-H209进行测序，鉴定了 22000 多个体细胞取代物，其中包括 134 个编码外显子。Pleasance 还鉴定了克罗莫结构域（chromatin organization modifier domain，chromodomain） 螺旋酶 DNA 结合蛋白 7（CHD 7）外显子 3-8 的串联复制，以及另外两株携带 PVT 1（一种非编码 RNA）-CHD 7 融合基因的细胞系，表明在小细胞肺癌中，CHD 7 可能被重复排列。Pleasance 认为，他们的发现展示了下一代测序的潜力，为研究突变过程、细胞修复途径和与癌症相关的基因网络提供了前所未有的见解。

菲利普·莫里斯公司 Gonzalez-Suarez 等[87]报道了一种用 NHBE 原代细胞进行高通量筛选的方法，以研究卷烟烟气中有害或潜在有害成分（Harmful or Potentially Harmful Constituents，HPHCs）——丙烯醛、甲醛和邻苯二酚对 13项细胞毒性指标的影响，并辅以基于微阵列的全转录体分析的系统生物学研究。研究步骤：①一个或多个实验系统（例如 NHBE 细胞）；②不同的剂量和时间点下暴露于一种或多种刺激（如丙烯醛、甲醛和邻苯二酚）；③利用高含量的筛选平台（High-Content Screening，HCS），通过 13 个毒性指标［细胞数量、核大小、DNA 结构、细胞色素 C 释放、细胞膜通透性、线粒体质量、线粒体膜电位、细胞增殖（组蛋白 H3、PH3 磷酸化）、氧化应激（二氢乙锭，DHE）、DNA 损伤（磷酸组蛋白 H2Ax、pH2Ax）、细胞应激（c-Jun 磷酸化）、谷胱甘肽（GSH）含量和细胞凋亡（caspase 3/7 活性）］，初步评估刺激对细胞的生物影响；④选择相关剂量和时间点，通过高通量剖面分析技术进行进一步分析；⑤在取样和处理时采用随机化计划，以尽量减少以后可能影响数据评估的批量效应；⑥对原始数据进行处理，并对样本进行分组复制，并与对照进行比较，以识别表达方式的差异；⑦生成的组学数据被应用到网络模型中，这些模型描述了健康肺组织中的基本生物过程（细胞增殖、细胞压力、炎症过程、DNA 损伤、自噬、凋亡和衰老），这一步允许识别受不同刺激影响的特定分子机制；⑧利用网络扰动幅度（Network Perturbation Amplitude，NPA）评分算法对不同实验条件下各网络的扰动程度进行量化；⑨不同的 NPA 分数被计算出来，并绘制成一个生物影响因子，这提供了一个简单而全面的对生物系统影响的概述，由 NPA 生成的数据进一步支持先前 HCS 获得的结果。虽然 3 种有害成分或 HPHCs 的毒性作用只能通过高通量筛选在最高剂量下观察到，但全基因组转录学在低剂量和染毒早期揭示了毒性机制，包括 DNA 损伤/生长停滞、氧化应激、线粒体应激以及低剂量和早期的凋亡/坏死。系统生物学是将多种毒理学终点与基于系统的影响评估结合起来，可以为 HPHCs 的毒理评价提供更坚实的科学依据，从而对特定生物途径的时间和剂量相关的分子扰动有更深入的认识。这种方法允许我们建立一个体外系统毒理平台，可以应用到更广泛的 HPHCs 及其混合物的选择中，并可以作为更广泛地测试其他环境有害物对 NHBE 细胞的影响的基础。

加拿大卫生部环境卫生科学研究所 Yauk 等[88]分析了三种加拿大现有的 3 种卷烟品牌 CSCs 的细胞毒性、致突变性和基因表达特征，发现 CSCs 的毒作用在不同品牌卷烟之间高度相似，受暴露影响的分子途径和生物功能包括：细胞代谢、氧化应激、DNA 损伤反应、细胞周期停止和凋亡以及炎症。

菲利普·莫里斯公司 Sacks 等[89]比较了含滤棒的参比卷烟（2R4F）、不含滤棒的参比卷烟（IR3）、薄荷（MS）和超低焦油卷烟（UL）的烟草烟气粒相物（tobacco smoke particulates，TSP），以及一种加热非燃烧卷烟（ECL），对原代培养人类口腔上皮细胞的遗传毒性和代谢酶的影响。TSP 剂量为 $0.2 \sim 10\mu g/mL$ 时，细胞对 B［a］P 代谢率普遍升高，$10\mu g/mL$ 以上时，细胞对 B［a］P 代谢率降低。当以焦油释放量表示时，TSP 的效果是相似的。每支卷烟 TSP 的质量大小：MS ≈ IR3>2R4F>ECL>UL，用 qRT-PCR 方法检测了细胞色素 P4501A1 和 1B1、Ⅱ期蛋白、NAD（P）H 脱氢酶醌 1、微粒体谷胱甘肽 S-转移酶 1（MGST1）和羟基类固醇（17-β）脱氢酶等Ⅰ期蛋白（HSD 17B2）。Sacks 等最终认为在烟草烟气暴露的生理水平上，基因诱导的模式有利于 B［a］P 的激活，而非解毒。

2.9　基于三维支架的体外毒性测试

以上的卷烟烟气体外毒性研究均采用二维细胞培养体系。细胞在二维平板培养过程中是附着在底物平面上生长，因缺少立体支架，只能向二维发展，因而会失去其在体内时的立体形态及生化和功能性。因此，采用二维单层细胞体系进行烟草制品体外毒理学评价的结果存在一定的局限性。三维细胞支架可为细胞提供与体内相似的支架系统，有利于创造与体内类似的生长环境，进而促使细胞增殖、分化及呈现类似体内的组织结构和功能性状，因此以其为载体的三维细胞培养体系已成为体外细胞培养体系的重要发展方向之一。

近年来，三维细胞支架已应用于组织工程、再生医学、药物研发等领域，支架材料主要包括天然生物可降解高分子材料（壳聚糖、纤维蛋白、胶原蛋白等）、合成高分子材料（聚乙二醇、聚苯乙烯、聚己内酯、聚乳酸、聚羟基乙酸、聚乳酸聚羟基乙酸共聚物）等。研究采用高内相乳液法制备三维细胞支架，以其为载体进行三维细胞培养和 CSC 的细胞毒性评价[90]。由高内相乳液法制备的聚合物互通多孔材料具有大量的泡孔，且泡孔之间有窗孔相连，因此具有孔隙率高、密度低、比表面积大和物质输送能力强等优点，已在生物组织工程、吸附与分离、催化、传感器、分子识别以及环境科学等方面得到了较多的应用。

高内相乳液法制备三维细胞支架的流程如图 2.7 所示，各油/水相的组成如表 2.4 所示。将油相加入三口圆底烧瓶中，用聚四氟乙烯搅拌棒在 300r/min 下搅拌，并逐滴加入水相，滴加完毕后，继续搅拌 30min；将乳液倒入自制容器内，60℃下聚合 24h；分别以异丙醇和水为溶剂，采用索氏提取法提取 24h，将三维细胞支架真空干燥后备用。取干燥后的三维细胞支架，按照垂直方向的截面切片，喷金后用扫描电子显微镜观察其形貌。采用傅里叶变换红外光谱仪对三维细胞支架的组成进行表征（溴化钾压片法）。

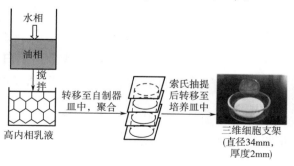

图 2.7　三维细胞支架的制备流程

表 2.4					高内相乳液的组成			单位：g
反应体系	油相					水相		
	苯乙烯	二乙烯基苯	山梨醇酐单油酸酯	丙烯酸异辛酯	偶氮二异丁腈	水	过硫酸钾	丙烯酸
未改性	4.11	0.68	2.41			64.05	0.65	
改性	4.11	0.68	2.41	2.07	0.32	89.40		1.01

　　制备了未改性和改性两种三维细胞支架，A549 细胞在未改性和亲水改性的三维细胞支架上均能增殖并融合形成细胞层，但在改性支架上增殖更快。在细胞培养前 7d，二维细胞培养体系的细胞增殖情况明显优于三维细胞培养体系。原因是细胞在二维细胞培养体系中能迅速贴壁和增殖，但三维细胞支架的内部网状结构使细胞无法迅速贴壁和增殖。细胞培养 14d 后，两种培养体系的结果接近；培养 21d 后，三维细胞培养体系的细胞数超过二维培养体系。可见，三维细胞支架的立体结构在细胞培养方面具有独特的作用。

　　选用两种不同焦油量的卷烟样品（3R4F 参比卷烟和 CM8 参比卷烟）考察了三维细胞支架在卷烟烟气细胞毒性评价中的应用效果。使用 CCK-8 试剂分别检测两种卷烟烟气 TPM 对 A549 细胞的毒性效应，染毒前使二维和三维细胞培养体系的细胞数处于同一范围内。结果显示，两种卷烟的 TPM 浓度均与二维和三维培养体系的 A549 细胞存活率之间存在良好的剂量-反应关系，说明三维培养体系下的 A549 细胞符合细胞毒性评价的基本规律。随着 TPM 浓度的增加，三维培养体系下的细胞存活率高于二维培养体系。该研究结果反映了三维细胞培养与二维细胞培养的区别和优势。在三维细胞支架中生长的细胞会形成与在体内类似的三维梯度，但在二维培养条件下细胞无法形成三维梯度。该三维梯度可能会使 TPM 对细胞的渗透性产生差异，从而导致高 TPM 浓度下三维培养体系的细胞表现出较高的存活率。

3　展望

　　对国内外卷烟烟气的体外毒性研究的梳理发现，卷烟烟气的体外毒性研究已不再局限于有限的细胞毒性和遗传毒性测试，相反，该领域处于毒理学研究的前沿，也采用了一些技术创新，包括三维培养、细胞转化试验、基因组分析、系统毒理学等。同时，这些研究也不局限于一种烟草制品的单独研究，也用于评估 MRTPs，包括电子烟、无烟气烟草制品和烟草替代品。

在烟草监管的大环境下，卷烟烟气的体外毒性研究也存在一定的挑战，即测试方法和检测终点的标准化。虽然目前国内外采用各种体外毒性方法和终点来评价卷烟烟气的危害，但是仍无法确定哪一种细胞或/和模型、培养条件和检测终点最为相关，监管机构可能也难以比较不同测试条件下的研究结果。为有效解决这种问题，亟须该领域专家之间的合作讨论以及与监管利益相关方的联系沟通。

近来，"有害结局路径"（Adverse Outcome Pathway，AOP）框架已成为一种将各种生物组织（即分子、细胞、组织、器官和有机体）的各种研究中的毒性信息联系起来的方法。AOP 可用于各种与危险特征相关的因素，例如在机制数据和体内调控感兴趣的端点之间建立联系，对具有类似机制影响的毒物进行排序或分组，并支持测试策略的制定。所描述的方法涉及几个层次的生物组织，从分子到复杂的三维培养。该方法可应用于烟草制品的评估，人源性或动物源的细胞或组织与卷烟烟气或有害成分之间建立线性或网络化的AOP，这些数据将提供各种特定测试方法的相关信息，并确定卷烟产品安全性综合评估的基本终点。

总体来讲，相对于体内研究，使用体外毒性测试方法可以更快地评估MRTPs，并提供更具体的、可操作的和与人类相关的数据。体外模型还能更好地反映人类群体内的遗传和环境差异，这对于烟草成瘾和毒性研究十分重要。通过使用机制端点和高通量筛选，更容易获得各种烟草产品和成分的毒性结果和排序。最后，AOP 可以提供一种将体外测试方法和机制终点用于人体内研究的方法，外推于人体，这些科学或实际优势是动物研究所不能提供的。

参考文献

［1］Kathleen Stratton, Padma Shetty, Robert Wallace, and et al. Clearing The Smoke Assessing The Science Base For Tobacco Harm Reduction ［M］NATIONAL ACADEMY PRESS, 2001, Washington, D. C.

［2］BOMBICK BR, SMITH CJ, BOMBICK DW, and et al. Procedures for in vitro toxicity testing of tobacco smoke ［C］. CORESTA Congress, New Orleans, 2002.

［3］Health Canada Official Method T-501. Bacterial reverse mutation assay for mainstream tobacco smoke ［S］. 2004.

［4］ Health Canada Official Method T-502. Neutral red uptake assay for mainstream tobacco smoke ［S］. 2004.

［5］ Health Canada Official Method T-503. In vitro micronucleus assay for mainstream tobacco smoke ［S］. 2004.

［6］ 彭双清，郝卫东，伍一军. 毒理学替代法 ［M］. 军事医学科学出版社，2009，北京.

［7］ Halle W. The Registry of Cytotoxicity：toxicity testing in cell cultures to predict acute toxicity（LD50）and to reduce testing in animals ［J］. Altern Lab Anim. 2003 Mar-Apr；31（2）：89-198.

［8］ 司徒振强，吴军正. 细胞培养 ［M］. 世界图书出版公司，2007，西安.

［9］ Cervellati F，Muresan XM，Sticozzi C，and et al. Comparative effects between electronic and cigarette smoke in human keratinocytes and epithelial lung cells ［J］. Toxicology in Vitro2014，28：999-1005.

［10］ Li，X.，Shang，P.，Peng，B.，and et al. Effects of smoking regimens and test material format on the cytotoxicity of mainstream cigarette smoke ［J］. Food & Chemical Toxicology2012，50，545-551.

［11］ 李翔，尚平平，赵乐，等. 接装纸透气度和滤棒吸阻对卷烟烟气细胞毒性的影响 ［J］. 烟草科技，2010，11：32-35.

［12］ Lou J，Zhou G，Chu G，and et al. Studying the cyto-genotoxic effects of 12 cigarette smoke condensates on human lymphoblastoid cell line in vitro ［J］. Mutation Research，2010，696，48-54.

［13］ Richter PA，Li AP，Polzin G，and et al. Cytotoxicity of eight cigarette smoke condensates in three test systems：Comparisons between assays and condensates ［J］. Regulatory Toxicology & Pharmacology，2010，58，428-436.

［14］ Messner B，Frotschnig S，Steinacher-Nigisch A，and et al. Apoptosis and necrosis：Two different outcomes of cigarette smoke condensate-induced endothelial cell death ［J］. Cell Death & Disease，2012，3，e424.

［15］ Cervellati F，Muresan XM，Sticozzi C，and et al. Comparative effects between electronic and cigarette smoke in human keratinocytes and epithelial lung cells ［J］. Toxicology in Vitro2014，28：999-1005.

［16］ Cavallo D，Ursini CL，Fresegna AM，and et al. Cyto-genotoxic effects of smoke from commercial filter and non-filter cigarettes on human bronchial and pulmonary cells ［J］. Mutation Research，2013，750：1-11.

［17］ Lou J，Chu G，Zhou G，and et al. Comparison between two kinds of cigarette smoke condensates（CSCs）of the cytogenotoxicity and protein expression in a human B-cell lymphoblas-toid cell line using CCK-8 assay, Comet assay and protein microarray ［J］. Mutation Research, 2010, 697：55-59.

［18］聂聪, 谢复炜, 赵乐, 等. 卷烟辅材参数与有害成分释放量的多元模型的建立、传递和验证 ［J］. 分析化学. 2011 （11）：1722-1725.

［19］谢剑平. 卷烟危害性评价原理与方法 ［M］. 北京：化学工业出版社, 2009.

［20］Cooper R, Lindsey A, Waller R. The presence of 3, 4-benzpyrene in cigarette smoke ［J］. Chemistry and Industry, 1954：1418.

［21］Magee PN, Barnes JM. The Production of Malignant Hepatic Tumours in the Rat by Feeding with Dimethylnitrosamine ［J］. CANCER, 1956 （10）：114.

［22］王连生, 邹惠仙, 韩朔睽. 多环芳烃分析技术 ［M］. 南京：南京大学出版社, 1988.

［23］Gatehouse DG, Wilcox P, Forster R, et al. Bacterial mutation assays in basic muta-genicity tests：UKEMS recommended procedures ［M］. Cambridge：Press Syndicate University of Cambridge, 1990.

［24］陈祖辉, 张湘桥. 生物学短期试验 ［M］北京：人民卫生出版社, 1982.

［25］中华人民共和国国家标准. GB15193.4-2003 鼠伤寒沙门氏菌/哺乳动物微粒体酶试验 ［S］. 2003.

［26］Steele RH, Payne VM, Fulp CW, et al. A comparison of the mutagenicity of main-stream cigarette smoke condensates from a representative sample of the U. S. cigarette market with a Kentucky reference cigarette （K1R4F） ［J］. Mutation Research, 1995, 342 （3-4）：179.

［27］尚平平, 李翔, 聂聪, 等. 3R4F 参比卷烟主流烟气总粒相物的 Ames 试验 ［J］. 郑州大学学报 （医学版）, 2013, 48 （2）：188-193.

［28］Combes R, Scott K, Dillon D, and et al. The effect of a novel tobacco process on the in vitro cytotoxicity and genotoxicity of cigarette smoke particulate matter ［J］. Toxicology in Vitro, 2012, 26：1022-1029.

［29］McAdam KG, Gregg EO, Liu C, and et al. The use of a novel tobacco-substitute sheet and smoke dilution to reduce toxicant yields in cigarette smoke ［J］. Food &Chemical Toxi-cology, 2011, 49：1684-1696.

［30］Baker, R. R. , Massey, E. D. , Smith, G. , 2004. An overview of the effects, of to-bacco ingredients on smoke chemistry and toxicity. Food Chem. Toxicol. 42, S53-S83.

［31］Zenzen V, Diekmann J, Gerstenberg B, and et al. Reduced exposure evaluation of an electrically heated cigarette smoking system. Part 2：Smoke chemistry and in vitro toxicological evaluation using smoking regimens reflecting human puffing behavior ［J］. Regulatory Toxicology

& Pharmacology, 2012, 64: S11-S34.

[32] Green M H, Muriel W J, Bridges B A. Use of a simplified fluctuation test to detect low levels of mutagens [J]. Mutat Res, 1976, 38 (1): 33-42.

[33] Levin DE, Blunt EL, Levin RE. Modified fluctuation test for the direct detection of mutagens in foods with Salmonella typhimurium TA98 [J]. Mutat Res, 1981, 85 (5): 309-321.

[34] Hollstein M, J McCann. (1979) Short-term tests for carcinogens and mutagens [J]. Mutation Research, 1979, 65: 133-226.

[35] 邹琳, 潘秀颉, 吴维佳, 等. 微量波动 Ames 试验在卷烟烟气毒理学评价中的应用研究 [J]. 湖南农业科学, 2010, (11): 82~84, 89.

[36] 谢剑平, 刘惠民, 朱茂祥, 等. 卷烟烟气危害性指数研究 [J]. 烟草科技. 2009, 2: 5-15.

[37] Cooperation Centre for Scientific Research Relative to Tobacco. Neutral Red Uptake Assay Proficiency Study [R] France: In Vitro Toxicity Testing of Tobacco Smoke Sub-Group Technical Report, 2015.

[38] Cooperation Centre for Scientific Research Relative to Tobacco. Ames Assay Proficiency Study [R] France: In Vitro Toxicity Testing of Tobacco Smoke Sub-Group Technical Report, 2016.

[39] Cooperation Centre for Scientific Research Relative to Tobacco. In vitro Micronucleus Assay Proficiency Study [R] France: In Vitro Toxicity Testing of Tobacco Smoke Sub-Group Technical Report, 2016.

[40] Clive D, Spector JF. Laboratory procedure for assessing specific locus mutations at the TK locus in cultured L5178Y mouse lymphoma cells [J]. Mutation Research. 1975, 31: 17-29.

[41] Hozier J, Scalzi J, Sawyer J, et al. Localization of the mouse thymidine kinase gene to the distal portion of chromosome 11 [J]. Genomics, 1999, 10: 827-830.

[42] 尚平平, 李翔, 谢复炜, 等. 基于 TK 基因突变试验评价卷烟烟气的遗传毒性 [J] 公共卫生与预防医学, 2018, 29 (5): 23-25.

[43] Scott K, Saul J, Crooks I, and et al. The resolving power of in vitro genotoxicity assays for cigarette smoke particulate matter [J]. Toxicology in Vitro, 2013, 27: 1312-1319.

[44] X Guo, TL Verkler, Y Chen, and et al. Mutagenicity of 11 cigarette smoke condensates in two versions of the mouse lymphoma assay [J]. Mutagenesis, 2011, 26 (2): 273.

[45] Cobb RR, Martin J, Korytynski E, and et al. Preliminary molecular analysis of the TK locus in L5178Y large- and small-colony mouse lymphoma cell mutants [J]. Mutat Res.

1989，226（4）：253-258.

［46］Roemer E，Stabbert R，Veltel D，and et al. Reduced toxicological activity of cigarette smoke by the addition of ammonium magnesium phosphate to the paper of an electrically heated cigarette：smoke chemistry and in vitro cytotoxicity and genotoxicity［J］. Toxicol In Vitro. 2008，22（3）：671-681.

［47］Dalrymple A，Ordo Ez P，Thorne D，et al. Cigarette smoke induced genotoxicity and respiratory tract pathology：evidence to support reduced exposure time and animal numbers in tobacco product testing［J］. Inhalat Toxicol，2016，28（7）：324-338.

［48］Kim H R，Lee J E，Mi H J，and et al. Comparative evaluation of the mutagenicity and genotoxicity of smoke condensate derived from Korean cigarettes［J］. Environ Health Toxicol，2015，30：2015014.

［49］陆叶珍. 卷烟烟气冷凝物加 S9 与不加 S9 细胞——遗传毒性体外试验的比较研究［D］. 杭州：浙江大学医学院，2010.

［50］余艳柯，朱心强，杨军. γH2AX 的检测方法简介［J］. 毒理学杂志，2006，20（6）：408-410.

［51］牟雯君，王晓林，陈曦，等. "细胞凋亡信号传导途径及其检测方法"教学探讨［J］. 继续医学教育，2017，31（11）：62-63.

［52］Kode A，Yang S R，Rahman I. Differential effects of cigarette smoke on oxidative stress and proinflammatory cytokine release in primary human airway epithelial cells and in a variety of transformed alveolar epithelial cells［J］. Respiratory Research，2006，7：132.

［53］Bishop E，Theophilus E H，Fearon I M. In vitro and clinical studies examining the expression of osteopontin in cigarette smoke-exposed endothelial cells and cigarette smokers［J］. BMC Cardiovasc Disorders，2012，12（1）：75.

［54］Pryor W A，Stone K. Oxidants in cigarette smoke radicals，hydrogen peroxide，peroxynitrate，and peroxynitrite［J］. Annals of the New York Academy of Sciences，1993，686（1）：12-27.

［55］Putnam K P，Bombick D W，Doolittle D J. Evaluation of eight in vitro assays for assessing the cytotoxicity of cigarette smoke condensate［J］. Toxicology In Vitro，2002，16（5）：599-607.

［56］Lannan S，Donaldson K，Brown D，et al. Effect of cigarette smoke and its condensates on alveolar epithelial cell injury in vitro A549［J］. The American Journal of Physiology，1994，266（1）：L92-L100.

［57］Rovina N，Koutsoukou A，Koulouris N G. Inflammation and immune response in COPD：Where do we stand?［J］. Mediators of Inflammation，2013，413735：1-9.

［58］Arja C, Surapaneni K M, Raya P, et al. Oxidative stress and antioxidant enzyme activity in South Indian male smokers with chronic obstructive pulmonary disease ［J］. Respirology, 2013, 18（7）: 1069-1075.

［59］Howard G, Wagenknecht L E, Burke G L, et al. Cigarette smoking and progression of atherosclerosis: The atherosclerosis risk in communities（ARIC）study ［J］. Journal of the American Medical Association, 1998, 279（2）: 119-124.

［60］Faux S P, Tai T, Thorne D, et al. The role of oxidative stress in the biological responses of lung epithelial cells to cigarette smoke ［J］. Biomarkers, 2009, 14（S1）: 90-96.

［61］Rahman I, Van Schadewijk A A, Crowther A J, et al. 4-Hydroxy-2-nonenal, a specific lipid peroxidation product, is elevated in lungs of patients with chronic obstructive pulmonary disease ［J］. American Journal Respiratory and Critical Care Medicine, 2002, 166（4）: 490-495.

［62］Leanderson P, Tagesson C. Cigarette smoke-induced DNA-damage: Role of hydroquinone and catechol in the formation of the oxidative DNA-adduct, 8-hydroxydeoxyguanosine ［J］. Chemico-Biological Interactions, 1990, 75（1）: 71-81.

［63］Cantin A M. Cellular response to cigarette smoke and oxidants: Adapting to survive ［J］. Proceedings of the American Thoracic Society, 2010, 7（6）: 368-375.

［64］Regan E A, Mazur W, Meoni E, et al. Smoking and COPD increase sputum levels of extracellular superoxide dismutase ［J］. Free Radical Biology and Medicine, 2011, 51（3）: 726-732.

［65］Rahman I, Macnee W. Lung glutathione and oxidative stress: Implications in cigarette smoke-induced airway disease ［J］. The American Journal of Physiology, 1999, 277（6）: L1067-L1088.

［66］Rahman I, Macnee W. Lung glutathione and oxidative stress: Implications in cigarette smoke-induced airway disease ［J］. The American Journal of Physiology, 1999, 277（6）: L1067-L1088.

［67］张世敏, 李翔, 谢复炜, 等. 卷烟烟气总粒相物诱导 A549 细胞的氧化应激研究 ［J］. 烟草科技, 2015, 48（6）: 52-56.

［68］Faux S P, Tai T, Thorne D, et al. The role of oxidative stress in the biological responses of lung epithelial cells to cigarette smoke ［J］. Biomarkers, 2009, 14（Suppl 1）: 90-96.

［69］Moodie F M, Marwick J A, Anderson C S, et al. Oxidative stress and cigarette smoke alter chromatin remodeling but differentially regulate NF-kappaB activation and proinflammatory cytokine release in alveolar epithelial cells ［J］. FASEB Journal, 2004, 18（15）: 1897-

1899.

［70］Rahman I, Biswas S K, Kode A. Oxidant and antioxidant balance in the airways and airway diseases［J］. European Journal of Pharmacology, 2006, 533（1/3）：222-239.

［71］Health Canada Official Method T－503：2004 In vitro micronucleus assay for mainstream tobacco smoke［S］.

［72］LIU Xingyu, YANG Zhihua, PAN Xiujie, et al. Crotonaldehyde induces oxidative stress and caspase-dependent apoptosis in human bronchial epithelial cells［J］. Toxicology Letters, 2010, 195（1）：90-98.

［73］李翔, 张世敏, 赵俊伟, 等. 卷烟烟气暴露下 A A 549 和 BEAS BEAS-2 2B B 细胞促炎性因子的释放变化［J］烟草科技, 2016, 49（6）：45-48.

［74］IARC/NCI/EPA working group. Cellular and molecular mechanisms of cell transformation and standardization of transformation assay of established cell lines for the prediction of carcinogenic chemicals：Overview and recommended protocols［J］. CANCER RESEARCH, 1985, 45：2395-2399.

［75］Weisensee D, Poth A, Roemer E, and et al. Cigarette smoke-induced morphological transformation of Bhas 42 cells in vitro［J］. Alternatives To Laboratory Animals. 2013, 41（2）：181-189.

［76］Health Canada. Health Canada Official Method T－115. Determination of "Tar", Nicotine and Carbon Monoxide in Mainstream Tobacco Smoke. Department of Health, 1999, 31.

［77］杨陟华, 朱茂祥, 龚诒芬, 等. NNK 诱发人支气管上皮细胞恶性转化及氧化损伤机理研究［J］. 癌变·畸变·突变, 1999, 11（4）：184-188.

［78］张诚, 吴庆琛, 李强等. 低剂量烟草悬凝物诱导正常永生化人支气管上皮细胞慢性恶性转化［J］. 第二军医大学学报, 2008, 29（2）：150-155.

［79］周继红, 洪磊, 蒋鹏等. IKBKE 在烟气凝集物诱导人支气管上皮细胞恶性转化过程中的作用［J］. 第三军医大学学报, 2018, 40（13）：1221-1228.

［80］Liu Z, Anfei L, Nan A, et al. The linc00152 Controls Cell Cycle Progression by Regulating CCND1 in 16HBE Cells Malignantly Transformed by Cigarette Smoke Extract［J］. Toxicol Sci. 2018 Oct 5. doi：10.1093/toxsci/kfy254.

［81］Schonk DM, Kuijpers HJ, van Drunen E, and et al. Assignment of the gene（s）involved in the expression of the proliferation-related Ki-67 antigen to human chromosome 10［J］. Human Genetics. 1989, 83（3）：297-299.

［82］Manthorpe R, Benoni C, Jacobsson L, et al. Lower frequency of focal lip sialadenitis（focus score）in smoking patients. Can tobacco diminish the salivary gland involvement as judged by histological examination and anti-SSA/Ro and anti-SSB/La antibodies in Sjogren's syndrome

［J］. Ann Rheum Dis, 2000, 59（1）：54-60.

［83］Holt P G. Immune and inflammatory function in cigarette smokers.［J］. Thorax, 1987, 42（4）：241-249.

［84］Fratiglioni L, Wang H. Smoking and Parkinson's and Alzheimer's disease：review of the epidemiological studies［J］. Behavioural brain research, 2000, 113（1）：117-120.

［85］Talikka M, Sierro N, Ivanov NV, and et al. Genomic impact of cigarette smoke, with application to three smoking-related diseases［J］. Critical Reviews in Toxicology, 2012：42, 877-889.

［86］Pleasance ED, Stephens PJ, O'Meara S, and et al.（2010）. A small-cell lung cancer genome with complex signatures of tobacco exposure［J］. Nature, 2010, 463：184-190.

［87］Gonzalez-Suarez I, Sewer A, Walker P, and et al. Systems biology approach for evaluating the biological impact of environmental toxicants in vitro［J］. Chemical Research inToxicology, 2014, 27：367-376.

［88］Yauk CL, Williams A, Buick JK, and et al. Genetic toxicology and toxicogenomic analysis of three cigarette smoke condensates in vitro reveals few differences among full-flavor, blonde, and light products［J］. Environmental &Molecular Mutagenesis, 2012, 53：281-296.

［89］Sacks PG, Zhao ZL, Kosinska W, and et al. Concentration dependent effects of tobacco particulates from different types of cigarettes on expression of drug metabolizing proteins, and benzo（a）pyrene metabolism in primary normal human oral epithelial cells［J］. Food & Chemical Toxicology, 2011, 49：2348-2355.

［90］李茹洋, 尚平平, 王宜鹏, 等. 三维细胞支架的制备及在卷烟烟气细胞毒性评价中的应用［J］. 烟草科技, 2018, 51（5）：39-45.

第 3 部分
卷烟主流烟气颗粒物的尺度、 化学组成与生物毒性研究

吸烟是室内空气污染的重要原因之一，卷烟在燃吸过程中产生的卷烟烟气包括主流烟气和侧流烟气两部分。卷烟烟气是由 6000 多种化合物组成的一种复杂的气溶胶。烟气中的主要有害成分有 CO、HCN、氮氧化物、挥发性醛类、多环芳烃类物质等。各种有机分子和无机元素凝聚形成卷烟烟气中不同尺度的颗粒物，其细小程度可以深入机体肺部并存留在肺泡壁，不易被机体清除，不同尺度颗粒物在致病过程中起着重要作用。近年来，国内外研究机构在卷烟烟气的危害性评价方面开展了大量的研究工作，主要从烟气单个化学成分释放量和烟气整体体外毒理学测试两个方面进行评价研究。然而，吸烟引起人类健康危害的途径是烟气气溶胶的直接暴露，可吸入的烟气颗粒物载带着卷烟烟气中的有害成分。因此，研究卷烟烟气中不同尺度颗粒物的分布特征、化学组成与生物毒性将能够更为全面地分析烟气中不同尺度颗粒物对卷烟烟气危害性的影响，为更好地研究与吸烟相关的疾病发生，以及开发选择性降低有害成分的卷烟辅助材料（如纸和滤棒）提供理论基础和实验依据，对公众健康和降焦减害重大战略的实施具有重要意义。

很多权威机构将环境烟草烟气（Environmental Tobacco Smoke，ETS）认定为一种重要的室内空气污染源。卷烟侧流烟气是 ETS 的主要来源，但要经过一系列物理化学变化才能最终形成 ETS，这些变化主要包括气溶胶的凝聚与蒸发，在物体表面的吸附与脱附，氧化和光化学反应以及自由基淬灭的过程，这些变化在侧流烟气离开卷烟时就立刻开始了。吸烟者所呼出的主流烟气是 ETS 的第二大来源，在经过人体潮湿的呼吸道之后，主流烟气中的气相部分大大降低，粒相部分的水分含量也有所增加，呼出人体后这部分烟气也经历了一系列物理化学变化形成 ETS。

空气中的颗粒物通常称为悬浮颗粒物或总颗粒物（Total Suspended Particulate，TSP），不同颗粒物的尺度对研究悬浮颗粒物与健康的关系十分重要，根据空气动力学直径可分为可吸入颗粒物（Particulate Matter 10，PM10）、细

颗粒物（PM2.5）、超细颗粒物（PM0.1）等。随着颗粒粒径的降低，颗粒物在大气中的保留时间和在呼吸系统的吸收率随之增加，因此对人体健康的影响也越大。PM2.5 和更细小的颗粒物能够深入到肺部的肺泡中，最终穿过细胞膜进入血液循环，对机体造成更大的损害。

卷烟烟气气溶胶颗粒物的粒径在 $0.1 \sim 1\mu m$ 范围内，随烟气稀释和陈化时间的延长，颗粒物的尺度发生变化，这些细小颗粒具有较大的比表面积，使得它们有较大的空间发生表面化学反应，同时也使其成为传输有害化学成分的载体。关于烟气气溶胶的研究多集中于早期的研究，由于烟气的陈化时间、稀释时间和倍数、分析方法及烟草类型的不同，导致研究结果存在着差异。烟气成分分布于烟气气溶胶的粒相和气相之中，由于烟气是一个不断变化着的化学体系，这种分布随着陈化时间、温度和烟气的稀释而变化，使得不同尺度颗粒物所载带的化学成分不同。对于卷烟烟气中不同尺度颗粒物的化学组成分析，目前的研究非常少，重要的原因是收集不同尺度的颗粒物存在一定的困难。

颗粒物对机体的危害作用主要取决于颗粒物的理化特性，虽然国内外学者对大气中颗粒物的毒性进行了广泛的研究，但大多偏重于 TSP、PM10 或 PM2.5 毒性的研究，而对于不同粒径颗粒物的毒性研究较少。卷烟烟气的生物学效应主要反映为烟气中不同尺度颗粒物所载带的化学成分的毒性作用。近年来，卷烟烟气的体外毒理学研究已经成为评价吸烟对健康危害的重要手段之一。然而，以往的研究是将卷烟烟气作为整体进行生物学效应评价，有关卷烟烟气中不同尺度颗粒物载带的有害成分和生物毒性的研究报道甚少。如果能够对卷烟烟气中不同尺度颗粒物载带的有害成分和生物毒性效应进行比较分析，找出卷烟烟气颗粒物的尺度、化学组成与生物毒性之间的相关性，将有助于认识卷烟烟气的特有性质，同时根据不同尺度颗粒物载带的有害成分和生物毒性特点，将有望为开发新的卷烟辅助材料（例如对烟气气溶胶颗粒物进行选择性吸附、截流的卷烟纸和滤棒，从而降低卷烟危害性）提供设计思路和实验依据。

1 卷烟主流烟气中颗粒物的尺度分析与分布特征研究

卷烟是到目前为止被消费者所接受的最常消费的燃烧型烟草制品，在卷烟抽吸过程中，燃烧的烟草产生的卷烟烟气使吸烟者暴露于100多种有害成分。吸烟引起的健康影响已经受到公众和政府的大量关注[1]。卷烟主流烟气，即从烟支抽吸端释放出来的烟草烟气，是一种动态的、复杂的气溶胶，其中化学成分超过5000多种[2]。烟草燃烧过程中通过热解和蒸馏形成的化合物凝结成各种不同尺寸大小的颗粒，这些颗粒小到足以被吸入并沉积在吸烟者的呼吸道和肺部。据报道，卷烟烟气气溶胶中的颗粒物在与吸烟有关的疾病如肺癌、慢性阻塞性肺病（COPD）和心血管疾病的发生发展过程中发挥着重要作用[3,4]。

卷烟主流烟气中大多数的化学成分都存在于烟气气溶胶的粒相中。卷烟主流烟气颗粒物大部分是通过热裂解和蒸馏形成的，它们位于卷烟的燃烧锥下游的烟丝中。Baker[5]对卷烟主流烟气的形成过程进行了全面的综述，这里做一简要的总结。在烟丝中可以观察到两个不同的反应区：在烟丝圆锥周围的上游燃烧区和下游热裂解/蒸馏区。在放热燃烧区，吸入卷烟中的氧气与炭化烟草发生反应，主要产生 CO、CO_2、H_2O 和大量热量，在卷烟抽吸时燃烧锥的温度可达950℃。热量通过抽吸气流向下游流动转移到部分分解的烟草中，在吸热蒸馏/热解区域内形成大量的烟气颗粒成分。凝集的蒸气在600℃左右形成。颗粒成分和蒸气成分可以由烟草成分的热解和分解形成，或是直接从烟草中转移而来。蒸气在向下游流动时迅速冷却，然后迅速饱和，通过冷凝形成颗粒物质。有人认为，经过热解的烟草可以释放出固态的、不挥发的颗粒作为核；然而，在没有核的情况下，饱和比足以产生均匀的成核。在快速冷却气流中也发生显著的下游气相成分沉积到未燃烧的烟草中。当冷却后的烟气穿过烟丝时，挥发性气溶胶与烟丝表面之间可以发生额外的质量交换，浓缩气溶胶内的凝结作用可以继续进行。从滤嘴出来的气溶胶的特征是具有由接近单位密度的球形液滴组成的颗粒物质，包含溶解的和悬浮的物质，分散在复杂的气体混合物中。少部分的化学成分存在于卷烟主流烟气的气相中，与此同时，一些组分在粒相和气相中动态分布。

吸烟是一种颗粒物的暴露。吸烟对健康的影响主要归因于颗粒物的吸入。卷烟烟气气溶胶中颗粒物的粒径分布是预测可吸入颗粒物在吸烟者呼吸道不同部位沉积的一项重要参数。研究卷烟烟气气溶胶的粒径分布特征可以有助于提供有关烟气气溶胶的知识[6~9]，帮助了解卷烟烟气颗粒物在呼吸道的滞留和沉积[10,11]，对产品设计进行改良[12]。此外，烟气粒径分布测试结果结合烟气化学成分分析数据以及生物学测试结果将能够全面理解卷烟烟气的不利影响和吸烟相关的健康风险。在过去的几十年里，烟草行业已经长期致力于烟草制品的减害研究。对烟气气溶胶中颗粒物尺寸调控的评价既是控制烟草制品物理和感官产品属性的一种手段，也是降低与暴露相关的健康风险的一种可能的方法[12]。

　　在以往的文献报道中，卷烟烟气粒径分布的测定结果的差异主要归因于所采用的测试方法的不同。Hinds[8]使用气溶胶离心机和级联撞击器测试了卷烟烟气的空气动力学粒径分布，观察到随着稀释比例的增加烟气颗粒物的质量中值直径（Mass Median Diameter，MMD）从 0.52μm 减小到 0.8μm。Anderson 等[7]采用电子气溶胶分析仪测定了卷烟烟气颗粒物的 MMD，测试结果比之前文献报道的烟气颗粒物粒径小。近年来，随着先进的气溶胶分析技术的发展，一些用于气溶胶测定和采样领域的仪器设备也已经逐渐被应用到燃烧科学研究中，包括卷烟烟气[6,11,13,14]。Kane 等[11]利用电子低压撞击器（Electrical Low Pressure Impactor，ELPI）研究了卷烟抽吸参数对卷烟主流烟气粒径分布的影响，并预测了烟气颗粒物在呼吸道的沉积效应，研究结果显示，提高抽吸流速、减小滤嘴通风可以降低烟气颗粒物的粒数中值直径（Count Median Diameter，CMD）。Aldermana 等[6]采用 DMS500 快速颗粒频谱仪表征了卷烟主流烟气的粒径分布，测得的烟气颗粒物的 CMD 在 145~189nm。

　　在这部分的研究中，我们选择肯塔基参比卷烟 3R4F[*]（肯塔基大学，美国）及 7 个牌号的市售卷烟样品，利用由单通道吸烟机（Borgwaldt KC，德国）与电子低压撞击器（ELPI）（Dekati，芬兰）组成的实验系统（图 3.1）对卷烟主流烟气进行颗粒物尺度分析。ELPI 主要由线管级电晕、13 级级联低压撞击器和多通道静电计组成，测试粒径范围为 0.007~9.970μm，每一级撞击器上由于带电颗粒连续沉积所产生的电流由一个多通道静电计测得，电流分布与颗粒数量分布呈正比，根据颗粒浓度和每级采样收集效率曲线，反映颗粒粒径分布。每一级撞击器对应的粒径范围和 D_i（几何平均粒径）如表 3.1 所示。卷烟在 ISO 标准模式下（35/60/2）[15]抽吸，产生的主流烟气经两

---

　　* 3R4F 参比卷烟，国际上专门用于科学研究的作为标准的卷烟，国际标准化组织（ISO）焦油量为 9.4mg。由美国农业部、美国国家癌症研究所、烟草工业界的代表和肯塔基大学共同合作，主要由肯塔基大学制造的标准参考卷烟，由美国混合烟草和醋酸纤维素滤棒组成。"3R4F"中的 3 代表生产批次，R 代表参比卷烟，4 代表型号，F 代表含滤棒。

级稀释后进入 ELPI，ELPI 工作载气流速 10L/min。实验系统中，烟气总稀释倍数在 600~1000。

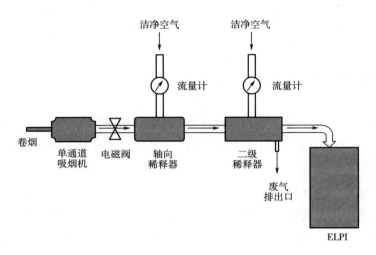

图 3.1　吸烟机与 ELPI 组成的实验系统

表 3.1　　　　　　　　　每一级撞击器对应的粒径范围和 D_i

分级撞击器	粒径范围/μm	D_i/μm
1	0.007~0.029	0.021
2	0.029~0.057	0.039
3	0.057~0.101	0.070
4	0.101~0.165	0.119
5	0.165~0.255	0.201
6	0.255~0.393	0.315
7	0.393~0.637	0.483
8	0.637~0.990	0.761
9	0.990~1.610	1.231
10	1.610~2.460	1.956
11	2.460~3.970	3.088
12	3.970~10.150	6.285

研究目的：①提供单支卷烟抽吸产生的主流烟气颗粒物粒径分布的连续谱；②比较粒径<0.1μm 和 0.1~2.0μm 的颗粒物的粒径分布；③初步分析颗粒物粒子浓度与焦油和烟碱释放量的相关性[16]。

1.1　卷烟主流烟气的粒径分布和粒子浓度

如图 3.2 所示为吸烟机抽吸 3R4F 参比卷烟产生的主流烟气的粒径分布和粒子浓度结果。在空气动力学直径 0.021~1.956μm 时，卷烟主流烟气颗粒物均有分布，不同尺度颗粒物的粒子浓度（cm³）在 10^5~10^9 数量级。主流烟气的总颗粒物粒子浓度（cm³）在 10^9 数量级，与以往文献报道的结果[10,11]相一致。

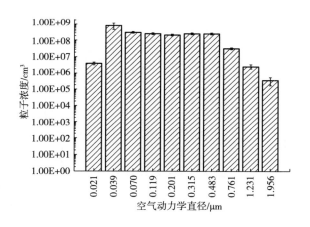

图 3.2　3R4F 参比卷烟主流烟气气溶胶粒径分布和粒子浓度

图 3.3（1）所示为卷烟主流烟气的质量浓度，不同尺度颗粒物的质量浓度差异较大。粒径为 0.021，0.039，0.070 或 0.119μm 的颗粒的质量浓度均小于总颗粒物质量浓度的 1%，粒径为 0.315，0.483 或 0.761μm 的颗粒的质量浓度占总颗粒物质量浓度的比例均大于 10%，粒径为 0.201，1.231 或 1.956μm 的颗粒的质量浓度占总颗粒物质量浓度的比例为大于 1%而小于 10%［图 3.3（2）］。

如表 3.2 所示为卷烟主流烟气中粒径<0.1μm 和在 0.1~2.0μm 的颗粒物的粒径分布比较。测试卷烟的盒标焦油释放量范围为 5~12mg/支。测试卷烟的主流烟气总颗粒物的质量浓度为 27.88~48.38μg/cm³，总颗粒物的

表 3.2　　卷烟主流烟气中粒径<0.1μm 和 0.1~2.0μm 两组颗粒物的分布特征比较

卷烟	"焦油"①/(mg/支)	重复 (n)	质量浓度/(μg/cm³)	粒子浓度/(×10⁹/cm³)	粒数百分比/%		质量分数/%	
					<0.1μm	0.1~2.0μm②	<0.1μm	0.1~2.0μm③
3R4F	9.5	6	37.71±3.73	2.19±0.28	51.8±7.8	48.2±7.8	0.3±0.1	99.7±0.1
DB（混合型）	10	5	37.77±1.74	2.32±0.22	47.1±7.2	52.9±7.2	0.3±0.0	99.7±0.0
ZHNH（混合型）	10	5	33.03±2.59	1.87±0.21	45.8±11.8	54.2±11.8	0.3±0.0	99.7±0.0
TF（烤烟型）	12	6	40.36±4.55	1.83±0.40	43.5±10.7	56.5±10.7	0.1±0.0	99.9±0.0
WBL（混合型）	12	6	37.82±3.86	2.48±0.71	52.1±13.3	47.9±13.3	0.2±0.1	99.8±0.1
ZHH（烤烟型）	12	3	48.38±4.86	1.87±0.33	34.4±0.8	65.6±0.8	0.1±0.0	99.9±0.0
CHBS（烤烟型）	5	3	31.21±5.83	1.34±0.25	35.0±0.9	65.0±0.9	0.1±0.0	99.9±0.0
ZHNH（混合型）	5	3	27.88±7.55	2.73±0.37	67.2±2.4	32.8±2.4	0.4±0.0	99.6±0.0

注：①焦油为盒标焦油。
②粒径<0.1μm 和 0.1~2.0μm 两组颗粒物的粒数无统计学差异（$P=0.29$）。
③粒径<0.1μm 和 0.1~2.0μm 两组颗粒物的质量有显著性差异（$P<0.01$）。

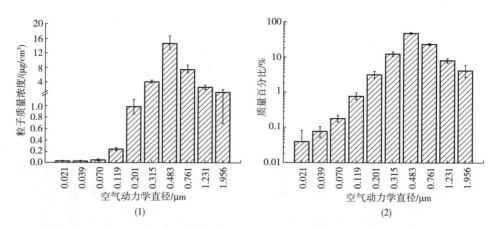

图 3.3 卷烟主流烟气气溶胶质量浓度

粒子浓度为 $1.34 \times 10^9 \sim 2.73 \times 10^9$。粒径 <0.1μm 和 $0.1 \sim 2.0$μm 两组颗粒物的粒子数目没有统计学差异，然而，两组颗粒物的质量浓度具有显著性差异（$P<0.01$），$0.1 \sim 2.0$μm 的颗粒几乎占了总颗粒物的质量。粒径小于 0.1μm 的颗粒称为超细颗粒物，粒径在 $0.1 \sim 2.5$μm 范围的颗粒称为细颗粒物[17]。研究结果表明，卷烟主流烟气气溶胶由细颗粒物和超细颗粒物组成，颗粒质量主要来自细颗粒物质量，而对于颗粒数目，细颗粒物和超细颗粒物贡献相当。

1.2 卷烟主流烟气逐口烟气的粒径分布和粒子浓度

图 3.4 所示为卷烟主流烟气逐口烟气的粒径分布和粒子浓度，每一口烟

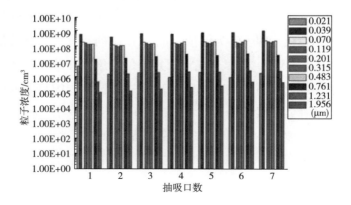

图 3.4 卷烟主流烟气逐口烟气的粒径分布和粒子浓度

气的颗粒粒径范围为 $0.021 \sim 1.956 \mu m$。逐口烟气的粒径分布和粒子浓度与整支卷烟烟气的粒径分布特征相似，每一口烟气之间的粒径分布特征没有明显的差异。逐口烟气颗粒物的质量浓度分布特征与整支卷烟烟气颗粒物的分布特征相似（图 3.5）。

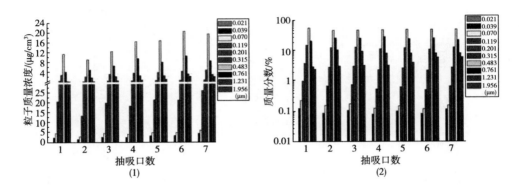

图 3.5　卷烟主流烟气逐口烟气的质量浓度

1.3　卷烟主流烟气粒子浓度与焦油和烟碱释放量的相关性

研究结果显示，卷烟主流烟气总颗粒物的粒子浓度与以单支卷烟为单位的焦油释放量之间无线性相关 ［图 3.6（1）］，与以单支卷烟为单位的烟碱释放量之间无线性相关 ［图 3.6（2）］。McCusker 等报道了低焦油卷烟的烟气颗粒物粒子浓度与一些中等焦油释放量卷烟的烟气颗粒物粒子浓度相近似。世界卫生组织烟草制品管制研究小组（TobReg）推荐将有害成分释放量以烟碱释放量进行归一化，即表示为单位 "mg" 烟碱的有害成分释放量，用于烟草制品的管控[18]。然而，当以单支卷烟为单位的焦油释放量换算为以单位烟碱为单位的焦油释放量时，呈现出随主流烟气总颗粒物的粒子浓度增加，单位烟碱下的焦油释放量线性升高 ［图 3.6（3）］。这一结果存在着一定的局限，即测试样品数量较少，因此，需要在日后的研究工作中选取一定数目的卷烟样品进行验证实验。

1.4　小结

卷烟烟气是由粒相组分和气相组分组成的一种复杂的气溶胶。烟气中

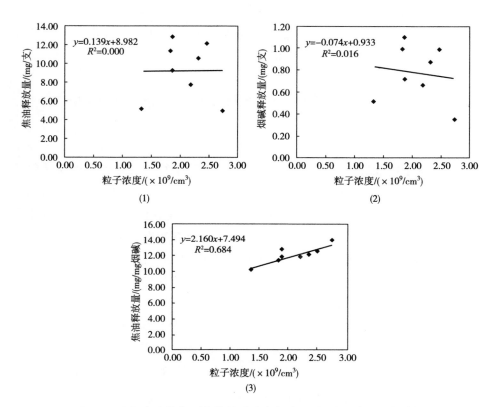

图 3.6　卷烟主流烟气颗粒物粒子浓度与焦油/烟碱释放量的相关性

的颗粒物载带着有害成分，且可以被吸入到吸烟者的呼吸道中，进而导致吸烟相关疾病的发生。烟气气溶胶的粒径分布与烟气颗粒物的化学组成和生物学效应密切相关。ELPI 是一种实时测定颗粒物粒径的光谱仪[19]，该仪器可以监测粒径在 7nm~10μm 的空气颗粒物的粒径分布，适用于不同的应用领域，例如机动车尾气排放[20]、药剂学研究[21] 和燃烧科学[22]。在这部分研究中，ELPI 测定的卷烟主流烟气颗粒物的空气动力学直径在 0.021~1.956μm，不同粒径颗粒物的粒数浓度在 $10^5~10^9/cm^3$ 的数量级，单支卷烟的主流烟气总颗粒物的粒数浓度在 10^9 数量级，不同粒径颗粒物的质量浓度差异非常大。Wichmann 等[17] 通过实验得出结论，以颗粒质量为代表的细颗粒物和以颗粒粒数为代表的超细颗粒物在环境浓度水平对死亡率有着独立的影响。流行病学和毒理学研究显示，吸入细颗粒物和超细颗粒物可以引起不利的健康影响，导致这些不利健康影响的原因可能与颗粒物的质量、表面积和粒数浓度等因素相关[23]。我们的研究结果显示，烟气气溶胶是由细颗粒物和超细颗粒物组成，颗粒物的质量主要来自细颗粒物，而细颗粒物和超细颗粒物的粒数浓度大体相当。

2 卷烟主流烟气中不同尺度颗粒物的化学成分分析

卷烟烟气是一种复杂的动态的气溶胶，由微小的液滴和具有较大比表面积的悬浮固态颗粒组成。卷烟烟气中的颗粒物除了载带有烟碱之外，还包括许多的有害化合物 [氢氰酸、氨、烟草特有 N - 亚硝胺（Tobacco Specific Nitrosamines，TSNAs）、苯并芘、重金属等]。大气气溶胶的粒径分布与颗粒物的化学组成密切相关[24~29]。卷烟烟气颗粒物可以沉积在人体的呼吸道引起一些相关疾病的发生。颗粒物尤其是细颗粒物已经报道与各种不同的不利健康影响相关，因此，研究卷烟主流烟气中颗粒物载带有害成分的分布特征是有必要的。

当前，研究烟草相关癌症的病因学需要了解卷烟烟气颗粒物在呼吸道的沉积情况。从 20 世纪开始，研究者已经开展了烟气气溶胶的粒径分布研究。Ingebrethsen[30]和 Bernstein[10]等报道了卷烟主流烟气颗粒物的粒径范围大概在 160~600nm。Chen 等[31]表征了由 Walton 吸烟机产生的卷烟烟气气溶胶，研究发现，基于简单的单分散凝聚计算得到的颗粒物的质量中值直径（MMD）为 0.45μm（稀释比例为 21.7），粒数中值直径（CMD）为 0.22μm。Adam 等使用 DMS500 和吸烟机分析了卷烟烟气气溶胶的粒径分布，发现粒数中值直径（CMD）在 180~280nm 的范围。Sahu 等[32]采用顺序移动粒子尺度分析仪（SMPS-C）研究了卷烟主流烟气的粒径分布，结果显示，烟气颗粒物大部分分布在 0.01~1.0μm 的范围。然而，对于不同粒径颗粒物的化学特征相关的研究还比较少，文献中很少有资料说明有害化学成分在烟气气溶胶颗粒大小方面的分布情况。Jenkins 等[27]研究了卷烟主流烟气的化学变异性随空气动力学粒径的变化规律，认为卷烟主流烟气的不同粒径颗粒物之间存在着化学差异。Morie 和 Baggett[28]观察到特定的烟草烟气组分的分布与颗粒物尺度有关，发现烟碱、吲哚、邻苯二甲酸二乙酯以及总粒相物分布在粒径为 0.25，0.50，0.75 和 1.00μm 的颗粒物上。

2.1　卷烟主流烟气中不同尺度颗粒物的样品采集与化学成分分析

在这部分研究中，利用由单通道吸烟机（郑州嘉德机电科技有限公司）与电子低压撞击器（ELPI）（Dekati，芬兰）组成的实验系统对 3R4F 参比卷烟主流烟气中的颗粒物进行分级捕集。研究了主流烟气气溶胶中烟碱、重金属、烟草特有 N-亚硝胺和多环芳烃在不同尺度颗粒物上富集分布特征[33]。

结果显示，烟碱、4 种重金属（Cr，Cd，As，Pb）、4 种 TSNAs（NNN，NAT，NAB，NNK）和 3 种多环芳烃（B［a］P，B［a］A，CHR）在不同粒径颗粒物上均有分布，颗粒物载带的化学成分质量分布随粒径增大，先增加后减少，如图 3.7~图 3.10 所示。进而，将不同粒径颗粒物进行分组比较，即<0.1μm 颗粒物为一组，0.1~1.0μm 颗粒物为一组，1.0~2.0μm 颗粒物为一组。结果显示，烟碱质量浓度分布与烟气颗粒物粒径无关，呈一致性分布。4 种重金属和 4 种 TSNAs 在<0.1μm 的颗粒上质量浓度较高。3 种多环芳烃在1.0~2.0μm 的颗粒物上质量浓度较高（图 3.11）。

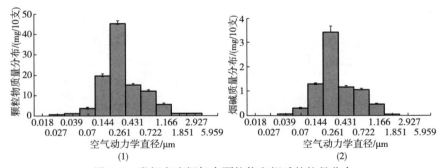

图 3.7　卷烟主流烟气中颗粒物和烟碱的粒径分布

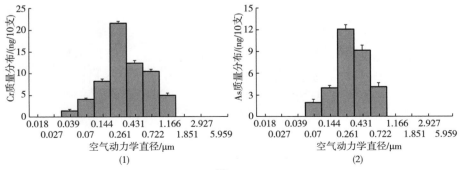

图 3.8

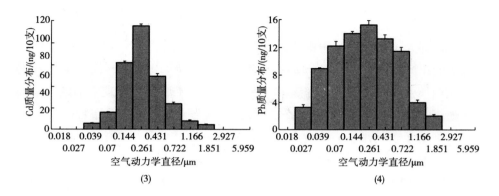

图 3.8　卷烟主流烟气中 4 种重金属的粒径分布

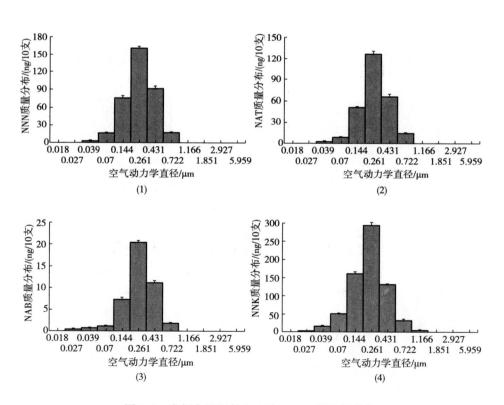

图 3.9　卷烟主流烟气中 4 种 TSNAs 的粒径分布

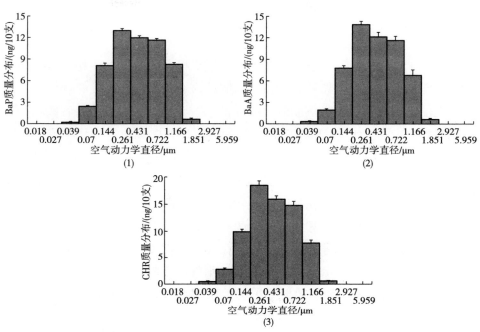

图 3.10　卷烟主流烟气中 3 种多环芳烃的粒径分布

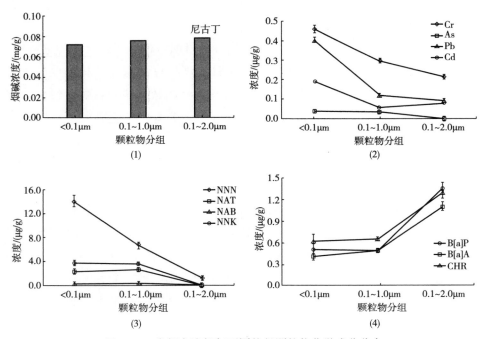

图 3.11　卷烟主流烟气不同粒径颗粒物化学成分分布

2.2 小结

Berner 和 Marek 等[24]报道了在原始烟气未稀释的条件下，卷烟烟气的化学组成与烟气气溶胶的粒径分布相关，烟碱的分布在不同粒径的颗粒物上是不一致的，烟碱主要集中分布在 0.6μm 的颗粒上，钾的释放量随着颗粒物粒径的增加而增加。Owen 等[29]研究了卷烟主流烟气中颗粒物的化学成分的分布，原始烟气在稀释 150 倍后，烟碱释放量最高出现在 0.5~0.6μm 粒径范围的颗粒物上。相反地，Jones 等[34]报道了烟碱的分布与颗粒物的尺度无关，在不同粒径颗粒物上一致性分布。Morie 和 Baggett 等[28]采用级联撞击器研究了烟碱、总粒相物、吲哚和其他化合物的粒径分布情况，发现烟碱和总粒相物在 0.5~0.75μm 的颗粒上的分布较高。在我们的实验中，采用单通道吸烟机和 ELPI 相结合，捕集 3R4F 参比卷烟主流烟气的不同尺度的烟气颗粒物进行化学分析。结果显示，烟碱主要分布在 0.14~0.72μm 粒径范围的烟气颗粒物上，最大量主要出现在 0.261μm 的颗粒上。

烟气颗粒物是一种液滴，固态和非挥发性核可能构成粒子质量的一小部分。在过去的一段时间里，卷烟烟气暴露的风险已经有多种的方法来进行表征和评估，主要有化学成分的毒性、有害化学成分的释放量和卷烟主流烟气的危害指数。卷烟主流烟气中有害成分的释放量通常代表了对人体的危害性。谢剑平等[35]根据 29 种烟气有害成分和 4 种毒理学评价指标的相关性分析研究，发展建立了一种新颖的卷烟主流烟气危害性指数。这一指数已经成功应用于评价烟草制品的风险和危害性，得到了烟草行业的广泛认可。在这部分实验中，按照颗粒物的粒径大小把颗粒物分成小于 0.1μm 组、0.1~1.0μm 组和 1.0~2.0μm 组，进行比较后发现，烟碱的分布在不同粒径组呈一致性分布，主要的原因可能是从烟草中挥发出来的大量烟碱被迅速冷却、吸附在这些颗粒物的表面并达到饱和。TSNAs 和重金属主要富集在粒径小于 0.1μm 的颗粒上，提示这些化合物极易被吸附在超细颗粒物上。相反地，多环芳烃类化合物主要在 1.0~2.0μm 的颗粒物上分布，主要的原因是多环芳烃是非挥发性的化合物，在冷却过程中很容易发生冷凝和凝结。就目前的知识还没有更多的证据来解释这一现象，还需要进一步的深入研究。该部分的研究还具有一些局限性。第一，ELPI 在捕集烟气颗粒物的过程中，ELPI 的电荷加载单元会发生相对高的颗粒物损失，烟气颗粒物在稀释和传送过程中也会存在损失的情况。虽然如此，所有的实验都是在一致的条件下进行的，这些因素对测试结果的影响是一样的。第二，烟气气溶胶发生过程中的烟气陈化、凝聚和样品采集等影响因素是不可避免的。

3　卷烟主流烟气中不同尺度颗粒物的体外生物毒性效应研究

卷烟烟气中的化学成分可以引起不同遗传毒性终点的损伤[36]。许多研究团队分别报道了烟气冷凝物的体内和体外毒理学研究，烟气冷凝物（Cigarette Smoke Condensate，CSC）是卷烟烟气的粒相组分，在许多短期体外毒性测试系统中反映出遗传毒性，在啮齿类动物模型实验中具有致癌作用[37]。

体外毒理学测试对于理解卷烟烟气和有害成分的不利健康影响是非常有用和重要的手段。烟草制品多种多样潜在的毒性效应可以采用体外测试方法来进行评估，这些测试方法能够测定烟草制品的细胞毒性和遗传毒性。国际烟草科学研究合作中心（Cooperation Centre for Scientific Research Relative to Tobacco，CORESTA）烟草烟气体外毒性测试工作组[38]推荐了一组由细胞毒性测试、细胞遗传毒性/致突变性的哺乳动物细胞分析以及细菌回复突变分析组成的测试方法。这些方法在国际上被广泛地接受，能够为卷烟烟气的体外毒理学评价提供科学合理的信息。

可吸入颗粒物的毒性特征可能与其物理化学特征相关[39,40]。可吸入颗粒物可以被分为粗颗粒物（PM 2.5~10，空气动力学直径在 2.5~10μm）、细颗粒物（PM 2.5，空气动力学直径小于 2.5μm）和超细颗粒物（PM 0.1，空气动力学直径小于 0.1μm）。已报道的卷烟烟气颗粒物的直径大概在 0.1~2.0μm 的范围内，这样的尺寸大小足以被人体吸入到呼吸道内。以往的研究报道显示，PM 2.5 和更小的颗粒物能够被吸入到肺部并更深地进入到肺泡内，最终可以穿过细胞膜进入血液循环，进而引起血栓或损伤[41]。颗粒物的尺寸不同其毒性可能也存在着差异。Yang 等[42]发现细胞经 PM 2.5 处理后细胞存活率和炎症因子释放量均高于经 PM 10 处理的细胞。Zhang 等[43]的研究结果显示，纳米尺度氧化铝颗粒比微米尺度的氧化铝颗粒的毒性更大，这表明颗粒物的尺寸与毒性相关。不同尺度的卷烟烟气颗粒物载带多种多样的化合物，化学成分是卷烟烟气生物学效应的物质基础。然而，大部分的研究主要是集中在总粒相物的毒性效应，而不同尺度颗粒物毒性效应的研究极少，关于这方面的评估信息也是缺乏的。研究不同尺度烟气颗粒物的生物学效应能够为全面理解吸烟相关疾病的发生机制提供科学依据和参考。

随着气溶胶特性测试手段和设备的发展，不同尺度颗粒物的捕集成为可能。NanoMoudi-II™ 125A 是一种高分辨率、宽尺寸范围的级联撞击器，可以实现气溶胶样品捕集的目的。该设备已经被应用于大气、工业或健康相关的气溶胶研究。在本部分研究中，我们利用 NanoMoudi-II™ 125A 采样器（MSP，美国）与 BT600N 蠕动泵（申辰泵业，保定）组成采样装置进行烟气颗粒物采集。3R4F 卷烟通过专用乳胶管连接蠕动泵进行抽吸，蠕动泵流速设置为 60mL/min。采集主流烟气颗粒物时通过蠕动泵将乳胶管与采样器直接连接，采样器分为 13 级，切割粒径分别为 10，18，32，56，100，180，320，560，1000，1800，3200，5600，10000nm。根据各级颗粒物含量的特点，分别将 1~5 级、10~13 级颗粒物进行合并，共分六组 SA（1~10μm）、SB（560~1μm）、SC（320~560nm）、SD（180~320nm）、SE（100~180nm）和 SF（10~100nm）。制备烟气颗粒物的二甲基亚砜（DMSO）提取液，浓度为 10mg/mL。采用中性红细胞毒性试验、Ames 试验和体外微核试验测试不同尺度颗粒物提取液的致突变性、细胞毒性和遗传毒性，采用流式细胞技术分析不同尺度颗粒物对细胞周期和细胞凋亡的影响。探讨了卷烟主流烟气中颗粒物的生物毒性与颗粒尺度的关系，为全面了解吸烟相关疾病的发生机制提供了前期的实验依据。研究结果表明，不同尺度颗粒物均具有致突变性、细胞毒性和遗传毒性，其毒性大小随颗粒粒径减小呈增大趋势[44]。

3.1 中性红细胞毒性试验

卷烟主流烟气颗粒物染毒中国仓鼠卵巢细胞系（CHO 细胞）（中国医学科学院细胞资源中心，北京）后，细胞抑制率如图 3.12 所示，IC_{50} 值如表 3.3 所示。结果显示，SA 组 IC_{50} 值高于其他实验组，差异有统计学意义（$P<0.05$）。SC 组 IC_{50} 值低于 SA 及 SB 组，差异有统计学意义（$P<0.05$），SC~SF 组间 IC_{50} 值无统计学差异。卷烟主流烟气中不同尺度颗粒物的细胞毒性呈现出随颗粒粒径增大而降低的趋势。

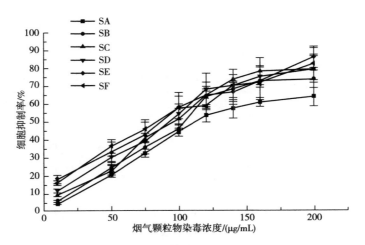

图 3.12　卷烟主流烟气中不同尺度颗粒物的细胞毒性

表 3.3　　　　　　　卷烟主流烟气中不同尺度颗粒物的 IC_{50} 值

颗粒物分组	IC_{50}/（μg/mL）	95%置信区间
SA	119.61±7.87[②]	111.63~128.78
SB	94.28±8.41[①]	84.82~103.21
SC	80.74±5.56[①②]	69.58~92.16
SD	75.70±6.82[①②]	65.01~87.00
SE	68.45±9.65[①②]	55.41~81.92
SF	69.85±5.81[①②]	57.59~81.73

注：①与 SA 组相比具有显著性差异，$P<0.05$；
　　②与 SB 组相比具有显著性差异，$P<0.05$。

3.2　Ames 试验

在 TA98+S9 和 TA100 +S9 组，不同粒径颗粒均引起细菌回复突变数增加，并呈现剂量-效应关系（表 3.4、图 3.13）。颗粒剂量增加与回复突变数呈线性关系，在剂量 500μg/皿时，线性消失。PM +S9 组线性回归方程如表 3.5 所示。以线性回归方程斜率来表示颗粒物的致突变能力，在 TA98+S9 组，SA 组明显小于 SB~SF 组（$P<0.05$）；在 TA100+S9 组，SA 组明显小于 SC~SF 组（P

（<0.05）。在 TA98-S9 和 TA100-S9 组未检测到回复突变（表 3.4）。结果表明，粒径>1μm 的卷烟主流烟气颗粒物的致突变性显著低于粒径 10nm～1μm 的颗粒的致突变性，而粒径 10nm～1μm 的颗粒之间的致突变性无明显差异。

表 3.4 卷烟主流烟气中不同尺度颗粒物的致突变性

颗粒物分组	染毒剂量/（μg/皿）	TA98		TA100	
		+S9	-S9	+S9	-S9
SA	50	48.33±2.51①	38.33±2.50	136.67±18.77	135.67±8.02
	100	68.67±5.51①	38.67±4.73	156.33±14.57	123.33±13.43
	125	76.67±4.50①	40.67±3.21	165.33±26.41	132.00±9.17
	250	121.67±6.11①	38.33±6.07	197.00±21.38①	119.67±11.50
	500	174.00±16.00①	45.33±4.93	233.33±37.21①	134.67±13.58
SB	50	60.33±4.51①	38.67±5.68	150.33±18.18	126.33±15.18
	100	100.67±8.02①②	40.33±5.03	180.67±15.95①	139.33±21.50
	125	118.33±5.50①②	42.33±5.51	191.33±25.54①	126.33±11.84
	250	214.33±12.09①②	37.00±4.36	220.00±36.06①	125.00±14.79
	500	321.00±17.52①②	44.00±5.29	263.33±30.83①	133.00±13.53
SC	50	62.00±4.58①	42.00±7.55	147.33±22.05	128.33±11.85
	100	110.33±6.50①②	41.00±7.00	178.67±16.80①	122.33±14.64
	125	132.33±6.10①②	42.67±3.21	198.33±24.38①	132.33±7.23
	250	228.00±14.73①②	39.67±2.51	240.67±27.59①	124.67±8.62
	500	354.67±18.58①②	43.67±1.53	289.00±35.09①②	123.33±15.04
SD	50	67.67±4.04①	35.33±7.57	163.00±20.52	123.67±11.84
	100	106.33±5.51①②	42.67±4.04	185.67±13.61①	115.33±7.57
	125	139.67±8.96①②	40.00±2.64	189.00±21.00①	134.00±8.89
	250	237.67±11.24①②	42.00±8.71	250.00±28.35①	123.00±21.00
	500	340.33±22.14①②	45.33±3.51	280.33±30.83①	128.00±10.44
SE	50	74.33±2.52①	39.00±7.05	168.67±15.14	133.33±11.59
	100	115.67±6.51①②	44.33±7.02	197.67±28.01①	119.67±6.03
	125	149.00±10.54①②	42.67±2.08	211.00±24.25①②	125.67±7.77
	250	236.67±9.87①②	40.67±5.51	259.67±35.50①②	117.33±8.02
	500	332.00±22.87①②	44.00±3.61	296.67±29.70①②	129.00±17.69

续表

颗粒物分组	染毒剂量/（μg/皿）	TA98		TA100	
		+S9	−S9	+S9	−S9
SF	50	50.33±4.50①	35.67±3.79	152.33±16.50	128.33±25.42
	100	87.33±5.51①②	39.33±7.02	169.67±21.55	119.67±11.06
	125	123.67±5.86①②	40.33±8.50	197.33±26.27①	133.67±19.35
	250	196.33±8.50①②	42.33±5.03	265.67±27.59①②	129.67±17.47
	500	277.00±9.54①②	42.00±2.65	282.67±17.16①	135.33±22.48
DMSO（溶剂对照）	50μL/皿	33.67±1.53	36.33±4.51	131.33±11.02	117.33±8.50
2-氨基蒽	2μg/皿	935.33±81.63①	—	872.00±79.87①	—
2-硝基芴	4μg/皿	—	560.33±62.50①	—	—
叠氮钠	1μg/皿	—	—	—	415.67±36.27①

注：①与溶剂对照组相比具有显著性差异，$P<0.05$；
　　②与 SA 组相比具有显著性差异，$P<0.05$。

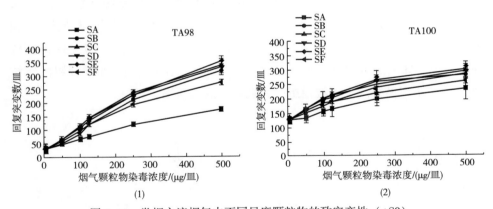

图 3.13　卷烟主流烟气中不同尺度颗粒物的致突变性（+S9）

表 3.5　　卷烟主流烟气中不同尺度颗粒物致突变性的线性回归方程

颗粒物分组	TA98+S9			TA100+S9		
	回归方程	R^2	回复突变数/μg PM	回归方程	R^2	回复突变数/μg PM
SA	$y=0.284x+38.723$	0.976	0.284±0.03	$y=0.210x+134.083$	0.754	0.210±0.02
SB	$y=0.586x+41.240$	0.975	0.586±0.06*	$y=0.253x+146.225$	0.770	0.253±0.03

续表

颗粒物分组	TA98+S9			TA100+S9		
	回归方程	R^2	回复突变数/μg PM	回归方程	R^2	回复突变数/μg PM
SC	$y=0.650x+42.373$	0.978	0.650±0.06*	$y=0.315x+143.683$	0.831	0.315±0.03①②
SD	$y=0.622x+47.936$	0.959	0.622±0.07*	$y=0.291x+150.222$	0.808	0.291±0.03*
SE	$y=0.594x+55.471$	0.948	0.594±0.04*	$y=0.312x+157.452$	0.785	0.312±0.04①②
SF	$y=0.502x+42.356$	0.954	0.502±0.05*	$y=0.315x+145.988$	0.791	0.315±0.04①②

注：①与 SA 相比具有显著性差异，$P<0.05$；

②与 SB 相比具有显著性差异，$P<0.05$。

3.3 体外微核试验

卷烟主流烟气中不同尺度颗粒物引起 CHO 细胞微核率增加。阳性对照组+S9 与−S9 微核率分别为 19.82‰和 21.20‰。在 PM +S9 组，颗粒浓度为 10μg/mL 时，SA 和 SB 组微核率低于 SE 和 SF 组，差异有统计学意义（$P<0.05$）。颗粒浓度增加为 20~80μg/mL 时，SA、SB、SC 组微核率低于 SE 和 SF 组，差异有统计学意义（$P<0.05$），如图 3.14（1）所示。PM −S9 组微核率变化与 PM +S9 组相似，如图 3.14（2）所示。结果表明，小粒径组的颗粒诱发的微核率显著高于大粒径组的颗粒诱发的微核率。

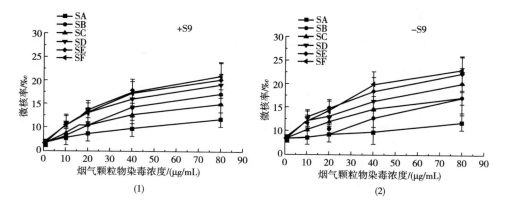

图 3.14　卷烟主流烟气中不同尺度颗粒物诱发微核率

3.4　细胞周期和凋亡分析

CHO 细胞经不同粒径卷烟主流烟气颗粒物染毒后，与对照组相比，SA ~ SF 组 G0/G1 期细胞分别增加 0.95%，3.71%，3.58%，6.81%，8.27% 和 9.77%，S 期减少 0.28%，2.23%，1.47%，2.02%，4.07% 和 3.97%，G2/M 期减少 0.68%，1.48%，2.11%，4.79%，4.20% 和 5.80% ［图 3.15（1）］。与对照组及 SA 组比较，SD-SF 组 G0/G1 期细胞比率增加有统计学意义（$P<0.05$），SE、SF 组 S 期细胞比率减少有统计学意义（$P<0.05$），SD-SF 组 G2/M 期细胞比率减少有统计学意义（$P<0.05$）。结果表明，卷烟主流烟气颗粒物染毒阻碍了细胞周期进程，导致 G0/G1 期细胞的积累以及 S 期和 G2/M 期细胞比率的降低。

染毒后 DMSO 组及 SA-SF 组细胞凋亡率分别为 3.47%，4.43%，6.56%，6.24%，8.86%，9.28%，9.41%。随着颗粒粒径减小，细胞凋亡率明显增加（$P<0.05$）［图 3.15（2）］。

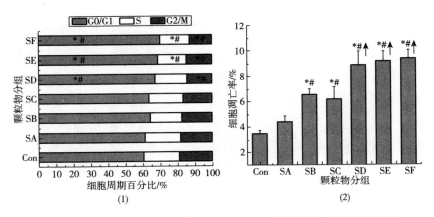

图 3.15　卷烟主流烟气中不同尺度颗粒对细胞周期和细胞凋亡的影响

3.5　小结

卷烟主流烟气包含从纳米到微米尺度的颗粒物，是室内空气污染的重要来源之一，能够引起人体不利的健康影响。吸入不同尺度的烟气颗粒物可促进颗粒在呼吸道不同区域的沉积和滞留，其中可吸入颗粒物可引起毒理反应。由于很难将细胞暴露于真实的、实际的烟气环境中，体外毒性测试方法被用来评价烟草制品的生物学效应并提供卷烟烟气的毒性信息。到目前为止，烟气总粒相物的毒理学数据可以从许多文献中获得[45~47]，最近，可吸入物质直接暴露技术的发展为评价新鲜卷烟烟气的生物学效应提供了新的方法和途径[48,49]。然而，不同尺度颗粒物的生物学效应的信息非常少见。该部分的研究采用一系列体外毒性测试方法评价了不同尺度烟气颗粒物的毒性差异。卷烟烟气具有细胞毒性和遗传毒性，这与已发表的文献非常一致[47,50~55]。值得注意的是，我们的研究显示，卷烟主流烟气的颗粒物在一致的试验条件下，颗粒粒径越小毒性越大。

超细颗粒物也称作纳米颗粒物（直径在 100nm 以下），具有许多特殊的物理化学性质，因此，可能会对人类健康造成极大的危害[56,57]。已经报道了在卷烟烟气中存在超细颗粒物[7]。van Dijk 等[58]研究发现，在未稀释的新鲜卷烟烟气中存在着大量的具有潜在毒性的粒径小于 50 nm 的纳米颗粒物。与较大尺寸的颗粒相比，越小的颗粒物更容易穿过生物膜到达细胞内部，表现出更大的毒性效应。空气颗粒物的研究结果表明，小颗粒如 PM 2.5 一经吸入后，能够更有效地到达肺部的末梢并滞留在肺泡中[59]。实验研究和流行病学研究结果也显示，越小尺度的颗粒物（如 PM 2.5）比越大尺度的颗粒物（PM 10）具有更强的毒性[59~62]。Valavanidis 等[63]分析了许多空气颗粒物对人体健康的文献研究，得出结论，在氧化应激和炎症机制方面，颗粒物的尺寸越小毒性越高。纳米颗粒物能够引起相应的效应在很大程度上是由于相对于传统颗粒物而言，它们具有较大的单位质量下的表面积。此外，这些纳米颗粒物可以被转运到血液或其他器官，进而引起更严重的机体损伤[64]。

卷烟烟气的发生机制复杂，包括液滴的凝聚、吸湿生长、冷凝和蒸发、蒸气形成和化学成分的变化，这些复杂的机制可将吸入颗粒物与其生物学效应和风险联系起来。吸烟相关风险可以部分地取决于卷烟烟气的粒径分布以及不同尺度颗粒物的化学差异。卷烟主流烟气颗粒物的粒径分布能够受到抽吸条件的影响[6,65]。Gowadia 等[65]报道了卷烟烟气的粒径分布可以受到抽吸气流速度的影响，同时，抽吸条件的改变对不同粒径颗粒物上载带的烟碱形态及其沉积剂量有着显著的影响。吸烟机的抽吸条件和实际人抽吸条件是不同的，但是机器抽吸条件的发展和标准抽吸条件的建立是为了管控和产品分析的目的[66,67]。在本部分的实验中，采用了连续抽吸的模式，这与标准的吸烟机抽吸模式不同，更不同于实际的人抽吸条件，但是所有的实验均是在一致的、可比较的条件下进行的，所获得的测试结果也是可比较的。实验中同时也存在着一些局限性。在不同尺度颗粒物的捕集过程中，不可避免地存在着烟气陈化、凝集的过程，因为新鲜的卷烟烟气是极其复杂的、高度动态的、具有反应活性的混合物[68]。在烟气颗粒物的捕集过程中，卷烟烟气的物理特性和化学组成不断发生着变化，在采样过程中会发生着蒸发和凝聚现象，也将影响粒径分布。尽管如此，这些影响因素都是在一致的条件下发生的，对于测试结果来说是可以比较的。

参考文献

［1］FSPTCA. Public Law No：111-31, H. R. 1256, 111th. Cong. 2009. Available at：http：//frwebgate. access. gpo. gov/cgi - bin/getdoc. cgi？ dbname = 111 _ cong _ bills&docid = f：h1256enr. txt. pdf.

［2］Rodgman A, Perfetti TA. The chemical components of tobacco and tobacco smoke. USA：Taylor and Francis Ltd. 2008.

［3］U. S. Department of Health and Human Services. Reducing the health consequences of smoking, 25 years of progress. A report of the Surgeon General, DHHS Publ. No. （CDC）89-8411. Center for Chronic Disease Prevention and Health Promotion. Office on Smoking and Health, Rockville. 1989.

［4］IARC. Tobacco smoke and involuntary smoking. In：IARC monographs on the evaluation of carcinogenic risks to humans, vol. 83. IARC Press, Lyon. 2004

［5］Baker RR. Smoke chemistry. In：Davis DL, Nielsen MT, editors. Tobacco：production, chemistry and technology ［M］. Oxford：Blackwell Science；1999, 398-439.

［6］Aldermana SL, Ingebrethsen BJ. Characterization of mainstream cigarette smoke particle size distributions from commercial cigarettes using a DMS500 fast particulate spectrometer and smoking cycle simulator ［J］. Aerosol Sci Tech, 2011, 45 （12）：1409-1421.

［7］Anderson PJ, Wilson JD, Hiller FC. Particle size distribution of mainstream tobacco and marijuana smoke. Analysis using the electrical aerosol analyzer ［J］. Am Rev Respir Dis, 1989, 140 （1）：202-205.

［8］Hinds WC. Size characteristics of cigarette smoke ［J］. Am Ind Hyg Assoc J, 1978, 39 （1）：48-54.

［9］McCusker K, Hiller FC, Wilson JD, et al. Aerodynamic sizing of tobacco smoke particulate from commercial cigarettes ［J］. Arch Environ Health, 1983, 38 （4）：215-218.

［10］Bernstein D. A review of the influence of particle size, puff volume, and inhalation pattern on the deposition of cigarette smoke particles in the respiratory tract ［J］. Inhal Toxicol, 2004, 16（6）: 675-689.

［11］ Kane DB, Asgharian B, Price OT, et al. Effect of smoking parameters on the particle size distribution and predicted airway deposition of mainstream cigarette smoke ［J］. Inhal Toxicol, 2010, 22（3）: 199-209.

［12］ Wayne GF, Connolly GN, Henningfield JE, et al. Tobacco industry research and efforts to manipulate smoke particle size: implications for product regulation ［J］. Nicotine Tob Res, 2008, 10（4）: 613-625.

［13］ Adam T, McAughey J, McGrath C, et al. Simultaneous on-line size and chemical analysis of gas phase and particulate phase of cigarette mainstream smoke ［J］. Anal Bioanal Chem, 2009, 394（4）: 1193-1203.

［14］ Becquemin MH, Bertholon JF, Attoui M, et al. Particle size in the smoke produced by six different types of cigarette ［J］. Rev Mal Respir, 2009, 26: e12-e18.

［15］ ISO 4387: Cigarettes—Determination of total and nicotine-free dry particulate matter using a routine analytical smoking machine, 3rd ed ［S］. 2000.

［16］ Li X, Kong H, Zhang X, et al. Characterization of particle size distribution of mainstream cigarette smoke generated by smoking machine with an electrical low pressure impactor ［J］. J Environ Sci, 2014, 26（4）: 827-833.

［17］ Wichmann HE, Spix C, Tuch T, et al. Daily mortality and fine and ultrafine particles in Erfurt, Germany part I: role of particle number and particle mass ［J］. Res Rep Health Eff Inst, 2000 ,（98）: 5-86; discussion 87-94.

［18］ WHO Study Group on Tobacco Product Regulation（TobReg）. The scientific basis of product regulation: second report of a WHO study group. 2008, WHO Press, Geneva.

［19］ Keskinen J, Pietarinen K, Lehtimäki M. Electrical low pressure impactor ［J］. J Aerosol Sci, 1992, 23（4）: 353-360.

［20］ Liu Z, Ge Y, Johnson KC, et al. Real-world operation conditions and on-road emissions of Beijing diesel buses measured by using portable emission measurement system and electric low-pressure impactor ［J］. Sci Total Environ, 2011, 409（8）: 1476-1480.

［21］ Ali M. A novel method of characterizing medicinal drug aerosols generated from pulmonary drug delivery devices ［J］. PDA J Pharm Sci Tech, 2010, 64（4）: 364-372.

［22］ Nussbaum NJ, Zhu D, Kuhns HD, et al. The In-Plume Emission Test Stand: an instrument platform for the real-time characterization of fuel-based combustion emissions ［J］. J Air Waste Manage, 2009, 59（12）: 1437-1445.

［23］ Brouwer DH, Gijsbers JH, Lurvink MW. Personal exposure to ultrafine particles in the workplace：exploring sampling techniques and strategies［J］．Ann Occup Hyg, 2004, 48（5）：439-453.

［24］Berner A, Marek J. Investigation of the distributions of several smoke constituents in smoke particles of various sizes［J］．Fachlicle Mitt Oesteir Tabakregie, 1967, 7：118-27.

［25］Gowadia N, Oldham MJ, Dunn-Rankin D. Particle size distribution of nicotine in mainstream smoke from 2R4F, Marlboro Medium, and Quest1 cigarettes under different puffing regimens［J］．Inhal Toxicol, 2009, 21：435-46.

［26］Ishizu Y, Ohta K, Okade T. Changes in the particle size and the concentration of cigarette smoke through the column of a cigarette［J］．J Aerosol Sci, 1978, 9：25-29.

［27］Jenkins RA, Francis RW, Flachsbart H, et al. Chemical variability of mainstream smoke as a function of aerodynamic particle size［J］．J Aerosol Sci, 1979, 10：355-362.

［28］Morie GP, Baggett MS. Observations on the distribution of certain tobacco smoke components with respect to particle size［J］．Beitra¨ge Zur Tabakforschung, 1977, 9：72-8.

［29］Owen WC, Westeott DT, Woodman GR. Physical aspects of the tobacco smoke aerosol. PartII. Chemical composition of various particle size fractions［C］．The 54th Tobacco Science Research Conference, Philadelphia, PA. 1969.

［30］Ingebrethsen BJ. Aerosol studies of cigarette smoke［J］．Rec Adv Tob Sci, 1986, 12：54-142.

［31］Chen BT, Namenyi J, Yeh HC, et al. Physical characterization of cigarette smoke aerosol generated from a walton smoke machine［J］．Aerosol Sci Technol, 1990, 12：364-375.

［32］Sahu SK, Tiwari M, Bhangare RC, et al. Particle size distribution of mainstream and exhaled cigarette smoke and predictive deposition in human respiratory tract［J］．Aerosol Air Qual Res, 2013, 13：324-332.

［33］Wang H, Li X, Guo J, et al. Distribution of toxic chemicals in particles of various sizes from mainstream cigarette smoke［J］．Inhal Toxicol, 2016, 28（2）：89-94.

［34］Jones RT, Lugton WGD, Massey SR, et al. The distribution with respect to smoke particle size of dotriacontane, hexadecane and decachlorobiphenyl added to cigarettes［J］．Beitrage Zur Tabakforschung 1975, 8：89-92.

［35］谢剑平, 刘惠民, 朱茂祥, 等．卷烟烟气危害性指数研究［J］．烟草科技, 2009, （2）：5-15.

［36］Andreoli C, Gigante D, Nunziata A. A review of in vitro methods to assess the biologicalactivity of tobacco smoke with the aim of reducing the toxicity of smoke［J］．Toxicol In Vitro, 2003, 17, 587-594.

［37］DeMarini DM. Genotoxicity of tobacco smoke and tobacco smoke condensate：a review

［J］. Mutat Res, 2004, 567, 447-474.

［38］CORESTA *In Vitro* Toxicology Task Force, 2004. The rationale and strategy for conducting *in vitro* toxicology testing of tobacco smoke. Available from: http://www. coresta. org/Reports/IVT_ TF_ Rationale-IVT-Testing-Tob. -Smoke_ Report_ Jun04. pdf.

［39］Loxham M, Cooper MJ, Gerlofs-Nijland ME, et al. Physicochemical characterization of airborne particulate matter at a mainline underground railway station ［J］. Environ Sci Technol, 2013, 47, 3614-3622.

［40］Strak M, Janssen NAH, Godri KJ, et al. Respiratory health effects of airborne particulate matter: the role of particle size, composition, and oxidative potential-the RAPTES project ［J］. Environ Health Perspect, 2012, 120, 1183-1189.

［41］Lubick N. Breathing less easily with ultrafine particles ［J］. Environ Sci Technol, 2009, 43, 4615-4617.

［42］Yang JY, Kim JY, Jang JY, et al. Exposure and toxicity assessment of ultrafine particles from nearby traffic in urban air in Seoul, Korea ［J］. Environ Health Toxicol, 2013, 28, e2013007.

［43］Zhang QL, Xu L, Wang J, et al. Lysosomes involved in the cellular toxicity of nano-alumina: combined effects of particle size and chemical composition ［J］. J Biol Regul Homeost Agents, 2013, 27, 365-375.

［44］Lin B, Li X, Zhang H, et al. Comparison of in vitro toxicity of mainstream cigarette smoke particulate matter from nano- to micro-size ［J］. Food Chem Toxicol, 2014, 64: 353-360.

［45］Bombick DW, Putnam K, Doolittle DJ. Comparative cytotoxicity studies of smoke condensates from different types of cigarettes and tobaccos ［J］. Toxicol In Vitro, 1998, 12, 241-249.

［46］Roemer E, Ottmueller TH, Zenzen V, et al. Cytotoxicity, mutagenicity, and tumorigenicity of mainstream smoke from three reference cigarettes machine-smoked to the same yields of total particulate matter per cigarette ［J］. Food Chem Toxicol, 2009, 47, 1810-1818.

［47］Lou J, Zhou G, Chu G, et al. Studying the cyto-genotoxic effects of 12 cigarette smoke condensates on human lymphoblastoid cell line in vitro ［J］. Mutat Res, 2010, 696, 48-54.

［48］Aufderheide M, Scheffler S, Möhle N, et al. Analytical in vitro approach for studying cyto- and genotoxic effects of particulate airborne material ［J］. Anal Bioanal Chem, 2011, 401, 3213-3220.

［49］Li X, Shang P, Peng B, et al. Effects of smoking regimens and test material format on the cytotoxicity of mainstream cigarette smoke ［J］. Food Chem Toxicol, 2012, 50, 545–551.

［50］ Combes R, Scott K, Crooks I, et al. The *in vitro* cytotoxicity and genotoxicity of cigarette smoke particulate matter with reduced toxicant yields ［J］. Toxicol In Vitro, 2013, 27, 1533–1541.

［51］ DeMarini DM, Gudi R, Szkudlinska A, et al. Genotoxicity of 10 cigarette smoke condensates in four test systems: comparisons between assays and condensates ［J］. Mutat Res, 2008, 650, 15–29.

［52］ Guo X, Verkler TL, Chen Y, et al. Mutagenicity of 11 cigarette smoke condensates in two versions of the mouse lymphoma assay ［J］. Mutagenesis, 2011, 26, 273–281.

［53］ Richter PA, Li AP, Polzin G, et al. Cytotoxicity of eight cigarette smoke condensates in three test systems: comparisons between assays and condensates ［J］. Regul Toxicol Pharmacol, 2010, 58, 428–436.

［54］ Rickert WS, Trivedi AH, Momin RA, et al. Mutagenic, cytotoxic and genotoxic properties of tobacco smoke produced by cigarillos available on the Canadian market ［J］. Regul Toxicol Pharmacol, 2011, 61, 199–209.

［55］ Roemer E, Stabbert R, Rustemeier K, et al. Chemical composition, cytotoxicity and mutagenicity of smoke from US commercial and reference cigarettes smoked under two sets of machine smoking conditions ［J］. Toxicology, 2004, 195, 31–52.

［56］ Borm PJA, Robbins D, Haubold S, et al. The potential risks of nanomaterials: a review carried out for ECETOC ［J］. Part Fibre Toxicol, 2006, 1 3, 11.

［57］ Nel A, Xia T, Mädler L, et al. Toxic potential of materials at the nanolevel ［J］. Science, 2006, 311, 622–627.

［58］ van Dijk WD, Gopal S, Scheepers PT. Nanoparticles in cigarette smoke; real–time undiluted measurements by a scanning mobility particle sizer ［J］. Anal Bioanal Chem, 2011, 399, 3573–3578.

［59］ Farina F, Sancini G, Mantecca P, et al. The acute toxic effects of particulate matter in mouse lung are related to size and season of collection ［J］. Toxicol Lett, 2011, 202, 209–217.

［60］ Levy JI, Hammitt JK, Spengler JD. Estimating the mortality impacts of particulate matter: what can be learned from between–study variability ［J］? Environ Health Perspect, 2000, 108, 109–117.

［61］ Osornio-Vargas AR, Bonner JC, Alfaro-Moreno E, et al. Proinflammatory and cytotoxic effects of Mexico City air pollution particulate matter *in vitro* are dependent on particle size and composition ［J］. Environ Health Perspect, 2003, 111, 1289–1293.

［62］ Shukla A, Timblin C, BeruBe K, et al. Inhaled particulate matter causes expression of nuclear factor (NF) -κ B-related genes and oxidant-dependent NF-κ B activation *in vitro* [J]. Am J Respir Cell Mol Biol, 2000, 23, 182-187.

[63] Valavanidis A, Fiotakis K, Vlachogianni T. Airborne particulate matter and human health: toxicological assessment and importance of size and composition of particles for oxidative damage and carcinogenic mechanisms [J]. J Environ Sci Health C Environ Carcinog Ecotoxicol Rev, 2008, 26, 339-362.

[64] Donaldson K, Borm PJA, Castranova V, et al. The limits of testing particle-mediated oxidative stress in vitro in predicting diverse pathologies, relevance for testing of nanoparticles [J]. Part Fibre Toxicol, 2009, 6, 13.

[65] Gowadia N, Oldham MJ, Dunn-Rankin D. Particle size distribution of nicotine in mainstream smoke from 2R4F, Marlboro Medium, and Quest1 cigarettes under different puffing regimens [J]. Inhal Toxicol, 2009, 21, 435-446.

[66] Roemer E, Carchman RA. Limitations of cigarette machine smoking regimens [J]. Toxicol Lett, 2011, 203, 20-27.

[67] Thielen A, Klus H, Müller L. Tobacco smoke: unraveling a controversial subject [J]. Exp Toxicol Pathol, 2008, 60, 141-156.

[68] Borgerding M, Klus H. Analysis of complex mixtures - Cigarette smoke [J]. Exp Toxicol Pathol, 2005, 57 (Suppl. 1), 43-73.

第 4 部分
基于气–液界面暴露的卷烟烟气体外毒性测试

体外毒性测试对评价卷烟烟气的相对毒性是非常有效的[1]。近年来，为降低吸烟对健康的危害，国内外研究机构在烟草制品的危害性评价方面开展了大量的工作，分别从烟气有害化学成分的释放量和烟气的毒理学效应两个方面进行评价[2]。CORESTA 于 2002 年成立了烟草烟气体外毒性测试工作组，工作组推荐分别从细菌诱变性、哺乳动物细胞遗传学/致突变性以及采用合适细胞系的细胞毒性测试三个方面对烟草制品进行体外毒性评价[2]。加拿大卫生部制订了三项卷烟主流烟气体外毒性测试方法，分别为细菌回复突变试验[3]、中性红细胞毒性试验[4]和体外微核试验[5]。2011 年，美国食品与药物管理局授权美国医学研究院制订了《风险改变烟草制品研究的科学标准》[6]，提出了体外毒理学测试是评估程序中的一个重要组成部分。

卷烟烟气是一种由粒相和气相组分形成的复杂气溶胶，烟气粒相中的主要有害成分有芳香胺类、酚类、TSNAs、多环芳烃类化合物等；CO、氮氧化物及挥发性有机化合物等有害成分分布于气相中；醛、酮类羰基化合物，氢氰酸、氨等有害成分于气、粒相中均有分布。同时，随着烟气的陈化时间的改变，烟气成分在气相和粒相之间的分配会有所改变。因此，卷烟烟气的复杂性特征决定了烟气的体外毒性效应是一个多因素的问题。以往有关卷烟烟气的体外毒理学研究大多集中于烟气总粒相物或气相提取物的毒性测试，不能够全面真实地反映烟气混合物体系的生物学效应，而实现体外培养细胞或细菌对新鲜烟气的直接暴露是所面临的困难。

随着直接暴露技术的发展，出现了可以实现气–液界面暴露方式的暴露系统，模拟测试物质的实际接触状态[7~9]。气–液界面暴露方式为实现卷烟全烟气暴露实验提供了可能的技术手段。当前，国际上有关卷烟全烟气暴露实验的研究已经逐步开展起来。例如，德国 Burghart 公司的 MSB-01 吸烟机系统[10]，德国利是美烟草公司使用自行设计的由 Borgwaldt KC 制造的全烟气暴露系统[11]，英美烟草公司使用自行设计的 BAT 暴露装置[12,13]和

VITROCELL 暴露系统，日本烟草公司和韩国烟草人参公社使用的 CULTEX 暴露系统；日烟国际、罗瑞拉德烟草公司、菲利普·莫里斯烟草公司、中国烟草总公司郑州烟草研究院等正在使用的 VITROCELL 暴露系统以及一些研究机构自行设计的烟气暴露系统[14~16]。

1 气-液界面暴露系统

目前，已有一系列可供使用的气-液界面暴露系统，并且大部分的系统都可以进行气溶胶或者其他复杂的气溶胶混合物的发生以及细胞培养暴露实验，这些系统可以被包括烟草行业在内的一些领域所使用。商品化的和有文献报道的体外烟气暴露系统的总结见表 4.1 和表 4.2[17]。

表 4.1　　　　　　　三种主要的商品化吸烟机的技术特征比较

吸烟机名称	Borgwaldt RM20S	Burghart MSB-01	Vitrocell VC 10
尺寸（长×宽×高）	2.4m×0.8m×1.3m	0.75m×0.35m×0.48m	1.5m×0.8m×0.85m
稀释系统	基于针筒注射器的独立稀释系统（8 通道）	基于针筒注射器的独立稀释系统（5 通道）	连续流速稀释器（4 通道）
稀释范围	1∶2~1∶4000，烟气∶空气，体积比	1∶1~1∶150，烟气∶空气，体积比	空气流速 0~12L/min，真空率 5~200mL/min
通量	8 个暴露舱，每个暴露舱可容纳 3、6、8 个小室	96 孔板	4 个暴露模块，每个模块可容纳 3、4 个小室的；96/24 孔板
计算机控制器	集成计算机	集成计算机	需要外接计算机
抽吸模式	ISO 和 HCI	ISO 和 HCI，多个抽吸模式	ISO 和 HCI，可定制抽吸模式
吸烟机和暴露装置连接管长度	~3.4m	~1m	~1.4m
暴露舱/模块	主要是 BAT 暴露舱	集成多孔板（24/96 孔板）	Vitrocell® 或 CULTEX® 暴露模块
抽吸到暴露的时长	~15~24s（取决于稀释情况）	~6s	~8s
气流控制器	集成	集成	需另外配置

表 4.2　　　四种不同的商品化暴露舱/模块的技术特征比较

暴露舱/模块名称	BAT 暴露舱	CULTEX®暴露模块	CULTEX®RFS	Vitrocell®暴露模块
尺寸（长×宽×高）	12cm×9cm	10cm×16cm×13cm	35cm×24cm×20cm	10cm×16cm×13cm
材质	透明有机玻璃	抛光不锈钢和玻璃	抛光不锈钢和玻璃	抛光不锈钢/玻璃和铝
可容纳能力	3×ϕ24mm 小室 6×ϕ12mm 小室 8×ϕ6.5mm 小室 3×ϕ30mm 皮式皿 1×ϕ85mm 皮式皿	3×ϕ24mm 小室 3×ϕ12mm 小室 3×ϕ35mm 皮式皿	3×ϕ24mm 小室 3×ϕ12mm 小室 3×ϕ6.5mm 小室 皮式皿	3 或 4×ϕ24mm 小室 3 或 4×ϕ12mm 小室 3×ϕ35mm 皮式皿
暴露舱内烟气传送	沉积，布朗运动，重力	漏斗状金属进气管（喇叭口）	沉积，扩散，电力，惯性撞击	直接暴露技术（喇叭口）

1.1　定制系统

定制的烟气暴露系统方便于进行烟草烟气的科学研究。虽然定制的暴露系统与商品化的设备相比优势并不明显，但是这些设备具有更低的成本、更小的体积、减少了设备复杂性，具有容易维护等优点。目前有各种各样难易不同的自行设计的装置，提供了简单的或单一的烟草烟气发生、稀释和暴露的过程。

St-Laurent 等[15]描述了一种基于体外培养细胞的卷烟主流烟气气-液界面暴露装置。该暴露系统由一个封闭舱和两个通气口组成，封闭舱的大小足以容纳一个细胞培养皿和一个小型风扇。细胞连续 3d、每天两次地暴露于卷烟烟气。Phillips 等[12]将暴露舱与一个简单的自制烟气发生装置相连接，用于评价卷烟烟气对人支气管上皮细胞（细胞来源于健康吸烟者和 COPD 患者）的影响。一支卷烟点燃后通过泵吸入至一个 1000mL 的烧瓶中，细胞于气-液界面处暴露 10min。Gualerzi 等[18]将卷烟、注射器和无菌瓶通过一个单向阀的 T 型管连接，创建了一个简单的但独特的装置。无菌瓶中培养有健康的不抽烟女性的角质化口腔黏膜移植组织，在半浸没的环境中可以更好地模拟口腔中的生理环境。一支卷烟通过注射器抽吸后，打开转向阀向无菌瓶中排入烟气，然后分离无菌瓶使烟气排出和空气再循环，整个循环不断重复直到卷烟抽吸完。这个设置模拟了人口腔中的 3D 组织结构，并形成了一个吸入/呼出循环过程的模拟。

1.2 Borgwaldt 系统

Borgwaldt RM20S 是由德国 Borgwaldt KC 生产的一种转盘式吸烟机，能够同时抽吸 8 支卷烟（图 4.1）。Borgwaldt RM20S 专一地配备由英美烟草公司设计的 BAT 暴露舱（图 4.2），可以进行卷烟烟气的气–液界面暴露体外实验[12,13,19~22]。RM20S 吸烟机既可以用于产品性能检验，也可以用于功能性研发。卷烟首先通过针筒注射器抽吸产生的卷烟烟气，随后吸入一口经过滤的空气与烟气混合，形成需要的稀释浓度，稀释比例用空气中烟气的体积比来表示（$V:V$），更大的稀释倍数需要多次的稀释过程，稀释后的烟气通过注射器以 0.8 L/min 排出到暴露舱中，每个注射器连接各自的暴露舱，确保不会发生烟气之间的交叉污染。烟气的稀释和细胞的暴露根据稀释情况可以在 12~24s 进行。Adamson 等[21]表征了该系统中烟气的损失情况，他们通过使用 DMS500 在 RM20S 的不同部位进行实验（抽吸后端、暴露舱前端和暴露舱后端），结果表明主流烟气在细胞暴露前大约有 48% 的损失，并且在暴露舱中有 16% 的沉积。RM20S 暴露系统的主要局限性之一就是，到目前为止只能专一性地被英美烟草公司使用，这就使得和其他研究的可比性成为困难。

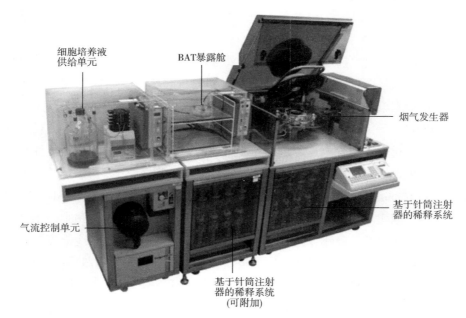

图 4.1　Borgwaldt RM20S 系统[21]

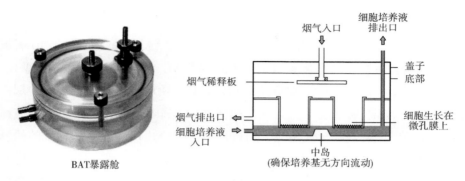

图 4.2　BAT 暴露舱[19]

1.3　Burghart 系统

Burghart MSB-01 吸烟机由德国 Burghart 公司制造，不同于其他商品化的烟气暴露系统，该吸烟机具有一个完整的多板式结构用来进行体外的高通量实验，可以将 96 孔板放入到暴露系统中，提供了一种简单的方式避免相关独立暴露模块的复杂操作（图 4.3）。MSB-01 吸烟机设计有独立的针筒注射器，确保了可以进行一系列的卷烟或者剂量梯度的测试，注射器的稀释容量达 1：150（烟气：空气，$V:V$）。烟气分布板通过两个端口连接多孔板以提供一致的暴露条件，卷烟每口抽吸大约 6s。Scian等[10,23]表征了 MSB-01 的特性，包括在多孔板中的烟气颗粒物的沉积、烟气损失测定、烟气颗粒大小

图 4.3　Burghart MSB-01 吸烟机[10]

和细胞存活率。暴露系统前端烟气的损失情况与 Borgwaldt RM20S 的损失情况较为相似，在 40%～50%[21,23]。不同于其他烟气暴露装置，MSB-01 提供了一种高通量测试的选择。然而，该设备的一个潜在的缺点是不支持细胞的气-液界面培养，限制了 MSB-01 用于细胞水平的研究。

1.4 Vitrocell®系统

Vitrocell®系统由德国 Vitrocell®公司生产，该系统由 Vitrocell® VC 10 吸烟机、烟气稀释系统和暴露装置组成。Vitrocell® VC 10 吸烟机是一种转盘式、单一抽吸针筒、可连续稀释的吸烟机（图4.4）。由吸烟机抽吸产生的卷烟主流烟气进入到烟气稀释器中，空气从稀释器的上部和下部进入稀释器，与稀释器中的烟气垂直混合形成湍流，通过调节空气流速可改变卷烟烟气的稀释比例，稀释后的烟气在真空泵提供的负压下进入到暴露装置内。Vitrocell®开发出了几种暴露模块适配装置，例如，一种专为插入式细胞培养皿（Transwell）设计的细胞暴露模块，有3孔和4孔暴露模块和为更高通量设计的24孔和96孔暴露模型。另外，Vitrocell®还提供一种为 Ames 实验设计的细菌暴露模块。所有的暴露模块可实现细胞直接暴露于气溶胶中，提供了一个更加充分的烟气扩散和沉积环境。

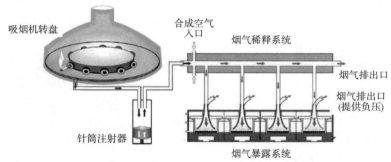

图 4.4 Vitrocell® VC 10 吸烟机及烟气暴露系统[24]

1.5 CULTEX®系统

德国 CULTEX®实验室为空气气溶胶物质的体外毒理学分析提供解决方案，例如气体、颗粒物、可挥发性化合物和复杂气体混合物。CULTEX®提供体外暴露模块装置，可适合各种暴露系统和气溶胶。过去的十几年中，CULTEX®暴露模块被用于多种复杂气溶胶的研究，例如柴油机废气、卷烟烟气、医学废气、挥发性化合物、颗粒物和环境污染物等[8,25~31]。这些研究的多样性说明了 CUL-TEX®暴露系统的使用规模和潜在应用。Aufderheide 和她的同事在 1999 年和 2000 年首次提出 CULTEX®暴露模块的概念[25,26]。在最早的两篇文献中强调了

CULTEX®暴露模块在对吸入测试物（颗粒、矿物纤维和木屑）的气-液界面的体外测试中的作用。在 2001 年，Ritteret 等使用合成空气、臭氧（浓度在 202~510μg/kg）和二氧化氮（浓度在 75~1200μg/kg）对 CULTEX®模块的暴露环境特性进行了表征，结果显示该模块可以支持一系列空气中化学物质的环境毒理学测试方法[27]。Aufderheide 等[32]进一步分析了 CULTEX®模块的特性，她使用荧光分光光度计测定了颗粒物沉积和暴露烟草烟气后的细胞活性以及细胞内谷胱甘肽的水平。Deschl 等[31]使用 CULTEX®暴露模块评价了药物气溶胶的生理学效应，提出该暴露系统可以被用来研究疾病的发病机理，并可作为体外治疗性效果的评价工具，因此有可能减少未来对体内实验的需要。另外，研究者注意到该暴露模块内气溶胶采样点的线性排列会造成暴露模块内的结果差异大，这可能是由于潜在的湍流混合效率低和稀释系统内采样点呈线性排列所导致的。

　　CULTEX®新近发展起来的新技术是径向流动系统（Radial Flow System，RFS），它能精确地控制培养基（图 4.5），为中央进气口附近导入细胞培养基的径向排列提供了均匀的分布[30]。RFS 利用"trumpet"技术促使气溶胶直接输送到细胞单层上。Aufderheide 等[30]使用 RFS 证明了卷烟烟气对人支气管上皮 16HBE 细胞的细胞毒性效应，并使用 RFS 和 Ames 实验评价了烟草烟气暴露后的细菌回复突变[33]。RFS 模块在功能方面不同于

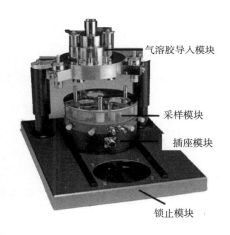

气溶胶导入模块

采样模块

插座模块

锁止模块

图 4.5　CULTEX®RFS 暴露系统[30]

直线型玻璃模块的地方在于插入式的细胞培养小室对称地围绕单独的一个进气口排列，这样就可以消除线性采样点造成的任何潜在的气体浓度梯度。CULTEX®实验室为各种暴露条件和气溶胶测试提供了多种多样的暴露模块。

2　基于气-液界面暴露的体外毒理学测试方法

　　目前，基于气-液界面暴露方式进行卷烟烟气体外毒性的研究主要涉及细胞毒性、遗传毒性、氧化应激、炎症反应、系统毒理学、3D 培养模型、烟气

剂量学以及电子烟气溶胶评价等的测试实验。

2.1 细胞毒性测试

基于气-液界面暴露的卷烟烟气体外细胞毒性测试中选用的细胞包括多种永生化的细胞系和活体分离的原代细胞，主要有中国仓鼠卵巢（CHO）细胞[34~38]、中国仓鼠肺（CHL/IU）细胞[39]、小鼠成纤维细胞 BALB/c 3T3[40,41]、人肺腺癌细胞 A549[42~46]、人支气管上皮细胞 BEAS-2B[42,43,41]、人肺癌上皮细胞 NCI-H292[12,21,48]、气管上皮细胞系 MM-39[49]、人正常原代支气管上皮细胞[13,49,50]、小鼠原代气管上皮细胞[16]、SD 大鼠原代支气管上皮细胞[15]等。在选用的细胞中，有靶器官来源的呼吸道细胞，也有非靶器官来源的细胞。这些细胞在测试条件下均呈现出良好的烟气毒性的剂量-效应反应，可以作为烟气体外毒性评价的测试模型。细胞毒性测试方法有中性红摄取试验、MTT 试验和 WST-1 试验等，不同测试方法对烟气毒性的敏感性不同[45,46]。气-液界面暴露实验可以区分不同卷烟样品的细胞毒性差异[36,41]，可以测试气相组分的细胞毒性[34,41,48]以及不同抽吸模式对卷烟烟气毒性效应的影响[34,48]。

2.2 遗传毒性测试

反映卷烟烟气遗传性的生物学指标有很多，目前基于气-液界面暴露方式研究烟气体外遗传毒性的测试试验有微核试验[37,39]、彗星试验[43]和 γH2AX 分析[47]等。Okuwa 等[39]采用 CULTEX® 暴露系统比较了 ISO 标准抽吸模式和 HCI 加拿大深度抽吸模式（55/2/30）下卷烟全烟气和气相组分诱发细胞的微核发生率。Weber 等[43]采用 VITROCELL® 24 气-液界面暴露系统评价了卷烟烟气的 DNA 损伤效应，A549 和 BEAS-2B 两种细胞的彗星试验测试结果显示，该系统可以重复性地反映出 DNA 损伤与烟气剂量之间的剂量-效应关系。Garcia-Canton 等[47]使用 BAT 暴露系统，采用高内涵筛选分析技术进行全烟气暴露下细胞内 γH2AX 分析。

2.3 致突变性分析

基于直接暴露技术的 CULTEX 系统和 VITROCELL 系统可以实现卷烟烟气的 Ames 试验[29,51~54]，比较不同卷烟样品的致突变性差异[55]。Aufderheide

等[29]采用 CULTEX 系统基于直接暴露方式进行了肯塔基参比卷烟 2R4F 主流烟气和气相组分的 Ames 试验，鼠伤寒沙门氏菌 TA98 和 TA100 菌株在烟气暴露下回复突变菌落数增加且呈剂量依赖关系。其他测试菌株如鼠伤寒沙门氏菌 TA1535、TA1537、TA1538、TA102 和大肠杆菌 WP2uvrA（pKM101）等也都被选用检测主流烟气及气相组分的致突变性[51,52]。Thorne 等[53]采用 VITROCELL® 系统对肯塔基参比卷烟 3R4F 主流烟气进行了 TA1535、TA1537、TA97、TA102 和 TA104 等菌株的致突变性检测。合适的测试菌株，代谢活化系统如 S9 的使用等因素对测试结果都会产生影响。

2.4　氧化应激和炎症反应测试

卷烟烟气是一种复杂的、动态的、氧化性的气溶胶，当机体暴露于烟气中时，细胞内的氧化/抗氧化平衡被打破，细胞产生氧化应激以及炎症反应。气–液界面暴露方式模拟了烟气暴露的体内环境，我们前期的实验结果显示，A549 细胞经全烟气暴露后，氧化应激指标的水平发生变化，谷胱甘肽还原态/氧化态（GSH/GSSG）降低，丙二醛（MDA）、4-羟基壬稀醛（HNE）、细胞外超氧化物歧化酶（EC-SOD）和 8-羟基脱氧鸟苷（8-OHdG）水平升高[46]。Fukano 等[44]使用实时定量 PCR 技术检测了烟气暴露 A549 细胞后血红素加氧酶-1（HO-1）基因的表达变化。

经烟气暴露后细胞内多种细胞因子和炎症因子的释放水平发生变化，采用 BAT 暴露系统研究 NCI-H292 细胞在气–液界面暴露卷烟烟气的结果显示，低剂量的卷烟烟气可上调黏液素 MUC5AC 的 mRNA 表达水平，诱导细胞内白细胞介素 6、8（IL-6、IL-8）和基质金属蛋白酶-1（MMP-1）的释放量显著增加[12]，且 IL-6、IL-8 和 MMP-1 的释放不存在剂量-效应关系[48]。St-Laurent 等[15]分离 SD 大鼠原代支气管上皮细胞，于气–液界面进行全烟气暴露，采用 ELISA 方法检测了单核细胞趋化蛋白（MCP-1）、白细胞介素 10（IL-10）和血管内皮生长因子（VEGF）的表达水平。永生化的气管上皮细胞系和人原代支气管上皮细胞的实验结果均提示，信号转导通路如有丝分裂原蛋白激酶 P38 和转录因子 NF-κB 参与调控上皮细胞对烟气诱导炎症反应的应答[49]。

2.5　系统毒理学研究

近年来，基于系统毒理学的化合物暴露风险评估新测试策略逐渐发展起来，这些测试新策略已经应用于制药行业，对于提升疾病机制的理解和研究具有非常重要的价值。系统毒理学新近也被应用于烟草制品的生物学效应评价。Hoeng 等[56]发展建立了一种基于生物网络模型的系统毒理学方法从疾病机制水平评价烟草暴露相关的生物学影响。不同的因果生物网络模型与各种计算方法以及多水平组学数据相结合，可以为吸烟相关疾病的发生发展提供定量的机制相关的信息。人支气管上皮组织于气–液界面暴露卷烟烟气后，转录组学分析结果显示，烟气暴露可以引起细胞信号通路的改变，这些细胞内的信号通路涉及外源化合物代谢、氧化/抗氧化平衡、炎症反应、细胞增殖和分化、DNA 损伤修复、转化生长因子 β（TGF-β）信号通路等[13,57]。根据"21 世纪毒性测试策略"，系统毒理学将成为烟草制品毒性评价的潜在研究手段。

2.6 3D 培养模型应用

气–液界面暴露系统也可实现 3D 培养细胞/组织的卷烟烟气暴露。Talikka 等[58]研究了人鼻黏膜和支气管器官型组织培养物重复暴露于卷烟全烟气的生物学反应，通过跨细胞膜电阻测量实验（Trans Epithellal Electric Resistance，TEER）和 LDH 试验观察到卷烟全烟气没有诱导组织完整性的损伤。Iskandar 等采用腺苷酸激酶毒性试验、CYP 活性分析、组织学病理观察、炎症因子释放、转录组学和系统毒理学等方法比较了卷烟烟气对器官型单层细胞模型和共培养细胞模型的影响。研究结果显示，与成纤维细胞共培养的模型具有更强的抵抗全烟气诱导的组织应激和损伤的能力。Kuehn 等[60]采用原代分离的人支气管/鼻黏膜组织研究了卷烟烟气的毒性效应，结果显示烟气暴露导致细胞色素酶 CYP1A1/1B1 活性升高，纤毛摆动频率降低，烟气对细胞的外源化学物质代谢的影响与体内实验结果相接近。Mathis 等[61]采用 VITROCELL 系统进行人支气管上皮组织的烟气暴露试验，毒性终点的测试结果与已知的吸烟者体内实验检测结果相接近。基于 3-D 培养模型的细胞基因表达谱、基质分泌及细胞功能活动与体内细胞更为相似。因此，3-D 培养细胞/组织保留了体内细胞微环境的物质结构基础，为体外细胞培养与组织器官及整体研究搭建了桥梁。

2.7 烟气剂量学分析

烟气剂量的实时监测和精准控制是影响气–液界面暴露实验结果可靠性的一个重要因素。烟气气溶胶在通过全烟气暴露系统时会发生凝结和沉积，另外，不同暴露系统的沉积效率也有所不同。因此，吸烟机上设定的暴露浓度常常与实际细胞暴露剂量不同。目前有许多物理的、化学的和重力学的方法来检测烟草烟气的体外暴露剂量，大多数的方法都有局限，并且对于剂量的定量分析还没有一个普遍一致的最合适的方法。

化学分光荧光分析法是对颗粒沉积进行量化的一种方法[28]。简而言之，在暴露装置中放置的经预先润湿的细胞培养小室暴露在整个主流烟气中。沉积的烟气颗粒物使用高效液相色谱级甲醇和搅拌法进行萃取，并用高效液相色谱法和荧光检测法采用标准校准曲线对其进行分析[21,62]。这种方法虽然不是实时的，但提供了一种简单的量化剂量方法，并已在各种研究中得到应用。这种湿化学法的优点是它可以应用于任何暴露系统/暴露模块（从小的孔板到皮式培养皿），结果应该是相对一致的，并且可以在不同的实验室间进行比较。

光散射光度计可以被用来进行烟气体外暴露实验的剂量学测定。光度计是通过光散射光学传感器对悬浮在气体中的微粒液滴（称为光学焦油）进行在线测量，能够以非常低的流速测量光密度，而不会对粒子质量造成任何损失，已经被用于各种各样体内和体外毒性评价的研究[39,63]。Okuwa 等通过使用便携式光度计实时地监测并量化了进入暴露舱的烟气颗粒物的剂量。然而，光度计技术具有其局限性，其中一个限制是，这些光度计必须精确地与已知的微粒质量进行校准；在线微粒测量的结果并不总是接近于（虽然可能会提示）在气-液界面上沉积的质量。

石英微量天平技术（Quartz Crystal Microbalance，QCM）近年来也被应用于烟气颗粒物的剂量学测定。Adamson 等[21,22,24,62]使用 QCM 分别与 BAT 气-液界面暴露系统和 VITROCELL 暴露系统结合，进行暴露仓内烟气剂量的定量测定。QCM 可以获得暴露仓内烟气颗粒物的实时浓度，为毒性试验的测试结果提供剂量学数据支持，更准确地描述烟气的生物毒性效应。不同国家/地区实验室的 VITROCELL 暴露系统的烟气剂量学测试比对实验结果显示，获得的剂量-效应关系结果具有非常好的一致性，该暴露系统对烟气剂量控制的稳定性良好，适合烟草烟气的体外暴露测试[64]。有文献报道，生物学分析结果如中性红细胞毒性测试结果和 Ames 测试结果与暴露系统内 QCM 检测的气-液界面处烟气颗粒物的沉积质量之间具有正相关关系[64]。

2.8 电子烟气溶胶评价

电子烟气溶胶的体外毒理学评价采用气-液界面暴露技术将能够模拟体内

真实的暴露条件。Scheffler 等[66]利用气-液界面暴露方式研究了人原代正常支气管上皮细胞和永生化的细胞系 CL-1548、A549 对电子烟气溶胶生物学效应的敏感性，结果显示，原代细胞最敏感，但永生化的细胞系可以作为电子烟气溶胶急性毒性快速评价体外细胞模型。Neilson 等[67]建立了基于气-液界面暴露方式的 3D 重构人气管组织体外模型，进行电子烟气溶胶体外细胞毒性评价。

3 全烟气暴露的体外毒理学测试方法

吸烟机以及基于气-液交界面原理的直接暴露技术的出现为全烟气暴露实验提供了平台和技术手段，吸烟机抽吸产生的烟气经稀释系统稀释后，引入到暴露装置中对置于其中的受试细胞或细菌进行染毒。目前，国内尚无卷烟全烟气暴露的体外毒理学测试的方法标准，因此建立一套稳定的、可靠的卷烟主流烟气体外毒理学测试的方法标准已势在必行。在这部分研究中，采用德国 VITROCELL 吸烟机与暴露系统搭建了卷烟全烟气暴露的实验平台，基于该实验平台优化了全烟气暴露的实验条件，建立了基于全烟气暴露方式的卷烟主流烟气体外毒理学测试方法，包括：全烟气暴露的细胞毒性测试，Ames试验和体外微核测试方法。结果显示，建立的基于全烟气暴露方式的体外毒理学测试方法可以应用于评价卷烟烟气的体外毒性。初步比较了基于全烟气暴露与烟气冷凝物染毒方式的卷烟烟气体外毒性测试结果，通过数值换算，在相同烟气剂量表征单位的前提下，全烟气暴露实验的测试结果能够较全面地反映卷烟主流烟气的毒性效应。

3.1 全烟气暴露实验平台的建立

全烟气暴露实验平台如图 4.6 所示，该系统由 VITROCELL VC10 吸烟机，烟气稀释系统（4 个）和烟气暴露装置（5 个）组成。VC10 吸烟机抽吸产生的新鲜主流烟气进入烟气稀释系统，经恒定流速的洁净空气稀释，稀释后的卷烟烟气再由真空泵产生的负压下以恒定的流速进入到烟气暴露装置，烟气暴露装置中的细胞（细菌）暴露于烟气环境中。使用插入式细胞培养皿（Transwell 小室）进行细胞培养和烟气暴露，从而使培养的细胞处于烟气和培养液的气-液交界面，以达到细胞与卷烟烟气直接、充分接触的目的；恒温水浴装置以保持暴露装置内细胞培养液的 37℃恒温环境为准。使用 35mm 平皿进行细菌培养和烟气暴露。细胞（细菌）暴露于恒定流速的洁净空气中作为对照实验组。该系统可提供在一次全烟气暴露实验时进行 4 个不同烟气剂量的卷烟主流烟气暴露。全烟气暴露系统工作原理示意图如图 4.7 和图 4.8 所示。

(1)VITROCELL VC10吸烟机　　(2)烟气暴露系统支架

(3)烟气稀释系统　　(4)烟气暴露装置（细胞）　　(5)烟气暴露装置（细菌）

图 4.6　全烟气暴露实验平台

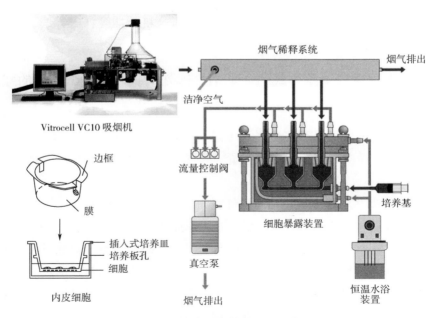

图 4.7　细胞全烟气暴露原理示意图

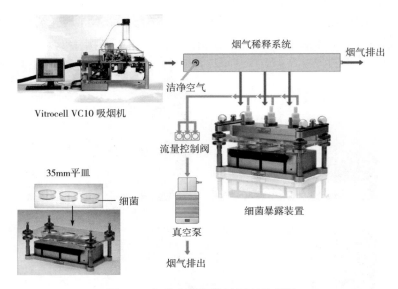

图 4.8　细菌全烟气暴露原理示意图

　　每轮全烟气暴露实验结束后，吸烟机进行 5 口空吸以排空气路中残留的烟气，防止测试样品之间的交叉污染；每日全烟气暴露实验结束后，对烟气暴露装置进行清洗、干燥。每经一个月，对吸烟机的抽吸针筒、烟气稀释系统进行清洗（75% 乙醇清洗）。

3.2　基于全烟气暴露方式的卷烟烟气体外细胞毒性测试方法的建立

3.2.1　条件优化

　　在搭建的全烟气暴露实验平台上进行细胞毒性测试，优化了实验条件，主要包括：洁净空气流速、烟气剂量、烟气暴露恢复时间、环境温度及细胞敏感性。

3.2.1.1　全烟气暴露实验中洁净空气对测试细胞存活的影响

　　在进行全烟气暴露实验时，测试细胞暴露于持续流动的烟气环境中。为了评价暴露装置内烟气流速和稀释卷烟主流烟气的洁净空气对测试细胞存活的影响，CHO 细胞直接于不同流速（5，10，15，20mL/min）的洁净空气中暴露 15~60min，随后转置培养箱（37℃、5% CO_2）中继续培养 24h。未经洁净空气暴露的 CHO 细胞作为对照组。CHO 细胞暴露于 4 个不同流速的洁净空气中 30min，如图 4.9（1）所示，随着气流速度的增加，细胞存活率呈现降低趋势，5mL/min 的气流速度对细胞存活率的影响与对照组细胞相比无明显差异，而继续增大气流速度对细胞存活率的影响与对照组细胞相比呈显著性差异（气流速度 10mL/min 和 15mL/min 时，对细胞存活率的影响存在显著性差异 $P<0.05$；气流速度 20mL/min 时，对细胞存活率的影响存在极显著性差异 $P<0.01$）。同时，CHO 细胞在 5mL/min 的洁净空气中暴露时，随着暴露时间的延长，细胞存活率没有下降［图 4.9（2）］。结果表明，在建立的全烟气暴露实验系统中，洁净空气对测试细胞没有明显的细胞毒性作用，暴露装置中气流速度在 5mL/min 时对测试细胞的存活无明显影响。根据上述实验结果，在进行全烟气暴露实验时，对照组细胞暴露于洁净空气中，暴露装置中烟气流速设置在 5mL/min。

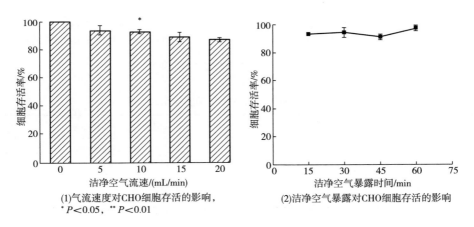

(1)气流速度对CHO细胞存活的影响，
$^*P<0.05$, $^{**}P<0.01$

(2)洁净空气暴露对CHO细胞存活的影响

图 4.9　洁净空气暴露对细胞存活的影响（$n=3$）

3.2.1.2 全烟气暴露下烟气细胞毒性的剂量-效应关系

在进行细胞毒性测试时，染毒剂量范围影响到合适的剂量-效应关系曲线的获得。为了优化合适的烟气暴露剂量，CHO 细胞同时暴露于经 4 个不同流速（0、0.75、2.25 和 3.75 L/min）的洁净空气稀释的烟气剂量下，每个烟气剂量组抽吸 2 支或 4 支或 8 支 3R4F 参比卷烟，烟气暴露结束后细胞于 37℃、5% CO_2 条件下继续培养 24h。结果（图 4.10）显示，在 ISO 和 HCI 抽吸条件下，每个烟气剂量组抽吸 2 支或 4 支或 8 支 3R4F 参比卷烟时，烟气剂量与细胞存活率之间均存在剂量-效应关系，其中以每个烟气剂量组抽吸 4 支卷烟时可以获得较好的烟气细胞毒性剂量-效应关系，即在烟气剂量范围内，

CHO 细胞存活率较为均匀地分布在 20%～95%（表 4.3 和表 4.4）。以上结果表明，建立的全烟气暴露实验方法用于测试卷烟全烟气的细胞毒性是合适的，可以获得较好的烟气细胞毒性的剂量-效应关系。

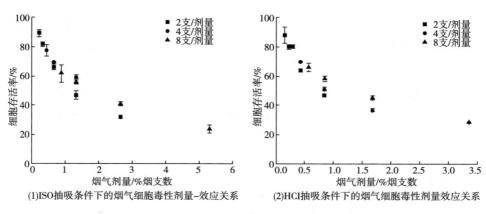

(1)ISO抽吸条件下的烟气细胞毒性剂量–效应关系　　(2)HCI抽吸条件下的烟气细胞毒性剂量效应关系

图 4.10　全烟气细胞毒性的剂量-效应关系　（$n=3$）

表 4.3　　　　　ISO 条件下烟气剂量选择与细胞存活率范围

烟气剂量/（支/剂量）	细胞存活率范围/%
2	45～90
4	30～85
8	20～65

表 4.4　　　　　HCI 条件下烟气剂量选择与细胞存活率范围

烟气剂量/（支/剂量）	细胞存活率范围/%
2	47～93
4	35～81
8	28～65

3.2.1.3　全烟气暴露后恢复时间对细胞毒性测试的影响

细胞暴露卷烟烟气后，需要经过一定的时间才能反映出烟气的细胞毒性作用。CHO 细胞同时暴露于经 4 个不同流速（0，0.75，2.25 和 3.75L/min）的洁净空气稀释的烟气剂量下，每个烟气剂量组抽吸 4 支 3R4F 参比卷烟，烟气暴露结束后细胞于 37℃、5% CO_2 条件下继续培养 3h 或 24h。结果显示（图

4.11)，感受卷烟烟气的 CHO 细胞恢复培养 24h 后，烟气引起的细胞毒性作用明显高于恢复培养 3h 时的细胞毒性。以上结果提示，在进行卷烟全烟气暴露的细胞毒性测试实验时，细胞经烟气暴露后恢复培养 24h 可以较为充分地反映出烟气的细胞毒性影响。

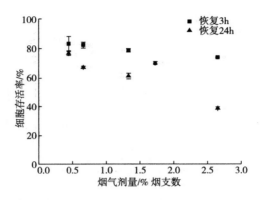

图 4.11　全烟气暴露后恢复时间对细胞毒性测试的影响（$n=3$）

3.2.1.4　环境温度对卷烟烟气细胞毒性测试的影响

为了研究测试细胞进行卷烟烟气暴露时，培养细胞的环境温度对细胞毒性测试结果的影响，CHO 细胞同时暴露于经 4 个不同流速（0，0.75，2.25 和 3.75L/min）的洁净空气稀释的烟气剂量下，每个烟气剂量组抽吸 4 支 3R4F 参比卷烟。进行烟气暴露时，细胞处于室温或 37℃ 环境温度下，恒温水浴装置可保持烟气暴露装置中的细胞处于 37℃ 环境温度下。烟气暴露结束后细胞于 37℃、5% CO_2 条件下继续培养 24h。结果显示（图 4.12），细胞处于室温条件下进行全烟气暴露实验时，卷烟烟气可发生凝集作用，沉积吸附于培养皿壁，肉眼可见淡黄色烟气粒相物，稀释因子为 1 的烟气暴露组最为明显。细胞处于 37℃ 环境条件下进行全烟气暴露实验时，卷烟烟气的凝集作用较弱。沉积吸附于培养皿壁的烟气粒相物将干扰随后的中性红摄取试验的颜色反应，使得测试结果不准确。因此，在进行全烟气暴露实验时，培养细胞维持 37℃ 环境温度较为适宜。

3.2.1.5　不同细胞系对卷烟烟气细胞毒性的敏感性

选择在评价卷烟烟气冷凝物细胞毒性时常用的 2 种细胞系（CHO 细胞和 A549 细胞）进行比较。测试细胞同时暴露于经 4 个不同流速（0，0.75，

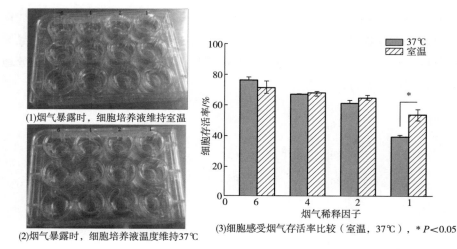

(1)烟气暴露时，细胞培养液维持室温

(2)烟气暴露时，细胞培养液温度维持37℃

(3)细胞感受烟气存活率比较（室温，37℃），* P<0.05

图 4.12　烟气暴露时环境温度对细胞毒性测试的影响 （n=3）

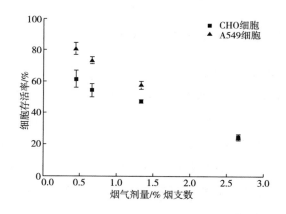

图 4.13　不同细胞系对卷烟烟气细胞毒性的敏感性 （n=3）

2.25 和 3.75L/min）的洁净空气稀释的烟气剂量下，每个烟气剂量组抽吸 4 支 3R4F 参比卷烟，烟气暴露结束后细胞于 37℃、5% CO_2 条件下继续培养 24h。结果显示（图 4.13），卷烟烟气对 CHO 细胞的细胞毒性作用大于对 A549 细胞的细胞毒性作用，在稀释因子较高的烟气暴露下，CHO 细胞的存活率低于 A549 细胞的存活率。以上结果表明，CHO 细胞较 A549 细胞对卷烟主流烟气的细胞毒性作用敏感。

3.2.2　测试方法的稳定性评价

为了评价建立的测试方法的稳定性，选择 3R4F 参比卷烟在不同时间进行全烟气暴露试验测试卷烟烟气的细胞毒性。分别于 4 个不同工作日开始全烟气暴露实验，每次试验设置 3 个平行。实验次数与每次试验平行数目如表4.5。

表 4. 5　　　　　实验次数与每次试验平行数目

	实验次数			
	1	2	3	4
平行数目	1	1	1	1
	2	2	2	2
	3	3	3	3

对建立的测试方法的稳定性评价考察了测试方法的日内重复性和日间重复性，评价结果如表4.6~表4.9所示，结果显示，使用建立的方法进行全烟气暴露实验，烟气细胞毒性的测试结果的变异系数（CV）在30%以内。生物学测试实验侧重于对生物学效应的定性分析，实验结果受测试细胞生长状态、细胞传代次数、测试环境、试剂批次、操作人员等多种因素的影响，测试结果的绝对数值随不同时间的测试实验而波动较大。然而，对于定性的测试评价每次实验以及不同实验室的测试结果的定性（变化趋势）结果应该保持较好的一致性。一般地，在进行生物学实验时，每次实验必须设置合适的对照组，比较实验组与对照组测试指标的变化趋势，测试指标的绝对数值仅用于定性比较。因此，在考察卷烟烟气细胞毒性测试方法的稳定性时，测试结果的 CV 值偏大属于正常，在本实验中建立的基于全烟气暴露的细胞毒性测试方法的 CV 值在30%以内，表明测试方法的稳定性较好。

表 4. 6　　　　　测试方法的日内精密度（ISO）

	EC_{50}/%烟支数			
	实验 1	实验 2	实验 3	实验 4
平行 1	1. 50	1. 75	1. 40	0. 92
平行 2	1. 54	1. 75	1. 31	0. 69
平行 3	1. 44	1. 79	1. 37	0. 90
平均值	1. 49	1. 76	1. 36	0. 84
标准偏差	0. 05	0. 02	0. 05	0. 13
变异系数	3. 37	1. 31	3. 37	15. 23

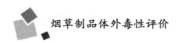

表 4. 7 测试方法的日内精密度（HCI）

	EC$_{50}$/%烟支数			
	实验 1	实验 2	实验 3	实验 4
平行 1	1.60	1.70	1.37	0.90
平行 2	1.43	1.85	1.09	1.31
平行 3	1.61	1.40	1.35	0.90
平均值	1.55	1.65	1.27	1.04
标准偏差	0.10	0.23	0.16	0.24
变异系数	6.54	13.89	12.30	22.83

表 4. 8 测试方法的日间精密度（ISO）

	EC$_{50}$/%烟支数
实验 1	1.49
实验 2	1.76
实验 3	1.36
实验 4	0.84
平均值	1.36
标准偏差	0.39
变异系数	28.54

表 4. 9 测试方法的日间精密度（HCI）

	EC$_{50}$/%烟支数
实验 1	1.55
实验 2	1.65
实验 3	1.27
实验 4	1.04
平均值	1.38
标准偏差	0.28
变异系数	20.15

3.2.3　全烟气暴露细胞毒性测试方法的应用

3.2.3.1　卷烟样品的全烟气暴露细胞毒性测试

采用建立的卷烟全烟气暴露细胞毒性测试方法对市售卷烟样品进行了测试，由于样品数量较多，一次试验的测试周期较长，对于测试样品的全烟气暴露实验均为一次暴露试验，每次试验设置 3 个平行，测试结果的变异系数基本保持在 20% 以内。30 个卷烟样品的全烟气暴露细胞毒性结果见表 4.10。

表 4.10　　　　　　　　卷烟样品的全烟气暴露细胞毒性测试结果

样品编号	EC_{50}/支	SD	CV/%	样品编号	EC_{50}/支	SD	CV/%
CZ01	6.57E−03	3.83E−04	5.83	CZ16	7.13E−03	4.31E−04	6.05
CZ02	5.26E−03	1.19E−03	22.67	CZ17	7.06E−03	5.91E−04	8.37
CZ03	9.05E−03	1.10E−03	12.16	CZ18	7.32E−03	2.27E−04	3.11
CZ04	6.53E−03	2.44E−04	3.74	CZ19	6.15E−03	2.22E−04	3.62
CZ05	6.80E−03	4.75E−04	6.98	CZ20	8.07E−03	8.34E−04	10.34
CZ06	7.05E−03	4.29E−04	6.09	CZ21	6.93E−03	4.43E−04	6.40
CZ07	7.42E−03	3.51E−04	4.73	CZ22	7.92E−03	5.36E−04	6.77
CZ08	5.76E−03	8.67E−04	15.05	CZ23	1.02E−02	5.26E−04	5.15
CZ09	8.90E−03	9.27E−04	10.41	CZ24	6.95E−03	7.11E−04	10.23
CZ10	6.13E−03	3.25E−04	5.31	CZ25	5.15E−03	1.06E−03	20.53
CZ11	6.61E−03	1.57E−05	0.24	CZ26	5.62E−03	2.19E−04	3.90
CZ12	7.34E−03	2.74E−04	3.73	CZ27	6.93E−03	2.16E−04	3.12
CZ13	6.77E−03	3.25E−04	4.80	CZ28	6.65E−03	2.06E−05	0.31
CZ14	6.62E−03	9.85E−04	14.88	CZ29	5.09E−03	6.79E−04	13.34
CZ15	5.61E−03	2.23E−04	3.97	CZ30	6.73E−03	4.57E−04	6.80

比较测试的市售卷烟样品的全烟气细胞毒性测试结果，发现在测试的卷烟样品中，国内卷烟样品的全烟气细胞毒性略低于国外卷烟样品的全烟气细胞毒性（图 4.14），无显著性差异；烤烟型卷烟样品的全烟气细胞毒性略低于混合型卷烟样品的全烟气细胞毒性（图 4.15），无显著性差异。

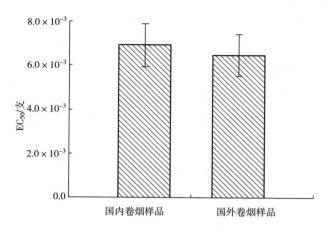

图 4.14　国内外卷烟样品的全烟气细胞毒性比较

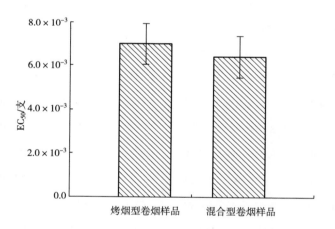

图 4.15　不同类型卷烟样品的全烟气细胞毒性比较

　　进一步比较了不同焦油释放量卷烟的细胞毒性差异，选取烤烟型卷烟一组（焦油释放量分别为 12mg、5mg、1mg）和混合型卷烟一组（焦油释放量分别为 8mg、5mg、3mg）分别进行测试。结果（图 4.16 和图 4.17）显示，当抽吸卷烟烟支数相同时，烟气细胞毒性呈现出随焦油释放量降低而减小的趋势，烤烟型卷烟组和混合型卷烟组的结果相一致。

3.2.3.2　卷烟主流烟气气相组分的细胞毒性

　　为了评价卷烟主流烟气中气相组分的细胞毒性，进行全烟气暴露实验时

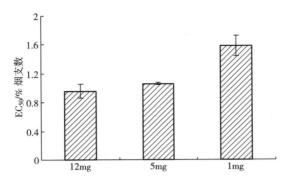

图 4.16　不同焦油释放量烤烟型卷烟细胞毒性

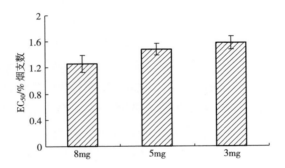

图 4.17　不同焦油释放量混合型卷烟细胞毒性

在吸烟机抽吸针筒和烟支端口之间的气路处连接一个 92mm 的剑桥滤片，吸烟机抽吸产生的主流烟气中的粒相组分被捕集在滤片上，气相组分透过滤片经 4 个不同流速（0，0.75，2.25 和 3.75L/min）的洁净空气稀释后暴露 CHO 细胞，每个烟气剂量组抽吸 4 支 3R4F 参比卷烟，烟气暴露结束后细胞于 37℃、5% CO_2 条件下继续培养 24h。结果［图 4.18（1）］显示，在不同烟气剂量下，全烟气的细胞毒性均大于烟气气相组分的细胞毒性；随着烟气剂量的增加，气相组分的细胞毒性作用占全烟气细胞毒性作用的比例逐渐增大，在较高烟气剂量时气相组分的细胞毒性占全烟气细胞毒性作用的 50% 以上［图 4.18（2）］。以上结果表明，烟气气相组分在全烟气的毒性效应方面起着重要的作用，同时，采用全烟气暴露的实验方法可以很好的区分卷烟全烟气和烟气气相组分的细胞毒性。

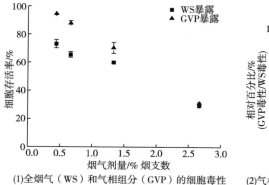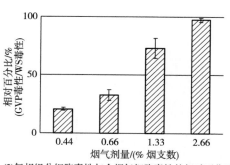

(1)全烟气（WS）和气相组分（GVP）的细胞毒性　　(2)气相组分细胞毒性与全烟气细胞毒性的相对百分比

图 4.18　卷烟全烟气和烟气气相组分的细胞毒性比较（$n=3$）

3.2.3.3　不同抽吸方式对卷烟烟气细胞毒性的影响

为了比较不同抽吸方式对卷烟烟气细胞毒性的影响，分别对卷烟烟气 TPM 和全烟气进行了细胞毒性测试。3R4F 参比卷烟 TPM 的细胞毒性测试结果［图 4.19（1）］显示，在 HCI 抽吸条件下卷烟主流烟气 TPM 的细胞毒性小于 ISO 抽吸条件下 TPM 的细胞毒性。全烟气暴露的细胞毒性测试结果［图 4.19（2）和（3）］显示，若以%烟支数为烟气单位，则在抽吸相同数量卷烟的前提下，HCI 抽吸时主流烟气的细胞毒性大于 ISO 抽吸下的细胞毒性；然而，当转换为 TPM 的累积暴露量时，HCI 抽吸时主流烟气的细胞毒性小于 ISO 抽吸下的细胞毒性。表明，不同表征方式的烟气剂量单位将影响卷烟烟气细胞毒性的排序，应依据不同的实验目的选择合适的烟气单位。

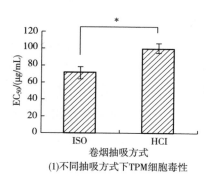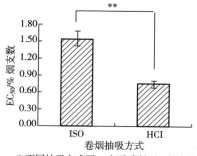

(1)不同抽吸方式下TPM细胞毒性　　　(2)不同抽吸方式下WS细胞毒性（%烟支数）

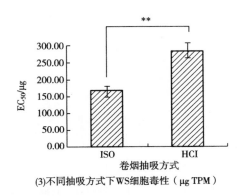

(3)不同抽吸方式下WS细胞毒性（μg TPM）

图 4.19　不同抽吸方式对卷烟烟气细胞毒性的影响（t 检验 $^*P<0.05$，$^{**}P<0.01$）

3.3　基于全烟气暴露方式的卷烟烟气鼠伤寒沙门氏菌回复突变试验方法的建立

在搭建的全烟气暴露实验平台上进行细菌致突变性测试，优化了实验条件，主要包括：菌株选择、稀释空气流速、烟气剂量、菌株培养条件及 S9 浓度。

3.3.1　条件优化

3.3.1.1　菌株选择

以 Ames 试验的基本配套菌株（TA97、TA98、TA100 和 TA102）作为研究对象，3R4F 参比卷烟的 TPM 为受试物，采用平板掺入法进行指标测试。TA97、TA98、TA100 和 TA102 四种菌株可以检出的突变型有所不同，其中 TA97 和 TA98 可以检出移码突变，而 TA100 和 TA102 可以检出碱基置换和移码突变。

TPM 的 Ames 试验结果如表 4.11 所示，显示在 $250\sim5000\mu g/mL$ 的剂量范围内，TPM 对 TA97、TA100 和 TA102 平均每皿诱发的回复突变菌落数均低于自发突变菌落数的 2 倍，都未显示出诱变作用。在加 S9 的情况下，$1000\mu g/mL$ 的 TPM 引起的回复突变菌落数高于自发突变菌落数的 2 倍，对 TA98 有诱变作用，并显示出剂量–反应关系。由表 4.11 也可以看出，TA98 和 TA100 较 TA97 和 TA102 对 TPM 敏感，且 TA98 和 TA100 的组合也能检测出移码突变和碱基置换，因此项目以 TA98 和 TA100 作为 Ames 试验的测试菌株。

表 4.11 不同剂量 TPM 对 4 种沙门氏菌株诱发的回复突变菌落数

组别	剂量/ (μg/mL)	TA97		TA98		TA100		TA102	
		−S9	+S9	−S9	+S9	−S9	+S9	−S9	+S9
烟气冷凝物	250	104±7	128±6	39±5	33±4	123±18	130±5	242±16	257±21
	500	122±3	158±5	29±7	35±6	146±18	165±10	250±23	277±24
	750	135±8	179±11	40±3	54±8	154±21	169±16	256±19	281±24
	1000	150±7	185±9	40±8	61±9*	169±21	186±22	277±24	294±18
	1250	163±24	189±13	41±12	69±15*	178±5	190±16	283±19	315±6
	2500	165±20	190±3	42±11	76±14*	196±11	224±27	291±25	316±13
	5000	162±24	187±3	38±7	94±10*	185±11	201±29	290±18	309±19
自发突变	—	126±8	110±7	26±5	28±5	110±8	119±16	245±7	247±11
溶剂对照	—	101±6	110±7	23±6	26±4	110±8	141±3	245±7	244±6
叠氮钠	10	625±45	—	—	—	1256±437	—	527±60	—
蒽胺	20	—	549±81	—	1694±146	—	1234±478	—	1030±63
硝基芴	40	—	—	856±86	—	—	—	—	—

注：* 回复突变菌落数是自发突变菌落数的 2 倍以上。

3.3.1.2 稀释烟气流速对 Ames 试验结果的影响

在进行全烟气暴露试验之前，首先对稀释烟气进入暴露仓的流速进行优化。在 VITROCELL VC10 吸烟机上设置 4 孔道抽吸模式，每孔道抽吸 1 支卷烟。新鲜烟气由抽吸针筒迅速注入烟气稀释装置，经洁净空气稀释后，不连续的烟气气溶胶可持续进入 Ames 暴露仓。

以对 TPM 较为敏感的 TA98 和 TA100 菌株为全烟气染毒的研究对象。增菌培养后，吸取新鲜菌液 50μL、融化的顶层培养基（0.5%琼脂粉，0.6% NaCl，0.5mmol/L 组氨酸−0.5mmol/L 生物素溶液）700μL、和 10% S9 混合液 250μL，混匀后，迅速倾倒于 35mm 的底层平板上，平铺完全后，置于 Ames 暴露仓。将 4 个稀释装置设定一致的洁净空气流速（0.5L/min），并分别设置 5，10，50 和 100mL/min 的稀释烟气流速，打开吸烟机，进行全烟气暴露的 Ames 试验。全烟气染毒结束后，平板于 37℃继续培养 48h，计数各平板的回变菌落数。

5，10，50 和 100mL/min 的稀释烟气对 Ames 试验结果的影响表明，随着稀释烟气流速的增加，TA98 和 TA100 回变菌落数持续降低（图 4.20）。可能稀释烟气流速太大，导致卷烟烟气粒相部分较难沉积于底层平板，气相部分与细菌接触时间也相继缩短，不能有效地对细菌产生作用；或是大的流速直接对细菌造成死亡，从而导致平板的回变菌落数降低。因此在进行全烟气的试验时，进入暴露仓的稀释烟气流速选择 5mL/min。

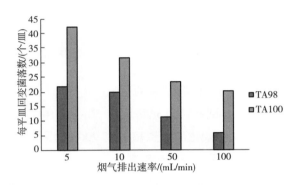

图 4.20　暴露仓内稀释烟气流速对回变菌落数的影响

3.3.1.3　不同烟支数对 Ames 试验结果的影响

吸取菌液 50μL，融化的顶层培养基 700μL 和 10% S9 混合液 250μL，混匀后，迅速倾倒于底层平板上，平铺完全后，置于 Ames 暴露仓。设置单孔道抽吸模式，以 0.5 L/min 的洁净空气进行烟气稀释，稀释烟气以 5mL/min 进入暴露仓，分别进行 1，2，3，4，5 和 6 支卷烟的抽吸，全烟气染毒后，平板于 37℃继续培养 48h，计数各平板的回变菌落数。

设置 0.5 L/min 的洁净空气流速，稀释烟气以 5mL/min 进入 Ames 暴露仓。采用不同数量的烟支分别进行 TA98 和 TA100 的全烟气染毒 Ames 试验。结果显示（图 4.21），抽吸卷烟从 1~3 支的范围内，回变菌落数呈增加趋势，随着烟支数的增加，回变菌落数开始下降。烟支数的增加，可能使染毒时间及烟气粒相部分的沉积相继增加，从而引起回变菌落数的增加；但是随着烟支数量的增加，回变菌落数又出现降低，可能是因为大剂量的烟气造成部分细菌死亡或是出现了细菌抑制作用。同时结果还显示，染毒 4 支卷烟时开始出现回变菌落数的下降，说明 4 支卷烟已经产生了细菌抑制作用，由此选择 4 支卷烟为最大染毒烟支数。

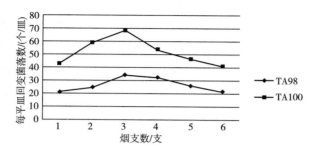

图 4.21　染毒的烟支数量对每平板回变菌落数的影响

3.3.1.4　顶层培养基对 Ames 试验结果的影响

含顶层培养基的 Ames 试验：首先将菌液 50μL、10% S9 混合液 250μL、组氨酸-生物素溶液 50μL 和融化的上层培养基 700μL 混匀后，迅速倾倒于底层平板上，待平铺完全后，置于 Ames 暴露仓。

无顶层培养基的 Ames 试验：直接将菌液 50μL、10% S9 混合液 250μL 和 0.5mmol/L 组氨酸-0.5mmol/L 生物素溶液 50μL 混匀，而后将混合溶液倾倒于底层平板上，平铺完全后置于 Ames 暴露仓。

两种方法均为 4 孔道抽吸模式，每个孔道抽吸 4 支卷烟，洁净空气流速分别为 0.5，1.0，1.5 和 2.0L/min，稀释烟气以 5mL/min 进入暴露仓。将 Ames 暴露仓与烟气稀释装置连接，进行全烟气染毒。两种方法均设置空气对照和蒽胺阳性对照，全烟气染毒结束后，平板于 37℃继续培养 48h，计数各平板的回变菌落数。

采用含顶层培养基和不含顶层培养基两种方法进行全烟气暴露的 Ames 试验后，结果（图 4.22）表明，各烟气剂量中，无顶层培养基的回变菌落数比传统含顶层培养基的回变菌落数高，并表现出剂量依赖性，这是由于无顶层培养基平板中的细菌可以直接与烟气接触，使烟气的遗传毒性作用表现的更加充分。

3.3.1.5　不同浓度 S9 混合液对 Ames 试验结果的影响

按照无顶层培养基的方法，分别采用 5%、10% 和 30% 的 S9 混合液，与菌液和组氨酸-生物素溶液混匀后，迅速倾倒于 35mm 的底层平板上，平铺完全后，置于 Ames 暴露仓，连接烟气稀释装置。设置 4 孔道抽吸模式，每个孔道抽吸 4 支卷烟，洁净空气流速分别为 0.5，1.0，1.5 和 2.0L/min，稀释烟

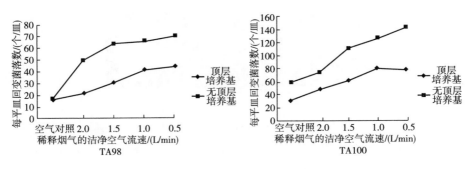

图 4.22 顶层培养基对烟气遗传毒性的影响

气进入暴露仓的速率为 5mL/min，进行全烟气染毒，并设置空气对照和阳性对照，烟气染毒后，37℃ 继续培养 48h，计数各平板的回变菌落数。

表 4.12 所示为 S9 可以使间接致突变物蒽胺表现出阳性，说明 S9 的活化能力正常。不同 S9 浓度对回变菌落的影响表明，随着 S9 浓度的增加，各平板的回变菌落数也相应增加（图 4.23）。图 4.24 所示为 10% S9 混合液进行活化时 TA98 的回变菌落情况。

表 4.12 各 Ames 试验中阳性对照的回变菌落情况

菌株	受试物	每平板回复突变菌落数（90mm 平板）				
		5%S9	10%S9	30%S9	30%S9 无顶层培养基	30%S9 含顶层培养基
TA98	蒽胺	1045±71	1163±169	1036±157	1083±138	1029±296
TA100	（20μg/mL）	1027±87	998±50	1093±115	1011±119	1068±127

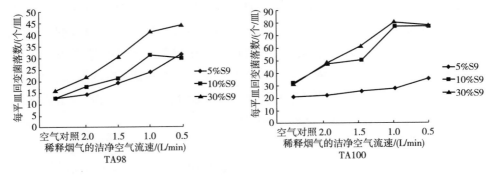

图 4.23 不同 S9 浓度下各剂量烟气的回变菌落数

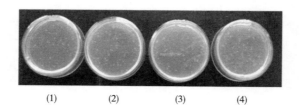

(1)　　　　(2)　　　　(3)　　　　(4)

图 4.24　稀释烟气在 10% S9 混合液活化情况下回变菌落情况

每平板的洁净空气流速分别为（1）2.0L/min；（2）1.5L/min；（3）1.0L/min；（4）0.5L/min。

　　传统的 Ames 试验采用平板掺入法，将受试物、菌液和 S9（加或不加）加入顶层培养基混匀后，均匀平铺于 90mm 的底层平板上。本研究采用 Ames 暴露仓对烟气的致突变作用进行评价，Ames 暴露仓可同时放入 3 个 35mm 的平皿，与传统的 Ames 试验一样，每个剂量可以设置 3 个平行。

　　卷烟烟气为复杂的气溶胶，大部分为气相成分，本研究采用的 Ames 暴露仓可以进行包括烟气在内的气体或气溶胶的 Ames 试验研究。研究发现，影响烟气遗传毒性的因素较多，如稀释烟气流速、染毒的卷烟支数和顶层培养基等。稀释烟气进入 Ames 暴露仓的流速越大，稀释烟气传送较快，导致烟气的粒相物沉积减少，缩短了烟气与细菌的接触时间，从而影响烟气的诱变作用。从染毒的烟支数对试验结果的影响来看，随着烟支数的增加，细菌回复突变数增加到一定程度时开始下降，高的烟气浓度出现了抑菌作用，从而直接影响到卷烟烟气毒性作用的表现。

　　从 Ames 相关研究发现，化合物对细菌的致突变作用与化合物跟细菌接触时间和接触方式有关，据此，研究了顶层培养基对回变菌落的影响，发现无顶层培养基时，卷烟烟气的致突变能力比含顶层培养基时有所增加。这是由于细菌在顶层培养基中时，卷烟烟气仅与固态培养基表面的细菌接触，如果不存在顶层培养基，烟气可直接与细菌接触，使得烟气遗传毒性作用更明显的表现出来。同时，S9 的浓度对烟气的遗传毒性也存在影响，30% 的 S9，可以更有效地评价卷烟烟气的致突变作用。但考虑到 10% 的 S9 也表现出活化作用，而且从成本考虑，10% 的 S9 为最佳选择。

3.3.2　测试方法的稳定性评价

　　为了评价建立的测试方法的稳定性，选择 3R4F 参比卷烟在不同时间进行全烟气暴露下的 Ames 测试。分别于 3 个不同工作日开始全烟气暴露实验，每次试验设置 3 个平行。TA98 和 TA100 菌株的测试结果见表 4.13~表 4.20。在本实验中建立的基于全烟气暴露的 Ames 测试方法的 CV 值在 35% 以内，表明测试方法的稳定性较好。

表 4.13　　　　　　　测试方法的日内精密度（TA98 菌株）（ISO）

| 烟气剂量/
% 烟支数 | 回复突变数/皿 | | | | | | | | |
| | 平行 1 | | | 平行 2 | | | 平行 3 | | |
	平均值	标准偏差	变异系数	平均值	标准偏差	变异系数	平均值	标准偏差	变异系数
0	13	1	8	14	2	11	14	2	11
0.9	18	3	17	17	4	20	19	5	28
1.1	21	2	10	21	3	13	22	2	7
1.6	31	4	13	31	4	12	31	4	12
2.6	30	4	13	30	5	16	30	4	15

表 4.14　　　　　　　测试方法的日内精密度（TA98 菌株）（HCI）

| 烟气剂量/
% 烟支数 | 回复突变数/皿 | | | | | | | | |
| | 平行 1 | | | 平行 2 | | | 平行 3 | | |
	平均值	标准偏差	变异系数	平均值	标准偏差	变异系数	平均值	标准偏差	变异系数
0	12	1	5	10	1	11	9	2	16
0.6	13	2	16	17	4	26	10	3	26
0.7	15	3	21	18	4	22	11	3	27
0.9	19	2	8	22	3	14	16	2	13
1.2	24	1	4	26	2	6	23	2	9

表 4.15　　　　　　　测试方法的日间精密度（TA98 菌株）（ISO）

	回复突变数/支
实验 1	1001
实验 2	1375
实验 3	1021
实验 4	886

续表

	回复突变数/支
平均值	1071
标准偏差	183
变异系数	17

表 4.16　　　　测试方法的日间精密度（TA98 菌株）（HCl）

	回复突变数/支
实验 1	1001
实验 2	1275
实验 3	1021
平均值	1099
标准偏差	153
变异系数	14

表 4.17　　　　测试方法的日内精密度（TA100 菌株）（ISO）

烟气剂量/ % 烟支数	回复突变数/皿								
	平行 1			平行 2			平行 3		
	平均值	标准偏差	变异系数	平均值	标准偏差	变异系数	平均值	标准偏差	变异系数
0	31	2	7	32	4	13	33	1	3
0.9	47	3	5	46	4	9	46	4	9
1.1	50	2	4	49	4	8	48	6	11
1.6	77	13	18	78	12	15	77	13	16
2.6	77	8	11	76	9	12	74	3	4

表 4.18　　　　测试方法的日内精密度（TA100 菌株）（HCl）

烟气剂量/ % 烟支数	回复突变数/皿								
	平行 1			平行 2			平行 3		
	平均值	标准偏差	变异系数	平均值	标准偏差	变异系数	平均值	标准偏差	变异系数
0	31	9	30	31	4	13	31	7	22
0.6	33	2	6	35	3	7	48	4	8

续表

烟气剂量/ % 烟支数	回复突变数/皿								
	平行 1			平行 2			平行 3		
	平均值	标准偏差	变异系数	平均值	标准偏差	变异系数	平均值	标准偏差	变异系数
0.7	41	4	10	38	3	8	55	7	13
0.9	44	8	17	51	2	4	60	6	10
1.2	46	6	14	63	7	11	64	4	7

表 4.19　　测试方法的日间精密度（TA100 菌株）（ISO）

	回复突变数/支
实验 1	1395
实验 2	2562
实验 3	2904
实验 4	2250
平均值	2278
标准偏差	646
变异系数	28

表 4.20　　测试方法的日间精密度（TA100 菌株）（HCI）

	回复突变数/支
实验 1	1395
实验 2	2562
实验 3	2904
平均值	2287
标准偏差	791
变异系数	35

3.3.3　全烟气暴露 Ames 测试方法的应用

3.3.3.1　卷烟样品全烟气暴露 Ames 测试

采用建立的卷烟全烟气暴露 Ames 测试方法对市售卷烟样品进行了测试，由于样品数量较多，一次试验的测试周期较长，对于测试样品的全烟气暴露实验均为一次暴露试验，每次试验设置 3 个平行。30 个卷烟样品的 Ames 试验结果如表 4.21 和表 4.22 所示。

表 4.21   卷烟样品全烟气暴露的 Ames 试验结果（TA98 菌株）

样品编号	回突变数/支	SD	CV/%	样品编号	回突变数/支	SD	CV/%
CZ01	807	101	12	CZ16	611	6	1
CZ02	670	52	8	CZ17	1335	70	5
CZ03	1242	113	9	CZ18	966	76	8
CZ04	782	51	7	CZ19	821	54	7
CZ05	470	84	18	CZ20	433	38	9
CZ06	882	120	14	CZ21	1611	79	5
CZ07	636	114	18	CZ22	1001	46	5
CZ08	1508	131	9	CZ23	691	37	5
CZ09	278	40	14	CZ24	955	105	11
CZ10	697	77	11	CZ25	1818	175	10
CZ11	1109	87	8	CZ26	1122	108	10
CZ12	1823	42	2	CZ27	1125	42	4
CZ13	366	43	12	CZ28	732	128	17
CZ14	245	48	19	CZ29	2152	66	3
CZ15	300	16	5	CZ30	657	119	18

表 4.22   卷烟样品全烟气暴露的 Ames 试验结果（TA100 菌株）

样品编号	回突变数/支	SD	CV/%	样品编号	回突变数/支	SD	CV/%
CZ01	311	49	16	CZ16	635	67	11
CZ02	524	53	10	CZ17	1174	102	9
CZ03	416	93	22	CZ18	390	38	10
CZ04	443	42	10	CZ19	541	53	10
CZ05	838	98	12	CZ20	845	50	6
CZ06	928	135	15	CZ21	2543	275	11
CZ07	612	108	18	CZ22	961	42	4
CZ08	438	68	15	CZ23	468	74	16
CZ09	641	96	15	CZ24	884	18	2
CZ10	830	72	9	CZ25	758	67	9
CZ11	699	141	20	CZ26	782	55	7
CZ12	622	50	8	CZ27	726	121	17
CZ13	432	15	3	CZ28	674	80	12
CZ14	913	178	19	CZ29	1707	161	9
CZ15	417	48	12	CZ30	638	94	15

比较不同类型卷烟的致突变性，以比活性为表征指标（表 4.23 和表 4.24），进口烤烟型和混合型卷烟的比活性均高于国产烤烟型和混合型卷烟（图 4.25）。单因素方差分析结果显示，国产烤烟型卷烟与进口混合型卷烟之间引起 TA98 致突变性的差别有统计学意义（$P<0.05$）。

表 4.23　回突变菌落数与烟气剂量（支）回归拟合方程及比活性（TA98）

样品编号	线性回归方程	比活性（斜率）	R^2
CZ01	$Y=667.29X+11.54$	667.29	0.78
CZ02	$Y=683.05X+8.94$	683.05	0.69
CZ03	$Y=771.39X+13.20$	771.39	0.77
CZ04	$Y=846.92X+10.93$	846.92	0.66
CZ05	$Y=648.97X+10.87$	648.97	0.84
CZ06	$Y=1010.01X+12.25$	1010.01	0.83
CZ07	$Y=746.93X+10.80$	746.93	0.80
CZ08	$Y=1570.53X+12.29$	1570.53	0.60
CZ09	$Y=293.93X+8.24$	293.93	0.85
CZ10	$Y=637.93X+10.23$	637.93	0.72
CZ11	$Y=1121.30X+11.36$	1121.3	0.94
CZ12	$Y=2650.60X+11.00$	2650.6	0.73
CZ13	$Y=391.37X+11.50$	391.97	0.79
CZ14	$Y=213.86X+11.52$	213.86	0.61
CZ15	$Y=296.86X+9.07$	296.86	0.77
CZ16	$Y=655.52X+9.67$	655.52	0.94
CZ17	$Y=1494.83X+10.33$	1494.83	0.88
CZ18	$Y=1004.50X+11.10$	1004.5	0.95
CZ19	$Y=745.33X+10.68$	745.33	0.90
CZ20	$Y=568.17X+8.96$	568.17	0.79
CZ21	$Y=1588.27X+13.09$	1588.27	0.89
CZ22	$Y=1083.38X+9.10$	1083.38	0.92
CZ23	$Y=659.01X+10.96$	659.01	0.88

续表

样品编号	线性回归方程	比活性（斜率）	R^2
CZ24	$Y=911.46X+12.13$	911.46	0.92
CZ25	$Y=1836.51X+10.10$	1836.51	0.86
CZ26	$Y=1031.18X+12.54$	1031.18	0.90
CZ27	$Y=1209.04X+9.39$	1209.04	0.96
CZ28	$Y=810.08X+11.44$	810.08	0.93
CZ29	$Y=1919.06X+16.86$	1919.06	0.86
CZ30	$Y=843.13X+8.54$	843.13	0.90

表 4.24　回突变菌落数与烟气剂量（支）回归拟合方程及比活性（TA100）

样品编号	线性回归方程	比活性（斜率）	R^2
CZ01	$Y=339.25X+27.47$	339.25	0.25
CZ02	$Y=649.41X+22.67$	649.41	0.72
CZ03	$Y=338.99X+28.81$	338.99	0.34
CZ04	$Y=400.77X+23.60$	400.77	0.74
CZ05	$Y=957.16X+20.69$	957.16	0.81
CZ06	$Y=879.93X+21.94$	879.93	0.72
CZ07	$Y=524.90X+23.30$	524.9	0.41
CZ08	$Y=240.25X+22.90$	240.25	0.23
CZ09	$Y=630.88X+17.47$	630.88	0.90
CZ10	$Y=919.19X+34.64$	919.19	0.84
CZ11	$Y=599.36X+23.29$	599.36	0.77
CZ12	$Y=560.22X+29.25$	560.22	0.43
CZ13	$Y=554.43X+21.05$	554.43	0.63
CZ14	$Y=795.25X+16.74$	795.25	0.79
CZ15	$Y=444.90X+19.12$	444.9	0.87
CZ16	$Y=677.36X+20.70$	677.36	0.68
CZ17	$Y=1332.97X+19.67$	1332.97	0.67
CZ18	$Y=507.79X+26.76$	507.79	0.88

续表

样品编号	线性回归方程	比活性（斜率）	R^2
CZ19	$Y = 334.00X + 24.33$	334	0.29
CZ20	$Y = 741.52X + 27.26$	741.52	0.61
CZ21	$Y = 2233.15X + 36.15$	2233.15	0.81
CZ22	$Y = 920.80X + 20.42$	920.8	0.70
CZ23	$Y = 524.48X + 26.24$	524.48	0.49
CZ24	$Y = 894.38X + 16.12$	894.38	0.84
CZ25	$Y = 833.68X + 15.65$	833.68	0.60
CZ26	$Y = 1000.51X + 29.55$	1000.51	0.87
CZ27	$Y = 685.31X + 24.08$	685.31	0.50
CZ28	$Y = 702.72X + 16.20$	702.72	0.66
CZ29	$Y = 2081.18X + 30.68$	2081.18	0.82
CZ30	$Y = 710.02X + 18.47$	710.02	0.72

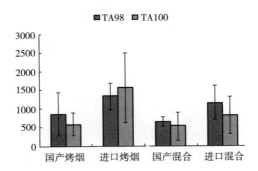

图 4.25　不同类型卷烟对 TA98 和 TA100 的比活性

进一步比较了不同焦油释放量卷烟的致突变毒性差异，选取混合型卷烟一组（焦油释放量分别为 8mg、5mg、3mg）分别进行测试。以比活性表征的结果显示（图 4.26），当抽吸卷烟烟支数相同时，不同焦油释放量卷烟之间的烟气致突变性无统计学差异。

3.3.3.2　不同抽吸方式对 Ames 测试结果的影响

为了比较卷烟抽吸条件对烟气致突变性的影响，选择 3R4F 参比卷烟分别在 ISO 和 HCI 条件下进行全烟气暴露实验，Ames 测试数据以比活性为表征指

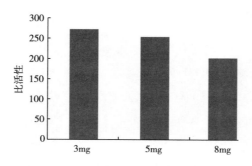

图 4.26　不同焦油释放量卷烟致突变性比较（TA98）

标，当以烟支数为剂量单位与回突变菌落数拟合方程时（表 4.25），TA98 菌株和 TA100 菌株的测试结果均显示，当抽吸相同支数的卷烟时，在 ISO 条件下产生的烟气的致突变性小于 HCI 条件下产生的烟气的致突变性。当以 TPM 为剂量单位与回突变菌落数拟合方程时（表 4.26），在 ISO 条件下产生的烟气的致突变性大于 HCI 条件下产生的烟气的致突变性。

表 4.25　　　**不同抽吸条件下 3R4F 参比卷烟烟气致突变性比较**

（烟支数为剂量单位）

	TA98		TA100	
	ISO	HCI	ISO	HCI
比活性	753	1036	1895	2068

表 4.26　　　**不同抽吸条件下 3R4F 参比卷烟烟气致突变性比较**

（μg TPM 为剂量单位）

	TA98		TA100	
	ISO	HCI	ISO	HCI
比活性	70	61	175	119

3.4　基于全烟气暴露方式的卷烟烟气体外微核测试方法的建立

3.4.1　条件优化

基于全烟气暴露细胞毒性测试方法中优化的烟气暴露条件，针对体外微核试验中可能存在的影响因素进行条件优化，主要优化的影响因素有低渗条件、细胞制片方法等。

3.4.1.1　细胞低渗条件的优化

合适的低渗时间对后续的微核计数影响很大，低渗液的作用是凭借反渗透作用使细胞膨胀染色体铺展，易于观察。如图 4.27 所示，未经低渗液处理的细胞的细胞核和细胞质分离不明显，随着低渗时间的延长，细胞膨胀，镜下可以清晰地看到细胞核形态，低渗时间在 2~6min 较为合适，低渗处理 8min 时，镜下看到着色的细胞核，无法看到完整的细胞形态，细胞因过度低渗作用而造成细胞膜破裂。如图 4.28 所示，在 37℃条件下进行低渗处理细胞，细胞形态较室温下处理时细胞核和细胞质分离清晰，便于观察。以上结果提示，低渗时间和低渗温度是获得良好的细胞形态和观察结果的重要影响因素。

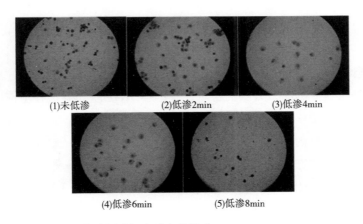

(1)未低渗　　　　(2)低渗2min　　　　(3)低渗4min

(4)低渗6min　　　　(5)低渗8min

图 4.27　低渗时间对细胞形态的影响（1）；（2）；（3）；（4）；（5）

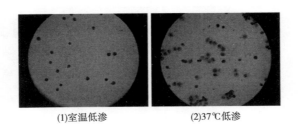

(1)室温低渗　　　　(2)37℃低渗

图 4.28　低渗温度对细胞形态的影响

3.4.1.2 滴片法与爬片法比较

比较了传统的消化细胞滴片法和不经消化的爬片法进行低渗、固定细胞后的染色结果，如图 4.29 所示，两种处理方法均可获得良好的细胞形态，经滴片法处理后镜下观察细胞分散较均匀，便于计数；而爬片法处理后镜下观察细胞有成团聚集现象，同时 Transwell 小室的膜对背景有一些影响，不方便计数。

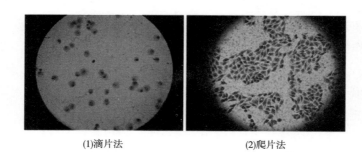

(1)滴片法　　　　　　　　　　　(2)爬片法

图 4.29　滴片法与爬片法比较

3.4.2　测试方法的稳定性评价

为了评价建立的测试方法的稳定性，选择 3R4F 参比卷烟在不同时间进行全烟气暴露体外微核测试。分别于 3 个不同工作日开始全烟气暴露实验，考察了测试方法的日内重复性和日间重复性，评价结果如（表 4.27～表 4.30）所示，使用建立的方法进行全烟气暴露实验，烟气诱导体外微核发生率的测试结果变异系数（CV）在 65%以内。由于微核率的计算采用人工肉眼计数，存在一定人为主观因素的影响和误差。

表 4.27　　　　　　　　　　测试方法的日内精密度（ISO）

烟气剂量/ %烟支数	微核率/‰			平均值	标准偏差	变异系数
	平行 1	平行 2	平行 3			
0	16	15	5	12	6	50
0.33	18	28	17	21	6	28
0.66	23	24	18	21	3	14
1.33	33	22	43	33	10	32

表 4.28　　　　　　　测试方法的日内精密度（HCI）

| 烟气剂量/ | 微核率/‰ | | | 平均值 | 标准偏差 | 变异系数 |
%烟支数	平行 1	平行 2	平行 3			
0	14	16	10	13	3	23
0.28	24	25	19	23	3	14
0.44	25	23	17	22	4	19
0.89	34	25	39	33	7	22

表 4.29　　　　　　　测试方法的日间精密度（ISO）

	微核率/（‰/支）
实验 1	667
实验 2	314
实验 3	182
平均值	388
标准偏差	251
变异系数	65

表 4.30　　　　　　　测试方法的日间精密度（HCI）

	微核率/（‰/支）
实验 1	585
实验 2	442
实验 3	214
实验 4	665
平均值	478
标准偏差	199
变异系数	42

3.4.3　全烟气暴露体外微核测试方法的应用

3.4.3.1　卷烟样品的全烟气暴露体外微核测试

采用建立的卷烟全烟气暴露体外微核测试方法对市售卷烟样品进行了测试，由于样品数量较多，一次试验的测试周期较长，对于测试样品的全烟气暴露实验均为一次暴露试验,每次试验设置 3 个平行。30 个卷烟样品的全烟气暴露体外微核诱发率结果如表 4.31 所示。

表 4.31　　　　卷烟样品全烟气暴露体外微核诱发率结果

样品编号	微核率/(‰/支)	SD	CV/%	样品编号	微核率/(‰/支)	SD	CV/%
CZ01	180.3	0.5	0.3	CZ16	165.3	11.5	7.0
CZ02	248.9	9.0	3.6	CZ17	389.0	13.5	3.5
CZ03	369.0	26.1	7.1	CZ18	145.5	12.7	8.7
CZ04	426.2	20.4	4.8	CZ19	142.4	9.2	6.5
CZ05	186.9	20.1	10.8	CZ20	158.3	32.4	20.4
CZ06	338.9	27.1	8.0	CZ21	185.3	29.7	16.0
CZ07	324.4	63.1	19.5	CZ22	129.5	0.2	0.1
CZ08	371.5	63.3	17.0	CZ23	145.6	17.2	11.8
CZ09	148.5	15.0	10.1	CZ24	142.8	3.8	2.6
CZ10	257.4	21.8	8.5	CZ25	212.5	16.8	7.9
CZ11	161.9	10.3	6.4	CZ26	373.6	26.6	7.1
CZ12	159.9	22.3	14.0	CZ27	424.8	4.6	1.1
CZ13	219.1	41.4	18.9	CZ28	456.9	5.8	1.3
CZ14	421.1	4.1	1.0	CZ29	252.3	18.6	7.4
CZ15	231.2	26.7	11.6	CZ30	351.4	40.4	11.5

　　比较测试的市售卷烟样品的全烟气体外微核诱发率结果,以比活性为表征指标(表 4.32),结果显示,在测试的卷烟样品中,国内卷烟样品的比活性略低于国外卷烟样品(图 4.30),无显著性差异;烤烟型卷烟样品的比活性略低于混合型卷烟样品(图 4.31),无显著性差异。

表 4.32　微核率(‰)与烟气剂量(%烟支数)回归拟合方程及比活性

样品编号	线性回归方程	比活性(斜率)	R^2
CZ01	$Y = 9.542X + 3.178$	9.542	0.92
CZ02	$Y = 10.452X + 2.208$	10.452	0.76
CZ03	$Y = 7.622X + 6.320$	7.622	0.42

续表

样品编号	线性回归方程	比活性（斜率）	R^2
CZ04	$Y=18.728X+2.417$	18.728	0.97
CZ05	$Y=2.856X+8.311$	2.856	0.41
CZ06	$Y=10.953X+3.868$	10.953	0.78
CZ07	$Y=5.519X+7.409$	5.519	0.43
CZ08	$Y=21.444X+0.075$	21.444	0.92
CZ09	$Y=8.045X+3.397$	8.045	0.76
CZ10	$Y=15.843X+0.181$	15.843	0.93
CZ11	$Y=7.198X+2.897$	7.198	0.53
CZ12	$Y=4.650X+2.673$	4.65	0.71
CZ13	$Y=13.280X+2.510$	13.28	0.88
CZ14	$Y=23.128X+2.162$	23.128	0.77
CZ15	$Y=8.411X+2.232$	8.411	0.97
CZ16	$Y=8.325X+2.542$	8.325	0.70
CZ17	$Y=16.487X+2.850$	16.487	0.74
CZ18	$Y=10.928X+0.292$	10.928	0.85
CZ19	$Y=8.016X+1.284$	8.016	0.85
CZ20	$Y=10.048X+2.794$	10.048	0.92
CZ21	$Y=5.709X+4.774$	5.709	0.93
CZ22	$Y=9.714X+1.529$	9.714	0.91
CZ23	$Y=4.673X+1.87$	4.673	0.95
CZ24	$Y=9.878X+0.639$	9.878	0.91
CZ25	$Y=13.058X+1.54$	13.058	0.86
CZ26	$Y=19.098X+0.416$	19.098	0.91
CZ27	$Y=21.430X+1.62$	21.43	0.89
CZ28	$Y=22.193X+1.131$	22.193	0.89
CZ29	$Y=10.874X+2.352$	10.874	0.88
CZ30	$Y=16.221X+2.287$	16.221	0.88

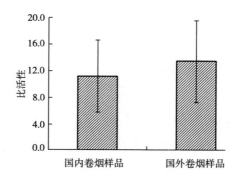

图 4.30 国内外卷烟样品的全烟气体外微核率比较

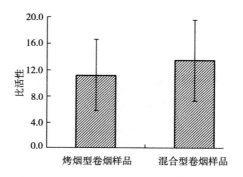

图 4.31 不同类型卷烟样品的全烟气体外微核率比较

进一步比较了不同焦油释放量卷烟的遗传毒性差异，选取混合型卷烟一组（焦油释放量分别为 8mg、5mg、3mg）分别进行测试。根据比活性表征的结果（图 4.32）显示，当抽吸卷烟烟支数相同时，烟气诱发微核发生率呈现出随焦油释放量降低而减小的趋势。

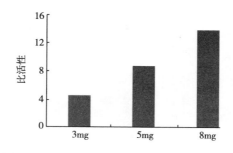

图 4.32 不同焦油释放量卷烟遗传毒性比较

3.4.3.2　不同抽吸方式对卷烟烟气诱发微核率的影响

　　为了比较抽吸条件对卷烟烟气遗传毒性的影响，选择 3R4F 参比卷烟分别在 ISO 和 HCI 条件下进行全烟气暴露实验，体外微核测试数据以比活性为表征指标，当以烟支数为剂量单位与微核率拟合方程时（表 4.33），结果显示，当抽吸相同支数的卷烟时，在 ISO 条件下产生的烟气的遗传毒性小于 HCI 条件下产生的烟气的遗传毒性。当以 TPM 为剂量单位与微核率拟合方程时（表 4.34），在 ISO 条件下产生的烟气的遗传毒性大于 HCI 条件下产生的烟气的遗传毒性。

表 4.33　　　不同抽吸条件下 3R4F 参比卷烟烟气遗传毒性比较

（以%烟支数为剂量单位）

	ISO	HCI
比活性	17.597	30.476

表 4.34　　　不同抽吸条件下 3R4F 参比卷烟烟气遗传毒性比较

（以 μg TPM 为剂量单位）

	ISO	HCI
比活性	0.163	0.081

3.5　全烟气暴露方法与烟气冷凝物测试方法的比较

　　目前，关于烟气冷凝物染毒实验的测试结果与全烟气暴露实验测试结果之间的比较存在着困难。由于两者测试指标的单位存在着差异，测试结果之间无法进行直接比较。烟气冷凝物染毒实验中的烟气剂量单位一般为"$\mu g/mL$ TPM"，而全烟气暴露实验中的烟气剂量单位一般为"%烟支数"。在本研究中，为了对比两者测试结果的差异，尝试将全烟气暴露实验的烟气剂量单位进行适当的换算，转换为以"$\mu g/mL$ TPM"为单位的表征形式，以达到进行比较的目的。

3.5.1　测试结果比较

　　为了方便比较两种暴露方式的测试结果，假设进入到暴露装置里的卷烟主流烟气中的 TPM 全部被暴露装置里的培养液吸收，从而将以"%烟支数"为单位的数值换算为以"$\mu g/mL$ TPM"的值。计算过程为："% 烟支数"为单位的数值乘以单支卷烟 TPM 释放量，再除以暴露装置内培养基的体积，最

终的计算结果为以 "μg/mL TPM" 为单位的数值。3R4F 参比卷烟进行全烟气暴露实验和烟气冷凝物暴露实验的细胞毒性测试结果如表 4.35 所示，结果显示，换算后的数值不管在 ISO 抽吸条件还是 HCI 条件下，基于全烟气暴露的测试结果 EC_{50} 值均比同条件下的烟气冷凝物实验的测试结果小。这种单位转换的方式是在未考虑测试细胞数目等因素的前提下进行的，由于两种染毒方式不同，实际的烟气剂量单位之间很难进行转换。为了进一步比较两种暴露方式的测试结果的差异，对 3 个卷烟样品分别采用烟气冷凝物染毒实验和全烟气暴露实验进行细胞毒性评价，测试结果如表 4.36 所示。3 个卷烟样品的烟气冷凝物细胞毒性排序为 T3>T2>T1，全烟气细胞毒性的排序为 T3>T2>T1，结果显示，采用两种染毒方式测试卷烟样品的细胞毒性，获得的毒性排序结果相一致。

表 4.35   **烟气冷凝物测试结果与全烟气暴露细胞**
毒性测试结果比较（EC_{50}值）

3R4F 参比卷烟	ISO		HCI	
	TPM/（μg/mL）	WS/（μg/mL）*	TPM/（μg/mL）	WS/（μg/mL）*
平均值	71.29	24.95	99.67	42.34
标准偏差	6.87	2.11	5.4	3.12

注：3R4F 参比卷烟单支卷烟 TPM 释放量为 10.8mg，暴露装置内培养液体积为 20mL。计算公式如下：

$$以 "μg/mL" 为单位的值 = \frac{以 "\%烟支数" 为单位的值 \times 单支卷烟 TPM 释放量（mg/支）\times 1000}{\dfrac{暴露装置内培养液体积（mL）}{3}}$$

* 全烟气暴露实验测试结果换算值。

表 4.36   **3 个卷烟样品细胞毒性测试（EC_{50}值）**

样品编号	烟气冷凝物染毒 TPM/（μg/mL）	全烟气暴露 WS/（μg TPM）
T1	48.06	316.61
T2	45.91	283.72
T3	35.04	278.72
细胞毒性排序	T3>T2>T1	T3>T2>T1

采用表征单位数值换算的方法对两种染毒方式下体外微核测试结果进

行了比较。在相同烟气剂量表征单位的前提下，进行微核率与烟气剂量关系的线性回归分析，比较线性方程的斜率（比活性）（表 4.37 和表 4.38）。结果显示，根据相同表征单位的烟气剂量与微核率拟合线性回归方程，全烟气暴露方式测试结果的线性方程斜率 1.086 大于烟气冷凝物染毒方式测试结果的线性方程斜率 0.226。表明，在相同烟气剂量下，采用全烟气暴露方式测试的卷烟烟气遗传毒性大于烟气冷凝物染毒方式的测试结果。

表 4.37　　　　　　　　全烟气暴露方式体外微核测试结果

烟气剂量		微核率/‰	
% 烟支数	μg/mL TPM *	平均值	标准偏差
0	0	9.17	5.12
0.33	5.35	15.47	5.15
0.66	10.69	19.87	4.30
1.33	21.55	32.83	11.39
拟合线性方程#	$Y=1.086X+9.129$　$R^2=0.64$　斜率：1.086 ‰微核率/（μg/mL TPM）		

注：①换算后的数值。3R4F 参比卷烟主流烟气 TPM 释放量为 10.8mg/支，暴露装置内培养液体积为 20mL。

②采用换算后的烟气剂量与微核率进行线性回归方程拟合。

表 4.38　　　　　　　　烟气冷凝物染毒方式体外微核测试结果

烟气剂量/	微核率/‰	
（μg/mL TPM）	平均值	标准偏差
0	11.89	6.33
11.25	12.67	5.77
22.5	14.33	6.25
45	21.56	9.62
90	31.11	10.47
拟合线性方程	$Y=0.226X+10.678$　$R^2=0.48$　斜率：0.226 ‰微核率/（μg/mL TPM）	

　　卷烟主流烟气由粒相和气相组分组成，从理论上讲，烟气冷凝物染毒方式低估了卷烟主流烟气的实际生物学效应，采用人为假设的换算方法对两种烟气暴露方式下测试数据的比较结果也支持这一点，但是还需要借助更精确

的烟气剂量学方法来进行实际的确证。同时，根据目前的实验条件，两种烟气染毒方式下的测试结果之间的比较尚存在一定困难。

3.5.2 暴露方式比较

气体直接暴露技术的发展为开展全烟气暴露实验提供了平台。全烟气暴露方式实现了将产生的新鲜卷烟主流烟气直接暴露于体外培养的细胞或细菌，测试细胞（或细菌）与烟气粒相组分和气相组分之间实时、有效的充分接触，从而更加全面、真实地反映新鲜卷烟烟气的生物学效应。烟气中的有害成分如氢氰酸、氨、丙烯醛、氮氧化物、挥发性羰基化合物等主要存在于气相中，卷烟烟气的体外毒性效应与部分气相组分的释放量具有一定的相关性。采用烟气冷凝物染毒方式进行细胞毒性测试仅反映卷烟烟气的部分毒性作用，同时受到烟气陈化和提取溶剂等因素的影响。然而，烟气冷凝物实验操作较为简便，实验成本较低，可以进行批量卷烟样品的细胞毒性测试。两种实验方法比较如表 4.39 所示。

表 4.39   烟气冷凝物染毒实验与全烟气暴露实验比较

烟气冷凝物染毒实验	全烟气暴露实验
反映部分烟气组分的生物学效应，不全面、真实	较全面、真实的反映烟气的生物学效应（粒相部分、气相部分）
主流烟气经剑桥滤片捕集总粒相物，溶剂萃取后，染毒	新鲜烟气产生直接暴露，避免烟气陈化，溶剂等因素的影响
染毒时间长，24h	染毒时间短，30min
操作较简便，成本较低，一般实验室可开展 适用于进行一定量卷烟样品的体外毒性测试	操作较复杂，成本较高，需要专有设备 适用于进行少量卷烟样品的基础研究试验和体外毒性测试

3.6 全烟气暴露下的卷烟烟气剂量测定

基于全烟气暴露的卷烟烟气体外毒理学研究是近年来烟草制品体外毒性评价的热点之一。全烟气暴露实验可以模拟体内烟气暴露的微环境，更加全面、真实地反映烟草烟气的生物学效应。外源化学物对生物体的健康影响要基于一致的、可比较的暴露剂量才具有生物学意义。在实际的体外试验研究中，准确的实验剂量是毒理学研究结果可靠性的基础和保障。以往在进行全烟气暴露实验时，实际的卷烟烟气浓度很难测定，通常是采用间接表征的方法，主要包括稀释空气流速、烟气稀释百分比、抽吸烟支数量等表征方法。虽然利用这些卷烟烟气剂量的表征方法可以达到比较测试样品之间毒性差异的目的，但无法得到实际环境条件下的真实烟气暴露剂量。因此，卷烟烟气剂量的实时监测和精准控制对全烟气暴露实验结果的可靠性具有重要意义。

石英微量天平（QCM）是一种基于重力平衡能力的测试工具，用于测定和表征质量的变化，灵敏度高，测定范围可达纳克水平，近年来已被用于纳米颗粒物和超细颗粒物的质量检测。根据 QCM 工作原理，将其应用于评估全烟气暴露模块内沉积的卷烟烟气颗粒物的质量浓度，有助于更好地解释卷烟烟气生物学效应的剂量-效应关系。本项目组的研究人员利用 QCM 技术评估了全烟气暴露系统内卷烟烟气颗粒物的沉积情况，并进行了不同国家/地区实验室间的全烟气暴露剂量比对实验，获得的测试结果具有较好的一致性。前期的研究结果表明，QCM 技术在测定全烟气暴露下的卷烟烟气剂量方面具有良好的应用前景。

在本部分中介绍采用全烟气暴露系统和 QCM 对烟气暴露仓内的烟气浓度进行测定和表征。

3.6.1.1　基于全烟气暴露实验的卷烟烟气剂量测定系统

全烟气暴露实验条件下的卷烟烟气剂量测定系统由吸烟机、烟气稀释系统、烟气暴露模块、微量天平传感器和电信号记录单元组成。将 VITROCELL® VC10 吸烟机与 VITROCELL®稀释系统连接组成卷烟烟气发生装置；将 3 个 VITROCELL®微量天平传感器放置于 VITROCELL®暴露模块 6/3 的 3 个独立小室内；将暴露模块密封后与烟气稀释系统连接。每个微量天平传感器由 1 个传感器支托和 1 个 QCM 组成（图 4.33）。3 个微量天平传感器分别与电信号记录单元连接。该测定系统的工作原理如下：

测定时，吸烟机抽吸卷烟产生的新鲜主流烟气进入烟气稀释系统，经合成空气即时稀释，稀释后的主流烟气进入烟气暴露模块。VITROCELL®暴露模块 6/3 内的微量天平传感器上的 QCM 与进入暴露模块的稀释烟气实时、直接接触，卷烟烟气颗粒物沉积到 QCM 表面，传感器将 QCM 在烟气颗粒物沉积时的振动频率转换为电流信号，经过软件处理，电信号记录单元将电流信号转换为暴露模块内的实时累积烟气颗粒物的质量浓度（QCM 单位表面积的烟气颗粒物质量）。QCM 的检测分辨率为 $10ng/(cm^2 \cdot s)$。

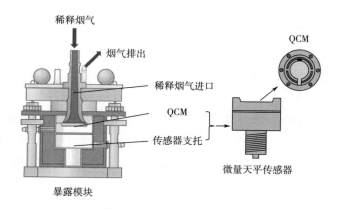

图 4.33　烟气暴露模块及微量天平传感器结构示意图

3.6.1.2　烟气颗粒物质量浓度的测定

全烟气暴露实验开始前，对 QCM 先进行归零设置，确保检测基线稳定。利用 VC10 吸烟机在 ISO 抽吸条件下[68]抽吸 3R4F 参比卷烟，新鲜产生的卷烟主流烟气进入烟气稀释系统中并与合成空气即时混合，每次实验中合成空气设置一个恒定的流速，稀释后的烟气以 5mL/min 的流速进入暴露模块内。每次实验连续抽吸 3 支卷烟（每支卷烟抽吸 8 口），当卷烟抽吸结束后，需等待全烟气暴露模块内烟气颗粒物的沉积达到平稳停滞期，在检测信号显示 QCM 表面的烟气颗粒物的质量停止增加时结束暴露实验，获得最大浓度的烟气颗粒物累积剂量。测试结果以单支卷烟的沉积烟气颗粒物的累积质量浓度（$\mu g/cm^2$）表示。实验中，合成空气的流速依次设定为 0.25，0.5，1.0，2.0，4.0L/min，即获得 5 个不同稀释比例下的烟气剂量测定结果。按照下列公式计算对应的稀释比例（稀释倍数），分别为 1.95，2.90，4.81，8.62 和 16.24。每个稀释比例下的烟气暴露实验进行 3 次独立的重复实验。

$$DR = \frac{SA \times 1000 + \dfrac{PV}{PED} \times 60}{\dfrac{PV}{PED} \times 60}$$

式中　DR——稀释比例（Dilution Rate）；

　　　SA——合成空气（Synthetic Air）流速，L/min；

　　　PV——抽吸容量（Puff Volume），mL；

PED——每口排烟时长（Puff Exaust Duration），8s。

如图 4.34 所示为不同流速合成空气稀释的卷烟主流烟气进入暴露模块后，QCM 表面沉积的烟气颗粒物的累积质量浓度测定结果（单支卷烟的烟气颗粒物累积质量浓度为 μg/cm²）。可以看出，在每个合成空气流速下，烟气暴露模块内 3 个独立小室内的烟气颗粒物质量浓度测定结果具有波动性；随着烟气稀释比例的增大，暴露模块内 3 个独立小室间的平行测定结果越接近 [图 3.34（1）]。这一现象有待于借助气溶胶空气动力学模型进行后续的深入研究。同时，使用 QCM 测定的烟气颗粒物的质量浓度存在明显的剂量-效应关系；随着烟气稀释比例的增大，暴露模块内烟气颗粒物的质量浓度降低 [图 3.34（2）]。通常，全烟气暴露实验中受试细胞或细菌的烟气暴露时间为 15~60min。前期的研究结果表明，细胞暴露于 5mL/min 的气流速度下持续 60min，细胞存活率不受明显影响。本实验中，按照实际的全烟气暴露实验的暴露条件进行卷烟烟气剂量的测定。本研究中，在进行烟气剂量测定时，每个稀释比例下抽吸 3 支卷烟，每支卷烟抽吸 8 口，即每个烟气剂量组的烟气暴露时间为 24min；另外，将暴露模块内的烟气流速设置为 5mL/min。本研究结果与先前报道的不同烟气暴露系统的剂量测定结果相一致，表明 QCM 可以实时、准确地监测暴露模块内烟气颗粒物的质量浓度。

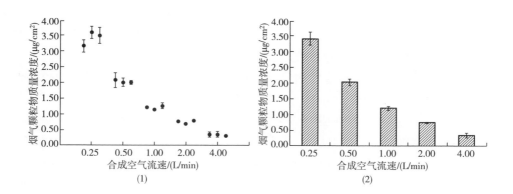

图 4.34　全烟气暴露下烟气颗粒物质量浓度测定结果

（1）不同流速合成空气稀释条件下，VITROCELL® 暴露模块 6/3 的 3 个独立小室内 QCM 表面沉积的烟气颗粒物的质量浓度（以单支卷烟计算），n＝3（3 次独立实验）；（2）不同流速合成空气稀释条件下，烟气暴露模块内烟气颗粒物累积质量浓度，n＝3×3（3 个独立小室，3 次独立实验）

4 小结

基于气-液界面暴露方式进行卷烟烟气的染毒与体外毒性测试可以模拟体内生理环境，与传统烟气冷凝物染毒实验相比的主要优点：①较为全面真实地反映卷烟烟气（包括粒相组分和气相组分）的生物学效应；②产生的新鲜烟气直接、实时暴露，避免烟气陈化和提取溶剂等因素的影响；③烟气暴露时间短等。然而，由于气-液界面暴露实验与烟气冷凝物染毒实验中烟气剂量的表征单位不同，两者测试结果之间的比较目前存在困难。气-液界面暴露方式为开展吸烟与健康风险相关的体外试验研究提供了特异的烟气暴露途径。在气-液界面暴露实验的基础上，结合生物学、分析化学等多学科的技术手段，发展一系列卷烟烟气导致的多种毒性终点的体外测试方法，从组织水平、细胞水平、分子水平多维度地研究烟草烟气的生物学效应以及吸烟相关疾病的有害结局路径，将为烟草制品的健康风险评估提供评价平台和科学证据。

参考文献

［1］Achard S, Marchand V, Dumery B. In vitro toxicity testing to assess the biological activity of tobacco smoke ［C］. CORESTA Congress. New Orleans, USA, 2002.

［2］Bombick BR, Smith CJ, Bombick DW, et al. Procedures for in vitro toxicity testing of tobacco smoke ［C］. CORESTA Congress. New Orleans, USA, 2002.

［3］Health Canada. Official Method T-501 Bacterial Reverse Mutation Assay for Mainstream Tobacco Smoke ［S］. 2004.

［4］Health Canada. Official Method T-502 Neutral red uptake assay for mainstream tobacco smoke ［S］. 2004.

［5］Health Canada. Official Method T-503 In vitro micronucleus assay for mainstream tobacco smoke ［S］. 2004.

［6］IOM. Scientific standards for studies on modified risk tobacco products ［M］. Washington DC：The National Academies Press, 2011.

［7］Aufderheide M, Knebel JW, Ritter D. A method for the in vitro exposure of human cells to environmental and complex gaseous mixtures：application to various types of atmosphere ［J］. Altern Lab Anim, 2002, 30（4）：433-441.

［8］Aufderheide M, Mohr U. A modified CULTEX system for the direct exposure of bacteria to inhalable substances ［J］. Exp Toxicol Pathol, 2004, 55 （6）: 451-454.

［9］ Aufderheide M. Direct exposure methods for testing native atmospheres ［J］. Exp Toxicol Pathol, 2005, 57 （Suppl 1）: 213-226.

［10］ Scian M J, Oldham M J, Kane D B, et al. Characterization of a whole smoke in vitro exposure system （Burghart Mimic Smoker-01） ［J］. Inhal Toxicol, 2009, 21 （3）: 234-243.

［11］ Wieczorek R, Röper W. In vitro tests with fresh cigarette smoke. Effects of charcoal filters on whole smoke and vapour phase mutagenicity and genotoxicity ［C］. CORESTA Congress. Shanghai, China, 2008.

［12］ Phillips J, Kluss B, Richter A, et al. Exposure of bronchial epithelial cells to whole tobacco smoke: assessment of cellular responses ［J］. Altern Lab Anim, 2005, 33 （3）: 239-248.

［13］ Maunders H, Patwardhan S, Phillips J, et al. Human bronchial epithelial cell transcriptome: Gene expression changes following acute exposure to whole cigarette smoke in vitro ［J］. Am J Physiol-Lung C, 2007, 292 （5）: L1248-L1256.

［14］ Lu Binbin, Kerepesi L, Wisse L, et al. Cytotoxicity and gene expression profiles in cell cultures exposed to whole smoke from three types of cigarettes ［J］. Toxicol Sci, 2007, 98 （2）: 469-478.

［15］ St-Laurent J, Proulx LI, Boulet LP, et al. Comparison of two in vitro models of cigarette smoke exposure ［J］. Inhal Toxicol, 2009, 21 （13）: 1148-1153.

［16］ Lam HC, Choi AM, Ryter SW. Isolation of mouse respiratory epithelial cells and exposure to experimental cigarette smoke at air liquid interface ［J］. J Vis Exp, 2011, （48）: pii: 2513.

［17］ Thorne D, Adamson J. A review of in vitro cigarette smoke exposure systems ［J］. Exp Toxicol Pathol. 2013, 65 （7-8）: 1183-1193.

［18］ Gualerzi A, Sciarabba M, Tartaglia G, et al. Acute effects of cigarette smoke on three-dimensional cultures of normal human oral mucosa ［J］. Inhal Toxicol, 2012, 24: 382-389.

［19］ Thorne D, Wilson J, Kumaravel TS, et al. Measurement of oxidative DNA damage induced by mainstream cigarette smoke in cultured NCI-H292human pulmonary carcinoma cells ［J］. Mutation Research, 2009, 673: 3-8.

［20］ Kaur N, Lacasse M, Roy JP, et al. Evaluation of precision and accuracy of the Borgwaldt RM20S （R） smoking machine designed for in vitro exposure ［J］. Inhal Toxicol, 2010, 22: 1174-1183.

［21］ Adamson J, Azzopardi D, Errington G, et al. Assessment of an in vitro whole cigarette smoke exposure system: the Borgwaldt RM20S 8-syringe smoking machine ［J］. Chem Cent J,

2011, 5: 50.

[22] Adamson J, Thorne D, McAughey J, et al. Quantification of cigarette smoke particle deposition in vitro using a triplicate quartz crystal microbalance exposure chamber [J]. Biomed Res Int, 2013, 2013: 685074.

[23] Scian MJ, Oldham MJ, Miller JH, et al. Chemical analysis of cigarette smoke particulate generated in the MSB-01 in vitro whole smoke exposure system [J]. Inhal Toxicol, 2009, 21: 1040-1052.

[24] Adamson J, Thorne D, Dalrymple A, et al. Cigarette smoke deposition in a Vitrocell ® exposure module: real-time quantification in vitro using quartz crystal microbalances [J]. Chem Cent J, 2013, 7: 50.

[25] Aufderheide M, Mohr U. CULTEX - a new system and technique for the cultivation and exposure of cells at the air/liquid interface [J]. Exp Toxicol Pathol, 1999, 51: 489-490.

[26] Aufderheide M, Mohr U. CULTEX - an alternative technique for cultivation and exposure of cells of the respiratory tract to airborne pollutants at the air/liquid interface [J]. Exp Toxicol Pathol, 2000, 52: 265-270.

[27] Ritter D, Knebel JW, Aufderheide M. In vitro exposure of isolated cells to native gaseous compounds - development and validation of an optimized system for human lung cells [J]. Exp Toxicol Pathol, 2001, 53: 373-386.

[28] Ritter D, Knebel JW, Aufderheide M. Exposure of human lung cells to inhalable substances: a novel test strategy involving clean air exposure periods using whole diluted cigarette mainstream smoke [J]. Inhal Toxicol, 2003, 15: 67-84.

[29] Aufderheide M, Gressmann H. A modified Ames assay reveals the mutagenicity of native cigarette mainstream smoke and its gas vapour phase [J]. Exp Toxicol Pathol, 2007, 58: 383-392.

[30] Aufderheide M, Scheffler S, Möhle N, et al. Analytical in vitro approach for studying cyto - and genotoxic effects of particulate airborne material [J]. Anal Bioanal Chem, 2011, 401 (10): 3213-3220.

[31] Deschl U, Vogel J, Aufderheide M. Development of an in vitro exposure model for investigating the biological effects of therapeutic aerosols on human cells from the respiratory tract [J]. Exp Toxicol Pathol, 2011, 63: 593-598.

[32] Andreoli C, Gigante D, Nunziata A. A review of in vitro methods to assess the biolological activity of tobacco smoke with the aim of reducing the toxicology of smoke [J]. Toxicol In Vitro, 2003, 17: 587-594.

[33] Aufderheide M, Halter B, Möhle N, et al. The CULTEX RFS: A comprehensive tech-

nical approach for the in vitro exposure of airway epithelial cells to the particulate matter at the air-liquid interface ［J］. Biomed Res Int, 2013, 2013: 734137.

［34］ Li X, Shang P, Peng B, et al. Effects of smoking regimens and test material format on the cytotoxicity of mainstream cigarette smoke ［J］. Food Chem Toxicol, 2012, 50 （3-4）: 545-551.

［35］ Nara H, Fukano Y, Nishino T, et al. Detection of the cytotoxicity of water-insoluble fraction of cigarette smoke by direct exposure to cultured cells at an air-liquid interface ［J］. ExpToxicol Pathol, 2013, 65 （5）: 683-688.

［36］ 李翔, 聂聪, 尚平平, 等. 采用全烟气暴露系统测试卷烟主流烟气细胞毒性 ［J］. 烟草科技, 2012, （5）: 44-47.

［37］ 李翔, 尚平平, 聂聪, 等. 全烟气暴露与烟气冷凝物染毒方式的卷烟烟气体外微核测试结果比较 ［J］. 烟草科技, 2013, （10）: 31-34.

［38］ Li X, Nie C, Shang P, et al. Evaluation method for the cytotoxicity of cigarette smoke by in vitro whole smoke exposure ［J］. Exp Toxicol Pathol, 2014, 66 （1）: 27-33.

［39］ Okuwa K, Tanaka M, Fukano Y, et al. In vitro micronucleus assay for cigarette smoke using a whole smoke exposure system: a comparison of smoking regimens ［J］. Exp Toxicol Pathol, 2010, 62 （4）: 433-440.

［40］ Thorne D, Kilford J, Payne R, et al. Development of a BALB/c 3T3 neutral red uptake cytotoxicity test using a mainstream cigarette smoke exposure system ［J］. BMC Res Notes, 2014, 7: 367.

［41］ Thorne D, Dalrymple A, Dillon D, et al. A comparative assessment of cigarette smoke aerosols using an in vitro air-liquid interface cytotoxicity test ［J］. Inhal Toxicol, 2015, 27 （12）: 629-640.

［42］ Majeed S, Frentzel S, Wagner S, et al. Characterization of the Vitrocell ® 24/48 in vitro aerosol exposure system using mainstream cigarette smoke ［J］. Chem Cent J, 2014, 8 （1）: 62.

［43］ Weber S, Hebestreit M, Wilms T, et al. Comet assay and air-liquid interface exposure system: a new combination to evaluate genotoxic effects of cigarette whole smoke in human lung cell lines ［J］. Toxicol In Vitro, 2013, 27 （6）: 1987-1991.

［44］ Fukano Y, Yoshimura H, Yoshida T. Heme oxygenase-1 gene expression in human alveolar epithelial cells （A549） following exposure to whole cigarette smoke on a direct in vitro exposure system ［J］. Exp Toxicol Pathol, 2006, 57 （5-6）: 411-418.

［45］ Fukano Y, Ogura M, Eguchi K, et al. Modified procedure of a direct in vitro exposure system for mammalian cells to whole cigarette smoke ［J］. Exp Toxicol Pathol, 2004, 55 （5）:

317-323.

[46] Zhang S, Li X, Xie F, et al. Evaluation of whole cigarette smoke induced oxidative stress in A549 and BEAS-2B cells [J]. Environ Toxicol Pharmacol, 2017, 54: 40-47.

[47] Garcia-Canton C, Errington G, Anadon A, et al. Characterisation of an aerosol exposure system to evaluate the genotoxicity of whole mainstream cigarette smoke using the in vitroγH2AX assay by high content screening [J]. BMC Pharmacol Toxicol, 2014, 15: 41.

[48] Azzopardi D, Haswell L E, Foss-Smith G, et al. Evaluation of an air-liquid interface cell culture model for studies on the inflammatory and cytotoxic responses to tobacco smoke aerosols [J]. Toxicol In Vitro, 2015, 29 (7): 1720-1728.

[49] Beisswenger C, Platz J, Seifart C, et al. Exposure of differentiated airway epithelial cells to volatile smoke in vitro [J]. Respiration, 2004, 71 (4): 402-409.

[50] Aufderheide M, Scheffler S, Ito S, et al. Ciliatoxicity in human primary bronchiolar epithelial cells after repeated exposure at the air-liquid interface with native mainstream smoke of K3R4F cigarettes with and without charcoal filter [J]. Exp Toxicol Pathol, 2015, 67 (7-8): 407-411.

[51] Aufderheide M, Gressmann H. Mutagenicity of native cigarette mainstream smoke and its gas/vapour phase by use of different tester strains and cigarettes in a modified Ames assay [J]. Mutat Res, 2008, 656 (1-2): 82-87.

[52] Kilford J, Thorne D, Payne R, et al. A method for assessment of the genotoxicity of mainstream cigarette-smoke by use of the bacterial reverse-mutation assay and an aerosol-based exposure system [J]. Mutat Res Genet Toxicol Environ Mutagen, 2014, 769: 20-28.

[53] Thorne D, Kilford J, Hollings M, et al. The mutagenic assessment of mainstream cigarette smoke using the Ames assay: a multi-strain approach [J]. Mutat Res Genet Toxicol Environ Mutagen, 2015, 782: 9-17.

[54] 尚平平, 李翔, 聂聪, 等. 卷烟全烟气的 Ames 试验 [J]. 癌变·畸变·突变, 2013, 25 (3): 227-231.

[55] 尚平平, 李翔, 彭斌, 等. 部分国内外卷烟全烟气暴露的体外致突变作用 [J]. 烟草科技, 2013, (5): 46-50.

[56] Hoeng J, Talikka M, Martin F, et al. Case study: the role of mechanistic network models in systems toxicology [J]. Drug Discov Today, 2014, 19: 183-192.

[57] Mathis C, Gebel S, Poussin C, et al. A systems biology approach reveals the dose- and time-dependent effect of primary human airway epithelium tissue culture after exposure to cigarette smoke in vitro [J]. Bioinform Biol Insights, 2015, 9: 19-35.

[58] Talikka M, Kostadinova R, Xiang Y, et al. The response of human nasal and bronchial

organotypic tissue cultures to repeated whole cigarette smoke exposure ［J］. Int J Toxicol, 2014, 33（6）: 506-517.

［59］ Iskandar AR, Xiang Y, Frentzel S, et al. Impact Assessment of Cigarette Smoke Exposure on Organotypic Bronchial Epithelial Tissue Cultures: A Comparison of Mono-Culture and Coculture Model Containing Fibroblasts ［J］. Toxicol Sci, 2015, 147（1）: 207-221.

［60］ Kuehn D, Majeed S, Guedj E, et al. Impact assessment of repeated exposure of organotypic 3D bronchial and nasal tissue culture models to whole cigarette smoke ［J］. J Vis Exp, 2015, （96）. doi: 10.3791/52325.

［61］ Mathis C, Poussin C, Weisensee D, et al. Human bronchial epithelial cells exposed in vitro to cigarette smoke at the air-liquid interface resemble bronchial epithelium from human smokers ［J］. Am J Physiol Lung Cell Mol Physiol, 2013, 304（7）: L489-503.

［62］ Adamson J, Hughes S, Azzopardi D, et al. Real-time assessment of cigarette smoke particle deposition in vitro ［J］. Chem Cent J, 2012; 6: 98.

［63］ Bellmann B, Creutzenberg O, Ernst H, et al. Rat inhalation test with particles from biomass combustion and biomass co-firing exhaust ［J］. Journal of Physics: Conference Series, 2009, 151: 012067.

［64］ Adamson J, Thorne D, Errington G, et al. An inter-machine comparison of tobacco smoke particle deposition in vitro from six independent smoke exposure systems ［J］. Toxicol In Vitro, 2014, 28（7）: 1320-1328.

［65］ Thorne D, Kilford J, Payne R, et al. Characterisation of a Vitrocell® VC 10 in vitro smoke exposure system using dose tools and biological analysis ［J］. Chem Cent J, 2013, 7（1）: 146.

［66］ Scheffler S, Dieken H, Krischenowski O, et al. Cytotoxic Evaluation of e-Liquid Aerosol using Different Lung-Derived Cell Models ［J］. Int J Environ Res Public Health, 2015, 12（10）: 12466-12474.

［67］ Neilson L, Mankus C, Thorne D, et al. Development of an in vitro cytotoxicity model for aerosol exposure using 3D reconstructed human airway tissue; application forassessment of e-cigarette aerosol ［J］. Toxicol In Vitro, 2015, 29（7）: 1952-1962.

［68］ ISO 4387 Cigarettes—Determination of total and nicotine-free dry particulate matter using a routine analytical smoking machine ［S］. 2000.

第 5 部分
基于微流控芯片暴露模型的卷烟烟气体外毒性测试

1 微流控芯片简介

微流控芯片技术是 1990 年左右出现并发展起来的将不同流体操作步骤高度缩微化集成化的一种技术[1]。它将生物、医学及化学等领域所涉及的样品制备、反应、分离和检测等基本操作单元集成到几个平方厘米大小的具有微米级通道结构的芯片上，采用可控流体，实现常规化学和生物实验室的各种功能。

20 世纪 90 年代初，瑞士 Ciba-Geigy 公司的 Manz 和 Widmer 第一次提出了微全分析系统（Miniaturized Total Analysis System，μTAS）的概念[2]。微流控分析系统最开始是从以毛细管电泳分离为核心分析技术发展起来的，目前涵盖液-液萃取、过滤、无膜扩散等多种分离手段，且从分离检测发展为包括复杂试样前处理的多功能的全分析系统。

微流控芯片这种尺度上缩微的特点，使得其在应用中有一些独特的优势：高通量，其微小的特点易于实现各功能单元的集成化；需样量少，使得珍贵的生物试样与试剂消耗大大降低；分析速度快，能够快速实现样品的分离检测。因此，自微流控芯片以芯片毛细管电泳的形式出现以来，目前已广泛应用于生物、医学、环保和新药研究等领域。

20 多年以来，随着人们对微流控芯片研究的加深，其在各方面都有了很大的发展。在制作材料上，从常用的玻璃和硅片发展为多使用高分子聚合材料，主要是后者在生产产业化方面更有优势[3]。现在常用的材料包括玻璃、聚碳酸酯（polycarbonate，PC）、聚二甲基硅氧烷（polydimethylsiloxane，PDMS）、聚甲基丙烯酸甲酯（polymethylmethacrylate，PMMA）等；在检测手段上，从激光诱导荧光检测为主要的检测手段发展到各种检测方法相配合使用，如质谱、电化学、色谱、免疫荧光、化学发光等；在动力驱动上，从以电渗流为主要液流驱动手段发展到流体重力、压力、毛细管作用力、剪切力、离心力等多种手段。同时，微流控分析系统已经从单道检测发展为多通道检测，以实现多种物质多重条件下的同时检测；检测对象也从常见化学组分分析发展到单分子、单细胞分析。

目前，微流控芯片技术已经是 21 世纪最为重要的前沿科学技术之一。其作为当今极为重要的新兴科学技术和国家产业转型的潜在应用领域，正处在一个快速发展的阶段，值得引起广大科研工作者的重视，相信随着微流控技术的发展，各种以微流控为核心技术的产品必能够从实验室走向家庭，服务于人们的生活。

2　微流控芯片的应用

经过 20 余年的发展，对微流控技术的研究已经从微芯片平台构建和方法开发发展为其在不同领域的应用，希望从中找到一些能够解决科学现实问题的方法，从而带动产业化的发展[4,5]。现在，微芯片的应用领域很广泛，包括生物化学分析、即时诊断（POCT）、材料筛选及合成与器官仿生等。

（1）生物化学分析　主要集中在蛋白质分析[6]、核酸分析[7,8]和代谢物分析[9]等领域，随着芯片技术的发展，它的作用对象已经扩展到单分子、单细胞[10,11]，通过对单个细胞生物学特性的变化研究，探索个体之间的差异，这对于研究生命各个过程单元有重要影响。

（2）即时诊断（POCT）　广泛意义上的 POCT 仪器能够直接放于家庭、学校、事故灾害现场等场所，满足突发事件需要的要求。POCT 发展的趋势是手持型、便携式、傻瓜式操作，特别是能够与现有电子设备相连接，进行数据读出、计算、分析等，这对于疾病的即时发现治疗有重要意义。而微流控芯片技术是 POCT 发展所需要的主要手段，目前已经有很多这方面的研究[12]。

（3）材料筛选及合成　对于不同材料进行筛选，这主要集中于微流控液滴芯片[13,14]。微液滴是一个微反应器，体积小但通量高，能够解决常规方法筛选，成本高、耗时长等缺点。

（4）器官仿生　微芯片的微米级单元尺度使它能够用于分子、细胞、组织甚至器官研究，同时芯片的精准操作体系，使它能够同时进行高通量的检测。微流控芯片已经被公认为能够对细胞和微环境进行精准操控，是细胞研究的主流平台。器官芯片研究是继细胞芯片后又一仿生体系，希望能够在一个几平方厘米的芯片上模拟活体的行为，研究整体与局部的内在关系，从而验证及发现生物体的种种行为及状态。其中，芯片肺的开发是芯片器官研究的典型代表[15]，如图 5.1 所示，使用微芯片体外模拟人体中肺泡和肺部细胞所处复杂的微环境，利用 PDMS 材料本身的弹性，用其作为肺部薄膜，其表面是肺上皮细胞，利用两侧孔腔的收缩与扩张，实现气体的吸入与呼出，模拟气体交换。

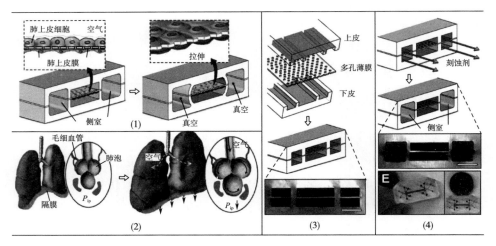

图 5.1　微芯片模拟肺部活动[15]

以微流控技术构建生物评估平台[16,17]这是其重要应用之一，本部分介绍了运用微流控技术构建烟气暴露平台，以评估烟气暴露下细胞氧化应激情况。由于基于培养皿的检测系统不能很好地模拟生物所处的真实环境，动物活体实验检测又比较昂贵，而与之相比微流控生物评估平台是一个理想的替代品，经过十多年的发展，已经取得了广泛的引用，如在生物医学研究[18]、药物发展[19]等方面。微流控生物平台检测领域也已经涵盖了分子、细胞、组织甚至器官等方面。在芯片上进行细胞培养[20,21]，刺激、筛选以及复原等操作都能够实现[22]，并且芯片的筛选功能已经发展到三维领域[23]。构建微流控生物评估平台，最重要的是气-液界面的构建，以使芯片上的气体和液体环境得到有效的控制，在下面一节会对主要的气-液界面结构作介绍。目前，绝大多数气液界面是 PDMS 薄膜气液界面，其允许小分子物质交换，以进行实验研究，获得了广泛的应用，如血液中氧气交换[24,25]、细胞气体作用条件筛选[26]。而为了研究气体中大分子及微纳级颗粒的影响，科研工作者研究了各种气液界面，如小微通道阵列结构构建用于气液之间快速交换[27,28]，多孔薄膜材料作为气液界面[29]。虽然这些气液界面对于研究细胞与环境相互作用有很大的帮助，但是很难将这些结构与梯度筛选系统相联结起来。在气液双重梯度筛选方面，有研究者做了前瞻性的工作。Wang 等[30]使用 PDMS 界面构建化学物质与氧气的双重梯度芯片，以研究氧气含量与治疗肿瘤药物浓度之间的相互关系。Chang 等[31]同样使用 PDMS 界面，实现了药物与氧气双重梯度下的条件筛选。虽然，两者都是使用这种只允许透过小分子物质的 PDMS 界面，但是这对我们的工作有很大的借鉴性。

3　微流控芯片的制作

微流控芯片的制作方法主要有光刻法、模塑法、热压法、激光刻蚀法及其他加工方法。

（1）光刻法[32]　经典的光刻技术起源于制作半导体及集成电路芯片所广泛使用的光刻和刻蚀技术，使用光胶、掩模和紫外光进行微制造（图 5.2），已广泛用于硅、玻璃及石英等基片材料上制作微结构。而在实际光刻过程中，常在基片上沉积一层薄膜作为牺牲层如铬层，再在牺牲层上涂抹光刻胶，这样可以提高刻蚀的选择性，更好地对基片进行保护，使得到的模板更加精确。

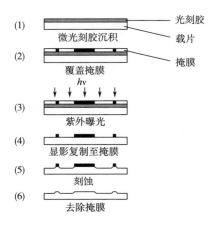

图 5.2　光刻法制作玻璃模板

如研究者在玻璃基底上沉积铬层作为牺牲层，以紫外光进行刻蚀，可制作深度为几十纳米的芯片管道[33]。

（2）模塑法[34]　即使用光刻或其他刻蚀技术制作出阳模，然后在阳模上浇注液态高分子材料，经固化后高分子材料与阳模脱离，就得到具有微通道的基片，其与盖片封合后，就制得高分子聚合物微流控芯片（图5.3）。早在1998年，就有报道在进样孔处放置小柱作为阳模，经浇注制作微芯片[35]。

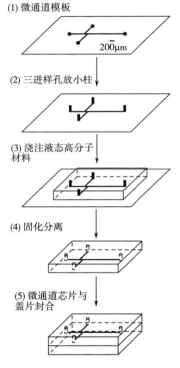

(1) 微通道模板

200μm

(2) 三进样孔放小柱

(3) 浇注液态高分子材料

(4) 固化分离

(5) 微通道芯片与盖片封合

图5.3　模塑法制作微通道芯片

（3）热压法　是一种能够对微流控芯片进行快速复制的技术，即是将聚合物的板材放于带有微通道结构的模具上加热使其软化，加压保持一段时间，在压力的作用下，将模具与芯片冷却至低于玻璃化转变温度进行脱模，即可在聚合物基片上制作出微管道（图5.4）。适合该方法的聚合物材料需是热塑性聚合物，PMMA和PC材料皆适合此方法。不过也有报道使用一些聚合颗粒在硅板阳模上进行热压操作，制作芯片结构[36]。

（4）激光刻蚀法[37]　是使用激光直接在金属、塑料、玻璃等材料加热形成复杂的微结构（图5.5），这是一种非接触的加工方式。具体原理是通过显微物镜和光刻掩膜将激光聚焦到可光解的高分子材料基片表面，在特定区域发生激光溅射，形成微通道。可以通过调整激光强度和基片表面所接收到的激光脉冲数，控制激光烧蚀的深度，从而得到一定深度微通道的芯片。

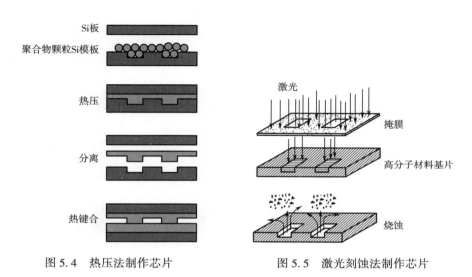

图5.4　热压法制作芯片　　　　图5.5　激光刻蚀法制作芯片

4　微流控芯片气液界面与细胞培养

4.1　微流控芯片气液界面

在微流控体系中，构建气液界面研究一些有气体参加和液体交换的细胞生物学活动，这是微流控的重要应用之一。目前的研究表明，将气液界面引入微流控体系，已经在很多方面得到应用，如细胞培养[32,33]，人工肺[25,38-40]，药物分析[41]和物质合成[42]等领域。PDMS本身具有很好的弹性，依据此特点，结合气液界面，在芯片上进行人工肺的体外模拟已经取得了一些成果，这是气液界面在微流控领域中重要的应用之一。在微流控权威杂志"lab on a chip"上，以PDMS材料作为气液界面进行芯片人工肺气液交换，已经被证实具有很好的效果[43]。这个交换效率和人体证实交换情况相当，而且可以通过调整薄膜的厚度调节气体通过的效率，不需要额外增加负压来提高气体交换，就可以满足实验研究和人体正常需求，这对人工肺的研究是具有重要意义的。不过，随着研究领域的不断拓展，单一的 PDMS 气液界面已经难以满足实验研究的需要，研究者已经在寻求具有更多更好功能特性的材料，以此作为微流控气液界面的应用材料。而现有的已经实现的能够和微流控平台结合使用的气液界面最主要的有四类：①PDMS 薄膜气液界面，②三维多孔材料气液界面，③直接气液界面，④敞口式气液界面。这四种微流控芯片气液界面其结构示意图如图 5.6 所示。

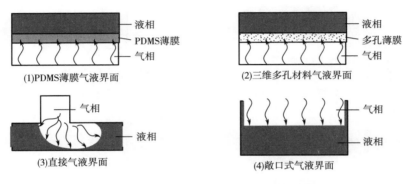

图 5.6　四种微流控芯片气液界面结构示意图

现对这四种气液界面的特点及应用做以下总结。

（1）PDMS 薄膜气液界面[30,31,44,45]　PDMS 即聚二甲基硅氧烷，是一种高分子有机硅化合物，具有良好的透气性，能够用于气体交换，以作为一些有气体参加的化学反应或生物过程的材料，不过其无法透过微米以及纳米颗粒，这限制了其使用；并且薄膜的透气性受到其自身厚度的限制，越厚则透气性越差，越薄则机械性能越差，所以没有办法通过单纯降低薄膜厚度来提高其透气性，因此这也在一定程度上限制了其使用。

（2）三维多孔材料气液界面[46]　多孔材料，可由各种碳化物、氮化物和硅化物等制成；孔直径微纳米级，具有非常高的比表面积，孔与孔之间的互通或封闭，可以起到阻隔液体通入气体的作用，以此构成稳定的气液界面；但问题在于，这种材料多是不透明的，没法很直观的进行光学分析，这为进行实时检测带来了问题；同时，怎么将这种三维多孔材料与微流控芯片的制备方法进行结合，这也是一个难题。

（3）直接气液界面[47]　这种将气体与液体直接接触以形成气液界面的方

式，多是将气体以气泡的方式通入微管道的液体中，而在这个过程中多会产生湍流现象，这会破坏原本液体的层流状态；并且这种直接通入气体的方式需要非常好的气体产生和流速等控制装置，而这是目前很多的研究中难以实现的。此外，若通入气体过猛，可能会造成液体飞溅，增加液体挥发，这些都是可能的问题。

（4）敞口式气液界面[48]　这种气液界面，气体与液体接触面积很大，具有很高的气体交换速率，而液体的挥发会很难控制。一般分为两种形式：一种虽也是与微流控芯片相结合，但敞口处尺度在毫米级或以上级别，这是一种宏观的敞口式气液界面，这种情况下多是依靠物质的相互扩散作用以实现物质交换；另一种则是在微尺度级别形成敞口式气液界面，这时则需要在气液交换处进行一些亲疏水性修饰。

在研究烟气对细胞毒性影响的问题时，上面四种气液界面很难真实的模拟肺部细胞受烟气影响的情况。烟气是一种非常复杂的混合物，其中较大的颗粒很难通过各支气管到达肺部，从而对人肺造成伤害；只有其中微米级及更小尺度的颗粒才会到达肺部，从而对其造成伤害。

4.2　微流控芯片上细胞培养

使用微流控芯片进行生物学研究，是微流控芯片的一个非常重要的应用。在生物学研究中，相对于动物活体实验或器官层次的探索，对细胞层次的考察无疑会更加廉价和方便。细胞是生命活动的最小单元，不仅能够反映生命的基本特征[49]，而且细胞中的 DNA 和蛋白质更能够反映一切活动的本质。与传统的宏观条件下体外细胞培养相比，微流控系统有很多优点，如：对细胞微环境的可控性，能够模拟体内细胞三维生环境[20]，功能单元的集成化等。因此，使用微流控芯片对细胞研究，不仅是对人体环境的良好模拟，更具有宏观条件下所没有的特点。所以，在芯片上进行细胞培养，就是一个必须要面对的问题。目前，已经有越来越多的微流控芯片细胞培养平台被开发出来。根据细胞生存模式的不同，主要分为三类：静态下细胞培养，液体灌注下细胞培养，液体扩散细胞培养。

（1）静态下细胞培养　这是宏观条件下细胞培养瓶或培养皿中培养细胞方法在微流控芯片上的微型化。其特点是细胞与培养液都处于静态，没有培养液的输入和细胞代谢物的输出[50,51]。这会造成，细胞营养物的快速消耗和细胞生长环境的恶化，从而使得细胞培养时间很短，对细胞状态产生影响。因此，在微芯片上使用这种模式进行细胞培养，有很多问题。

（2）液体灌注下细胞培养　这种模式下，不断流动的细胞培养液能够给细胞源源不断的带来营养物质同时及时的将细胞代谢废物运走，可以说给细胞提供了稳定的生长环境，使细胞在微流控芯片上的培养时间有了很大的提高。但是对于悬浮细胞则需要在微通道中增加一些微型柱，以阻断细胞防止其被流动液带走[52]。不过研究表明，这种模式下液体流动带来的剪切力会对细胞带来一定的伤害，影响细胞的状态，从而给实验研究带来误差[53,54]。

（3）液体扩散细胞培养[59]　这种模式下，细胞固定处于静止状态，细胞与培养液之间以薄层[55,56]、小微管道[57]等方式相连接。这既能够保证细胞处于稳定的生存环境，又能够避免液体剪切力对细胞造成影响。因此，越来越受到研究者的重视。

目前微流控芯片上进行细胞培养的研究，多是使用软光刻技术制作 PDMS 微流控芯片[32,58]，具体而言如在芯片上设置微泵和微阀控制培养液流入细胞培养区域，同时将代谢废物排出，实现细胞的长期培养。

5　器官芯片

自 2011 年美国 NIH、FDA 和国防部联合设立人体芯片专项以来，在全世界范围内掀起了人体芯片的研究浪潮。人体芯片[60,62]，是利用微加工技术，在微流控芯片上制造出能够模拟人类器官的主要功能的仿生系统，具有微型化、集成化、低消耗的特点，能够精确控制多个系统参数，化学浓度梯度、流体剪切力、构建细胞图形化培养、组织–组织界面与器官–器官相互作用等，从而模拟人体器官的复杂结构、微环境和生理功能。器官芯片的产生弥补了传统二维细胞培养模式难以体现人体组织器官复杂的生理功能，解决了动物实验周期长、成本高、常不能预测人体对于各种药物的响应。

现如今，已经实现了如芯片肝、芯片肺、芯片血管及多器官芯片构建等，并已有制药公司将其用于药物筛选[63]。4 月 12 日，Nature 官网公布美国 FDA 将首次测试肝脏芯片，希望可以作为一种可靠的模型来研究相关疾病，这是世界上第一次，政府官方机构采取芯片器官来代替动物模型测试，旨在取代动物模型测试药物、食品和化妆品，近年来，器官芯片的应用范围越来越广泛。Frey 等研究人员在阵列式器官芯片上平行共培养人结肠直肠癌细胞及肝实质细胞，并通过细胞活性测定及显微镜观察荧光蛋白染色的细胞等方法对癌细胞抑制剂的抑制效果进行评估，这对于相关抗癌药物的研发具有非常重要的意义[64]；Wu 等人通过在"三明治夹层"结构的阵列式器官芯片上荧光检测药物与乳腺癌细胞 MCF-7 的相互作用，筛选出潜在的抗肿瘤药物，为药物活性成分的筛选提供了一种快速、低成本的途径[65]。随着对体内微环境更加深入地研究，人们期望通过构建体外复合模型来更加真实地模拟体内的器官、组织，安凡等通过将药物在体内的消化过程抽象为物质依次穿过多各细胞屏障的过程，设计了一个立体多层（3D），集成多种细胞屏障（多元），具有多功能的微流控类器官药物筛选芯片，用以在体外模拟药物经过口服后的吸收、分布、代谢和消除的过程[66]；Maschmeyer 等在一个多器官芯片上以十万分之一的比例缩小人的肠、肝、皮肤和肾，建立了多器官芯片模拟系统，且此共培养体系能够维持 28d，细胞均保持高活性并能够自发形成功能化的结构并实现系统的自稳态[67]。然而，由于器官芯片技术尚处于萌芽阶段，在构建器官芯片上仍面临许多问题，如细胞选择、细胞培养材料及后期的检测手段等。器官芯片最终目标是将不同器官的细胞集成于单一芯片中，构建更加复杂的多器官芯片模型甚至是人体模型，最终实现"Human-on-chip"，必将更加广泛的应用于生命科学、医学、药学等领域的研究中。

6　微流控凝胶气液界面烟气暴露芯片的构建

使用微流控技术构建烟气暴露平台，可利用微流控芯片微型化、自动化、高通量的优点，实现芯片上烟气细胞毒性与氧化应激作用的原位在线检测，这对卷烟烟气危害性评价及其毒性作用机制研究有重要意义。本研究采用光刻及激光雕刻技术等制作芯片模板，使用 PDMS 倒模而成芯片，并构建的凝胶气液界面和芯片上气、液梯度形成情况进行相关表征。

6.1　芯片设计方案

本实验构建了一个"三明治结构"芯片用于实现气液双重梯度下细胞的培养和烟气刺激研究。该芯片设计分为三层结构，上层为气体管道层，中间层为细胞培养孔阵列，下层为液体管道层。同时，上层气体管道与下层液体管道都可以形成梯度条件，能够实现双重梯度下对细胞的原位高通量检测。具体如下所述：

上层芯片为气体管道层。该层主要利用自由扩散在芯片层中形成气体梯度，并对中间层固定的细胞气体暴露。设计构想如图 5.7 所示中上层芯片所示。芯片一侧通气体 A，以红色表示，另一侧通气体 B，以白色表示；两路气体在中间管道中相互混合相互稀释，以形成气体梯度，如图中由红色到无色的变化趋势。同时上层芯片的气体管道与中间层细胞培养孔垂直对应，可使不同浓度梯度的气体暴露于细胞。

中间层芯片为细胞层孔阵列结构，设计构想如图 5.7 中中间层芯片所示，红色 4×4 孔阵列，即为细胞培养孔。中间层细胞培养孔与上、下层芯片管道垂直对应，能够实现不同条件下的细胞暴露，并可实现细胞的原位检测。

下层芯片为液体管道层。该层主要利用液体的自由扩散在芯片层中形成梯度，并对中间层固定的细胞进行液体暴露。设计构想如图 5.7 中下层芯片所示。芯片一侧为液体 A，以蓝色表示，另一侧为液体 B，以白色表示。两路液体在中间管道中相互混合相互稀释，以形成液体梯度，如图中由蓝色到无色的变化趋势。同时下层芯片的液体管道与中间层细胞培养孔垂直对应，可使不同浓度梯度的液体暴露于细胞。

如图 5.7 所示右侧，为三层芯片依次贴合而形成的完整芯片结构。实验拟构建"三明治结构"芯片，同时实现气、液双重梯度条件下的细胞毒性和氧化应激损伤检测。

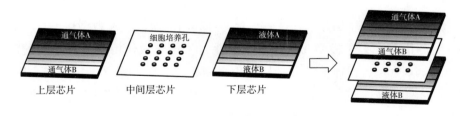

图 5.7 芯片设计构想图

6.2 上层芯片制作与优化

6.2.1 上层芯片制作

（1）制作方法 首先采用激光雕刻技术制作模具，然后采用聚二甲基硅氧烷（PDMS）倒模技术制作芯片。制作流程如下：

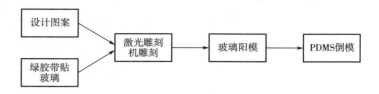

过程如下所述：

①在一片洁净的玻璃片上，依次贴 12 层 PET 绿胶带（60μm/层），紧密贴合，防止气泡产生。

②使用激光雕刻机，按设计的图形结构进行雕刻，去除多余部分，得到模板。

③将未固化的聚二甲基硅氧烷（PDMS 前聚体：固化剂 = 10：1），铺到上层芯片模板上，真空抽气 10min 以除去气泡。

④在加热台上于 70℃加热固化 45min。揭下，即得到上层芯片。

⑤使用打孔器在芯片上相应位置打孔，即可用于使用。

（2）设计与选择　芯片上气体梯度形成原理：两路气体自由扩散，相互稀释。根据这个原理，实验过程中共设计了以下三种上层芯片结构，如图 5.8 所示。

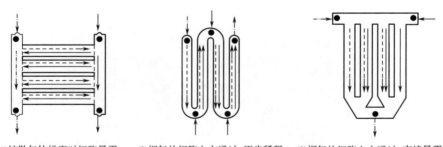

(1)扩散气体梯度对细胞暴露　　(2)烟气从细胞上方通过-逐步稀释　　(3)烟气从细胞上方通过-直接暴露模式

图 5.8　上层芯片设计结构图

(--→烟气，—→空气)

如图 5.8（1）结构所示，上面黑色箭头处通烟气，绿色箭头处通空气，两路气体依靠自由扩散作用在中间相通的气体通道中形成烟气梯度，从而对下面中间层上的细胞进行暴露；如图 5.8（2）结构所示，黑色箭头处通入烟气，在3个拐角处通入空气，这样可以对烟气进行逐步稀释，从而达到形成梯度的目的；如图5.8（3）结构所示，同图5.8（1）结构类似，上面黑色箭头处通烟气，绿色箭头处通空气，区别在于这种结构使烟气能够从中间层细胞上方通过，进行直接暴露。

为验证这三种芯片结构是否可形成梯度，并保证一定的烟气暴露量。对三种芯片形成的气体梯度以及实际烟气暴露量进行表征。

气体梯度表征，由于烟气不具有明显的颜色，且也无法使溶液发生明显的变化，因此在实验过程中使用二氧化碳气体，结合溴百里酚蓝的碱性溶液作为指示剂来指示气体梯度的形成[33]。该方法的原理：溴百里酚蓝在碱性条件下呈蓝色、酸性条件下呈黄色。溴百里酚蓝的碱性溶液在二氧化碳气体的作用下会逐渐趋向酸性，从而颜色会发生从蓝色到黄色的转变。对凝胶颜色变化过程进行监控至达到稳定状态。

烟气暴露量表征，采用荧光探针 DHE 染色法，通过倒置荧光显微镜下观察细胞 ROS 变化情况，该荧光染料，使用绿光激发得红色荧光，荧光强度的大小与细胞内 ROS 的量呈正相关，据此判断烟气暴露量。

芯片结构 A：气体梯度表征结果如图5.9所示。由图可看出，凝胶颜色呈现由蓝色到黄色的梯度变化，说明该芯片结构可以实现气体梯度的形成。烟气暴露结果如图5.10所示。左侧〔（1）～（4）〕通的是烟气，右侧〔（13）～（16）〕通的是空气，两边细胞 ROS 荧光强度没有明显差异，无荧光强度的

图5.9　上层芯片结构 A 气体梯度表征图

梯度变化。因此，A 结构芯片，可以形成梯度，但是这种气体梯度效果没有在使用烟气暴露的实验过程中表现出来，说明烟气剂量不足，并且在这种结构中，烟气靠扩散至细胞表面，没有与细胞直接接触，与细胞暴露烟气的实际状况不相符合。因此，这种结构不能用于下面细胞烟气暴露实验研究。

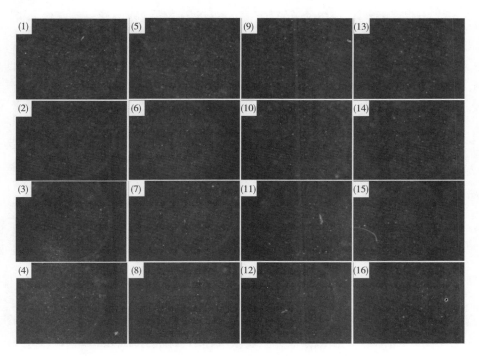

图 5.10　上层芯片结构 A 烟气暴露后细胞 ROS 荧光图

　　B 结构芯片，从进口处通入烟气，在 S 型芯片通道拐角处分别通入空气，这样各通道烟气可逐步稀释，从而可形成梯度。由于在研究过程中，实验是以在出口处形成一个负压实现气体进入通道的，因此这种情况下根据通道内压力分布，接近出口处拐角的空气更易进入通道，烟气会很少进入，从而造成烟气量的不足。实验同样以烟气暴露后，DHE 荧光染色观察，结果如图 5.11 所示。由图可看出荧光强度很弱且没有明显梯度变化，说明烟气剂量不足，因此这种结构同样也不能用于细胞烟气暴露研究。

　　芯片结构 C，同 A 结构类似，一边通烟气，另一边通空气，区别在于这种情况下烟气与空气直接在芯片管道中稀释混合，烟气能够从中间层细胞上方通过进行直接暴露。从理论上来说，该方案既解决了烟气量不足的问题，

图 5.11　上层芯片结构 B 烟气暴露后细胞 ROS 荧光图

又能够形成梯度，实验同样以烟气暴露后，DHE 荧光染色观察，结果如图 5.12 所示。由图可看出 ROS 荧光强度依次递增，说明烟气在芯片中呈梯度变化，因此这种结构可用于细胞烟气暴露研究。

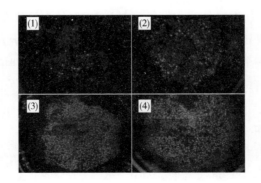

图 5.12　上层芯片结构 C 烟气暴露后细胞 ROS 荧光图

综上所述，可知只有结构 C 的上层芯片能够实际实现芯片上烟气梯度的暴露。究其原因，结构 A 能够产生梯度，但是这种情况下烟气量明显不足；结构 B 虽然可使烟气从细胞上方通过，但是这种结构会使烟气进入管道的量很少，烟气量明显不足。而结构 C，既能够保证烟气量，又能够形成梯度，同时烟气自细胞上方通过

图 5.13　上层芯片 PET 模板（每层 60μm，共 12 层，芯片管道深度 720μm）

直接与细胞进行接触，这与细胞暴露烟气的实际状况相符合。因此，实验选用结构 C 作为上层芯片。其制作过程如上所示，得到的芯片模板实物图如图 5.13 所示。

6.2.2　上层芯片气体梯度表征

（1）表征方法　对于气体梯度表征，实验使用二氧化碳气体，结合溴百里酚蓝的碱性溶液作为指示剂来指示气体梯度的形成[33]，原理如上所述。

具体过程：①使用 PBS 配制的浓度为 2% 低熔点琼脂糖凝胶（m/V），使溶解呈液态。②使用移液枪，在每个孔中点加 0.7μL 凝胶，放置 4℃ 冰箱中 5min，待凝胶固化。③将配好的呈碱性的溴百里酚蓝溶液在每个孔中点加 0.7μL，室温放置 10min，溴百里酚蓝溶液渗入凝胶中。④将芯片贴合，以 4mL/min 的流速、20min 暴露时间，于两个进气口，一边通二氧化碳、一边通空气。⑤在直筒显微镜下，监测凝胶颜色变化。⑥使用 Image J 软件对各通道凝胶进行色度分析，分析其梯度变化。

（2）结果分析　如图 5.14 所示为得到的芯片气体梯度颜色变化图，使用

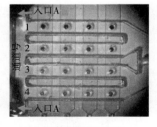

(1)气体梯度颜色变化

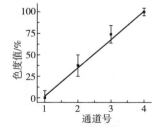

(2)色度分析（实验以溴百里酚蓝作为酸碱指示剂）

图 5.14　上层芯片气体梯度表征

Image J 软件对各通道凝胶对其进行色度分析，作得右侧图5.14（2）线性变化图，横坐标1、2、3、4对应于图5.14（1）中各通道，纵坐标是各通道凝胶颜色色度值大小；线性拟合得到直线方程：$Y = 32.85X - 30.55$，$R^2 = 0.9936$，可看出线性变化良好，说明此芯片平台可形成稳定的线性变化。此上层芯片对于气体而言可形成良好的线形变化，可用于烟气刺激细胞实验。

6.3 中间层芯片制作与优化

6.3.1 中间层芯片制作

中间层芯片为4×4阵列的孔状结构，根据实验所用材料、打孔方式、制作方法的不同，实验设计了以上三种方案（图5.15）。

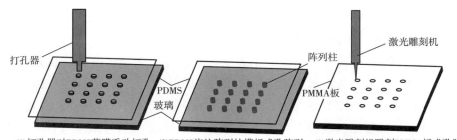

(1)打孔器对PDMS薄膜手动打孔　(2)PDMS浇注阵列柱模板成孔阵列　(3)激光雕刻机雕刻PMMA板成孔阵列

图5.15　中间层芯片3种实验方案

方案A的实验过程：在一片洁净的玻璃片表面浇上未固化的聚二甲基硅氧烷（PDMS前聚体∶固化剂=10∶1），抽真空除气泡，在加热台上于70℃加热固化45min。揭下，得到一片PDMS薄膜。使用打孔器手动打孔4×4阵列，即得到中间层芯片。这种方案有优点也有缺点，优点：PDMS薄膜可重复使用，且易于上下层贴合；缺点：PDMS薄膜很薄、容易破损，同时手动打孔较麻烦，容易造成孔大小及排列不均一，最重要的是这种情况下在孔上点加凝胶，凝胶易脱落。

方案B的实验过程：按照上述上层芯片模板制作方法，在玻璃上制作阵列柱模板，将未固化的聚二甲基硅氧烷浇在这个模板表面，再使用另一片玻璃在上方贴合，用夹子夹紧，在加热台上于70℃加热固化45min。将玻璃、PDMS依次揭下，即得到PDMS孔阵列薄膜。优点：PDMS薄膜可重复使用，且易于上下层贴合，孔大小及排列整齐均一；缺点：PDMS薄膜很薄、容易破损，不能够保证所有的孔都上下互通，这种情况下点加凝胶，凝胶易脱落。

方案 C 的实验过程：直接使用激光雕刻机对 PMMA 板按照设计的 4×4 孔阵列结构进行雕刻，即得到孔阵列芯片。优点：实验操作方便简单，孔大小及排列整齐均一，最重要的是这种情况下点加凝胶，凝胶不易脱落，原因是激光雕刻时对板上下表面的作用略有差异，使得孔的下面圆直径比上面圆直径稍小，可以起到支撑的作用；缺点：PMMA 板不宜重复使用，略有消耗。

综上所述，中间层芯片应采用实验方案 C。采用这种方法装载凝胶时，不单单可以依靠凝胶在孔上的表面张力，还可以外在地为凝胶装载提供支撑。制作的芯片经紫外杀菌处理后即可用于细胞装载。

6.3.2　细胞装载方式

细胞装载方式：①细胞与低熔点琼脂糖凝胶混合后填充；②先填充凝胶，后填充细胞。具体情况如图 5.16 所示。

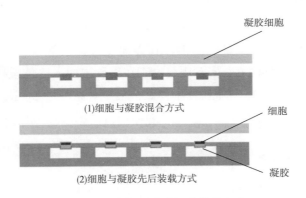

(1)细胞与凝胶混合方式

(2)细胞与凝胶先后装载方式

图 5.16　中间层芯片细胞装载方式

如图 5.16（1）的装载方式，当凝胶与细胞混合填充时，凝胶固化，细胞不在同一焦面上，这为后续在显微镜下聚焦观察带来不便，同时这种情况下细胞不能够与烟气直接接触。而图 5.16（2）的装载方式，先将凝胶填充到孔中，固化后再将细胞填放在凝胶表面，细胞呈单层分布，且可与烟气直接接触。因此，实验采用第二种细胞装载方式。

芯片阵列结构图如图 5.17 所示，图 5.17（1）为 4×4 的凝胶孔阵列，将细胞点加在凝胶表面，细胞会很快分散开来，呈单层分布，如图 5.17（2）所示。

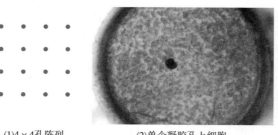

(1)4×4孔阵列　　　　　　　(2)单个凝胶孔上细胞

图 5.17　中间层芯片孔阵列结构

6.3.3　凝胶机械稳定性评估

在芯片上能够进行可靠的流体控制，是芯片上进行细胞生物评估实验的关键因素。本实验中选用凝胶构建气液界面。凝胶是一种半渗透性的物质，它不但能够为细胞培养提供机械支撑，同时能够渗入营养物质，为细胞提供良好的生长环境。本研究对构建的凝胶气液界面进行了相关表征。

（1）实验过程　为了验证，在液体连续流动的情况下，该界面是否能够承受液体流动压力，以保证细胞能够在界面上进行正常培养和生物评估，实验对凝胶稳定性进行检测。实验内容：①在凝胶中加入蓝色染料得蓝色凝胶，使用移液枪点加 0.7μL 于阵列孔中；②放置 4℃冰箱中 5min，待凝胶固化；③使用黄色染料为液体流动相，分别在不同流速下（10~500μL/min）连续流动。

（2）结果分析　如图 5.18 所示为不同流速下（10~500μL/min），凝胶机械稳定性情况。当流速为 0μL/min 时，凝胶中的蓝色染料只会和液体中的黄色染料在静态下相互扩散，形成一个绿色的圆环。而当液体流动时，这个圆环就会发生变化，这是由静态扩散和液体层流共同作用的结果，形成一个三角形状。这个颜色图形的变化能够很好的反映出液体的流速。而在实验的过程中，

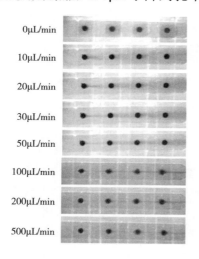

图 5.18　不同流速下，凝胶界面机械
稳定性（0~500μL/min）

没有发生液体渗出或凝胶掉落的现象。这充分说明凝胶气液界面能够满足后续使用。

6.3.4 凝胶与溶液交换能力表征

（1）表征方法　为了验证凝胶与液体流动相快速交换的能力。实验使用溴百里酚蓝这种酸碱指示剂进行表征。在 pH>7.6 时，其是蓝色；7.6>pH>6.0 时，其是绿色；pH<6.0 时，其是黄色；将这种指示剂配成碱性溶液点加在凝胶表面，凝胶会变成蓝色状态，液体使用 0.01mol/L 盐酸，在酸性的条件下，凝胶颜色会发生从蓝色到黄色的转变。

（2）结果分析　如图 5.19 所示为一系列随时间增加凝胶颜色变化图。可看出，在 5s 之内，蓝色凝胶都完全转化为黄色，说明凝胶和溶液之间能够实现快速的交换。

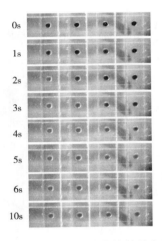

6.3.5 芯片上细胞培养

在芯片上细胞能否正常生长是决定该芯片是否可用于细胞的生物学评估的关键因素。凝胶机械稳定性、与交换情况的表征结果证实该芯片可以提供细胞生长所需要的稳定环境，为进行实际的细胞培养奠定了基础。芯片上细胞生长情况的表征如下。

图 5.19　凝胶与溶液交换情况表征

（1）实验过程

①使用 PBS 配制 2%的低熔点琼脂糖凝胶溶液，置于 70℃ 水浴中溶解，振荡形成均匀水溶液。

②处理细胞，得到细胞悬浮液，细胞密度约为 10^6 cell/mL。

③将经过 30min 紫外光灭菌处理的下层和中间层芯片取出、可逆贴合，使用移液枪依次移取 2%凝胶 0.7μL 注入微孔。将芯片放于 4℃ 冰箱 5min，凝胶固化。

④使用移液枪再次依次移取 0.7μL 细胞溶液注入微孔。

⑤重复上步实验，将所有孔阵列皆注入细胞。

⑥使用注射泵和 5mL 注射器，以 5μL/min 速度连续灌注细胞培养液。

⑦在显微镜下观察细胞状态，及使用 AO-EB（吖啶橙-溴化乙啶）染色观察细胞活性情况。

（2）结果分析　如图 5.20 所示为将细胞装载到凝胶表面，细胞状态的变化情况。说明在 20min 内凝胶上的液体可以很快渗透凝胶，将细胞载于凝胶表面；而在持续不断的通入细胞培养液时，细胞的位置是不会发生变化的，可看出在该凝胶界面上可以形成很好的单细胞层。

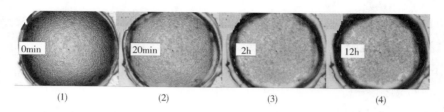

图 5.20　凝胶上单层细胞产生过程（0~12h，凝胶上细胞分布情况的变化）

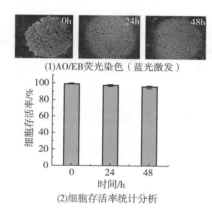

图 5.21　芯片上细胞培养

如图 5.21 所示为在芯片上进行细胞的长期培养，细胞的活性情况，并且进行统计分析。图 5.21（1）为对细胞进行荧光染色情况，图 5.21（2）为对细胞存活率进行统计分析情况。实验对细胞连续培养 48h，使用 AO-EB（吖啶橙-溴化乙啶）染色，于倒置荧光显微镜下观察。使用蓝光激发，由于 AO 只进入活细胞，正常的细胞核及处于凋亡早期的细胞核呈现绿色；EB 只能进入死细胞，将死细胞及凋亡晚期的细胞核染成橙色。因此，通过在荧光显微镜下细胞显色和形态的不同，将正常细胞和死亡细胞区分开来。实验结果如图 5.21（2）所示，培养 48h 后，细胞几乎无死亡，存活率超过 95%，说明该芯片平台可有效地用于细胞的长期培养。

6.3.6　凝胶上气溶胶颗粒表征

（1）表征方法　为了评估凝胶界面与气溶胶颗粒之间的相互作用能力。实验使用卷烟烟气作为气体污染源，将使用单通道吸烟机收集的新鲜烟气，以 4mL/min 的流速持续通入芯片管道，经过 20min，烟气在凝胶上富集。使用扫描电子显微镜，在凝胶孔阵列附近，拍照分析，并统计颗粒分布。实验以孔附近处颗粒分布，推断确定凝胶上气体颗粒沉积情况。

（2）结果分析　图 5.22（1）是凝胶附近颗粒分布 SEM 图，图 5.22（2）是颗粒分布情况的统计数据。研究表明颗粒越小，越容易在肺泡处沉积，对肺部细胞产生生物学效应，而卷烟烟气气溶胶粒径大小绝大多数在 1μm 以下。因此，可以说明该凝胶气液界面系统可以用于生物学评估，进行细胞的毒理学研究。

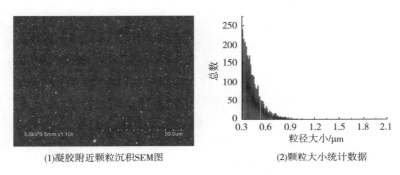

| (1)凝胶附近颗粒沉积SEM图 | (2)颗粒大小统计数据 |

图 5.22　凝胶附近气溶胶颗粒表征

6.4　下层芯片制作与优化

6.4.1　下层芯片制作

（1）制作方法　首先采用光刻技术制作模具，然后采用聚二甲基硅氧烷（PDMS）倒模技术制作芯片。光刻技术的基本过程及原理如图 5.23 所示。

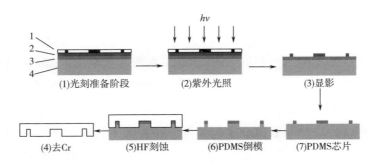

图 5.23　光刻技术的基本过程（正光刻胶）

1—掩模；2—光刻胶；3—牺牲层；4—基片

首先，光刻技术需要在基片上依次涂上化学阻挡层（牺牲层，如铬层）和光刻胶；其次，将带有一定图案的掩膜覆盖在基片上，用紫外光照射，能够透过紫外光的光刻胶会发生一定的光化学反应（对于正光刻胶而言），这时经过 NaOH 显影掩膜上的图案可复制到光刻胶上；再次，使用去 Cr 液除去暴露出来 Cr 层，图案复制到 Cr 层上，最后使用 HF 刻蚀液对基片进行刻蚀，即可形成芯片模板结构。按照前面上层芯片所述步骤，将未固化 PDMS 浇注到模板上，固化即可得到下层芯片。

实验使用铬板 SG－2506（铬层：145nm，S－1805 正性光刻胶：570nm；长沙韶光铬版有限公司）作为基片。实验具体过程如下：

①将铬板、图案掩膜和玻璃片按顺序排放，用夹子加好。

②使用紫外光（365nm）照射 1min，这时图案转移到铬板上的光刻胶上。

③使用 0.5% NaOH 浸泡 1min，显影；后用自来水冲洗。

④使用去铬液浸泡 1min，图案转移到铬层上；后用自来水冲洗。

⑤加热台上于 80℃ 加热 10min。

⑥将铬板放于 HF 刻蚀液（HF：HNO_3：NH_4F = 1.0mol/L：0.5mol/L：0.5mol/L）中，于水温 30℃ 的摇床中，放置 2h，实验时为保证刻蚀效率，需要每 30min 换一次刻蚀液。

⑦自来水冲洗，加热台上烘干，以备用。

⑧如上层芯片制作，将未固化的 PDMS，铺上，加热固化，揭下，即得到下层芯片。

（2）设计与选择　芯片上液体梯度形成原理：依靠两路液体自由扩散，相互稀释。根据这个原理，实验设计了如下芯片结构并对其进行表征。

如图 5.24 所示，对结构 5.24（1）进行表征，在两个进液口，一边通入蓝色液体，一边通入红色液体，以 5μL/min 的流速，在长达 30min 的时间内，得到表征图如上所示，可看出颜色混合明显不均匀，不能形成稳定的溶液梯度，原因是液体的扩散作用远远比气体小，因此很难通过扩散达到相互混合、相互稀释的目的。为了形成稳定的梯度，需要增加液体的混合区域，因此，实验改进了设计结构图 5.24（2）"圣诞树"结构，溶液混合区域明显增加，不过由于实验是 4×4 阵列结构，只有 4 个液体通道，所以芯片管道按"圣诞树"结构由 2 路液体依次分流至 4 路液体，混合区域只能如此，液体梯度表征情况如下所述。

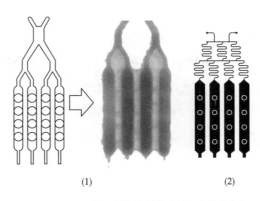

(1)　　　　　　　　　　　　　　(2)

图 5.24　下层芯片设计结构图并对其表征

6.4.2　下层芯片液体梯度表征

（1）表征方法　为了实现芯片上液体的浓度梯度，同时满足液体连续流动的需要，实验选择了圣诞树结构的液体梯度发生器来形成一维方向的液体浓度梯度。由于溶液的扩散需要一定时间，因此为了得到较好的线性梯度需要较小的流体流速。实验以 $5\mu L/min$ 的流速，使用注射器分别在芯片的 L1 和 L2 口通入红色液体和超纯水进行液体浓度梯度表征。

（2）结果分析　如图 5.25 所示，是得到的芯片液体梯度颜色变化图，使用 Image J 软件对各通道进行色度分析，作得右侧图 5.25（2）颜色变化趋势图，横坐标是 1、2、3、4 对应于图 5.25（1）中各通道，纵坐标是各通道颜色色度值大小；线性拟合得到直线方程：$Y = 34.02X - 36.43$，$R^2 = 0.9929$；可看出呈线性变化，这与理想情况相符。与前面相比，增加的混合区域明显对液体梯度的形成已经起到很好的作用，该液体管道层芯片可以用于后续的液体暴露实验研究。

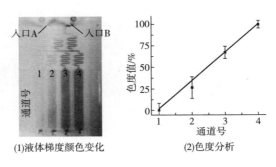

(1)液体梯度颜色变化　　　　(2)色度分析

图 5.25　芯片液体梯度表征

6.5　芯片结构定型

　　根据前面分别对上、中、下三层芯片进行设计、制作及优化，最终实验确定了如图 5.26 所示的三层芯片结构图。芯片由上、中、下三层构成。上层芯片，两个进气口通不同气体，在芯片上构成气体梯度；中间层，为 4×4 孔阵列结构；下层芯片，两个进液口通不同液体，在芯片上构成液体梯度（图5.27）。

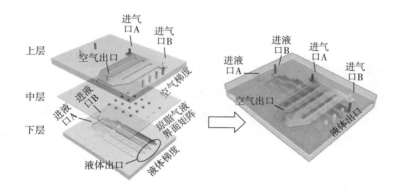

图 5.26　芯片结构

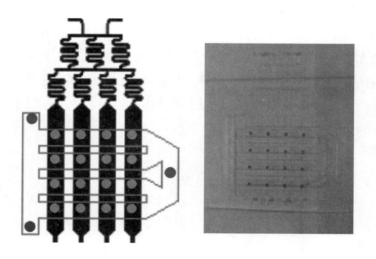

图 5.27　芯片结构图与芯片实物图

6.6　芯片上烟气暴露与细胞毒性检测

运用建立的微流控芯片平台，对凝胶气液界面上肺腺癌细胞 A549 进行烟气暴露，研究细胞毒性。

细胞毒性检测，分别进行烟气暴露下细胞毒性检测和液相暴露下细胞毒性检测，其中液相以 H_2O_2 作为刺激源。研究细胞毒性，使用 AO-EB（吖啶橙-溴化乙啶）对细胞染色，在荧光倒置显微镜下观察，使用蓝光激发，活细胞呈绿色荧光、死细胞呈红色荧光，统计细胞存活率。

烟气暴露下细胞毒性检测，按上述所言，在芯片上装载好细胞，液体管道中通入细胞培养液。将收集好新鲜烟气的烟气袋和空气袋分别与上层芯片两个进气口相连接，控制条件，进行实验，然后使用 AO-EB（吖啶橙-溴化乙啶）染色荧光倒置显微镜观察细胞活性情况。

液相暴露下细胞毒性检测，在芯片上装载好细胞，分别将含有 H_2O_2 的细胞培养液与纯净细胞培养液与下层芯片两个进液口相连接，控制条件，进行实验，然后使用 AO-EB（吖啶橙-溴化乙啶）染色荧光倒置显微镜观察细胞活性情况。

烟气收集，使用单通道吸烟机以 ISO 抽吸模式收集烟气，抽吸参数：抽吸容量 35mL、每口抽吸 2s、每 60s 抽吸一口。烟气收集袋容量 500mL。具体过程，首先将烟气袋中空气抽尽，然后使用吸烟机按照以上抽吸方法将烟气袋收集满烟气，最后将烟气袋连接上层芯片烟气进气口。

实验暴露所使用的结构图及暴露装置如图 5.28 所示。

如图 5.28 所示，(1) 部分为芯片主体，三层芯片结构依次贴合；(2) 部分为液体注射泵，调节流速分别通入不同液体；(3) 部分为气体收集袋，将新鲜烟气收集到烟气袋中以通入芯片；(4) 部分为真空发生器和气体流量计，真空发生器可以提供一个负压，气体流量计对流速进行调节。

凝胶，使用低熔点琼脂糖凝胶，凝胶的生物相容性、渗透性、透明性使其能够为细胞生长提供良好的环境，适用于细胞培养。低熔点琼脂糖，在常温下呈现固态，在温度为 70℃ 时呈现液态，因此在这里可以很好的作为细胞载体，即将液态凝胶点加在孔中，在表面张力的作用下可以安放于孔中，再放于 4℃ 冰箱中 5min，这时凝胶固化，经前面所述证实它的渗透性和机械稳定性良好，可以作为细胞载体，用于构建凝胶气液界面。

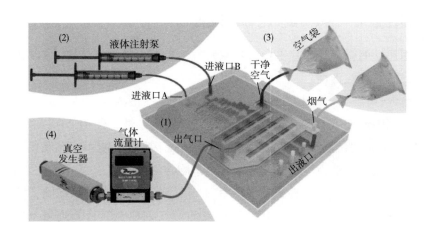

图 5.28　芯片结构图与暴露装置

1—气液双重梯度芯片；2—液体注射泵；3—气体收集袋；4—真空发生器及气体流量计

A549 细胞、肺腺癌细胞、人肺泡 II 型上皮细胞，是呼吸系统靶器官来源的主要细胞，被广泛应用于吸入毒性和呼吸系统疾病的体外细胞模型研究。因此，选用 A549 细胞研究卷烟烟气细胞毒性和氧化应激损伤。

6.6.1　烟气暴露梯度表征

（1）表征方法　实验使用卷烟烟气，进行烟气梯度表征，以确定烟气这种气溶胶在芯片上梯度分布。

具体过程：①使用 PBS 配制的浓度为 2% 低熔点琼脂糖凝胶（m/v），使溶解呈液态。②使用移液枪，在每个孔中点加 0.7μL 凝胶，放置 4℃ 冰箱中 5min，待凝胶固化。③按前述烟气收集方式，收集烟气。④将芯片贴合，以 4mL/min 的流速、20min 暴露时间，于两个进气口，一边通烟气、一边通空气。⑤实验结束后，使用扫描电子显微镜，对每横列凝胶孔阵列附近处进行拍照分析。⑥使用 Image J 软件统计颗粒分布。实验以每横列孔附近处颗粒分布，推断确定凝胶上气体颗粒沉积情况，以分析通道中烟气梯度变化。

（2）结果分析　如图 5.29 所示，图 5.29（1）是得到的芯片上烟气颗粒分布梯度变化 SEM 图，使用 Image J 软件对各通道颗粒分布统计分析，作得图 5.29（2）颗粒分布图。如图所示，使用烟气作为暴露气体，可以在芯片上形成梯度。烟气颗粒大部分在 1μm 以下，与实际情况相符。这进一步证实该芯片平台可用于烟气刺激细胞实验研究。

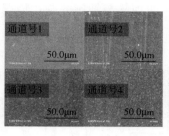

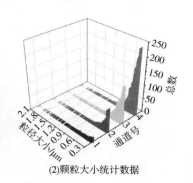

(1)烟气颗粒沉积SEM图　　　　　　(2)颗粒大小统计数据

图 5.29　上层芯片烟气梯度表征

6.6.2　烟气暴露下细胞毒性检测

考察烟气暴露下，细胞毒性情况，①研究细胞存活率与流速的关系。两芯片进气口都连接烟气，控制烟气暴露时间 20min，分别调节流速为 0，4，8，12，20mL/min，实验后染色观察。②研究细胞存活率与暴露时间的关系。两芯片进气口都连接烟气，控制流速 4mL/min，分别调节时间为 0，20，40，60min，实验后染色观察。③芯片烟气梯度下细胞存活率检测。在一片芯片上，一边连接烟气，另一边连接空气，调节流速为 20mL/min、暴露时间为 20min，实验后染色观察。

（1）细胞存活率与烟气流速的关系　研究卷烟烟气细胞毒性与烟气暴露剂量的关系，两芯片进气口都连接烟气，固定烟气暴露时间 20min，以不同的烟气流速暴露 A549 细胞即 0，4，8，12 和 20mL/min。细胞烟气暴露之后，使用 AO-EB 荧光染料对细胞染色，荧光倒置显微镜下，蓝光激发活细胞发出绿色荧光、死细胞发出红色荧光，由此可检测细胞存活率。

如图 5.30 所示，图 5.30（1）为不同流速下烟气暴露细胞 AO-EB 染色荧光图，对细胞存活率统计，得到变化趋势图（2）。由图 5.30（2）可看出，在流速为 0mL/min 和 4mL/min 时，细胞几乎没有损伤，存活率≥95%；在流速为 8mL/min 时，细胞存活率还保持在 90%；在流速为 12mL/min 时，细胞稍微有点损伤，但存活率还保持在 80% 左右，而当流速为 20mL/min 时，细胞存活率降到 60%。为说明是否是由气体流速造成的细胞损伤，以 20mL/min 的流速，进气口通入空气 20min，作为对照组，细胞无明显损伤，说明细胞损伤的确是由烟气造成。红色荧光细胞的增加说明，随着烟气流速的增加细胞死亡率增加；同时随着流速的提高，细胞中黄色亮度增强，这是细胞核染色质浓缩的结果，是细胞早期凋亡的特征，说明烟气与细胞的凋亡情况有一定的相关性。

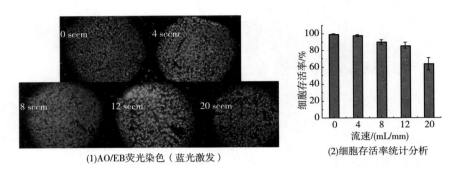

(1)AO/EB荧光染色（蓝光激发）　　　　(2)细胞存活率统计分析

图5.30　细胞存活率与烟气流速的关系图

（2）细胞存活率与暴露时间的关系　研究卷烟烟气细胞毒性与烟气暴露剂量的关系，考虑上面细胞存活率与烟气流速的关系，在流速为4mL/min时，细胞几乎没有损伤，存活率≥95%，研究在此流速下，增加暴露时间，细胞存活率变化。两芯片进气口都连接烟气，固定烟气流速4mL/min，以不同的烟气暴露时间刺激A549细胞即0，20，40和60min。细胞烟气暴露之后，使用AO-EB荧光染料对细胞染色，荧光倒置显微镜下，蓝光激发活细胞发出绿色荧光、死细胞发出红色荧光，由此可检测细胞存活率。

如图5.31所示，图5.31（1）为不同暴露时间下烟气暴露细胞AO-EB染色荧光图，对细胞存活率统计，得到变化趋势图5.31（2）。由5.31（2）可看出，在暴露时间为0min和20min时，细胞几乎没有损伤，存活率≥95%；暴露时间增加到40min时，细胞存活率大幅度下降，细胞损伤变化明显，存活率为75%左右；当暴露时间进一步增加到60min时，细胞存活率降到60%。而以通入空气60min，细胞无明显损伤，说明细胞损伤的确是由烟气造成。红色荧光细胞的增加，说明随着烟气流速的增加细胞死亡率增加；同时在40min之后，黄色亮度明显增强，充分说明细胞凋亡的存在，这是细胞程序化死亡的一种形式，其与各种炎症与癌症的发生有很大的关系。

（3）芯片烟气梯度下细胞存活率检测　由上面研究流速及暴露时间与细胞存活率的关系，了解到随着烟气流速和暴露时间的不断增加，细胞存活率呈下降趋势；综合考虑为在一片芯片上实现细胞存活率的梯度变化，研究使

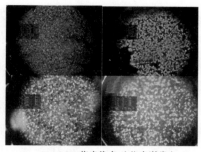

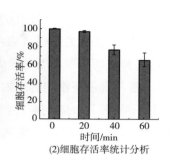

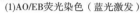

(1)AO/EB荧光染色（蓝光激发）　　　　(2)细胞存活率统计分析

图 5.31　细胞存活率与暴露时间的关系图

用流速为 20mL/min、暴露时间为 20min 的条件在一片芯片上进行烟气梯度暴露；因为如果暴露时间过长容易引入其他因素，带来不确定性，且操作时间过长；则在此时间条件下，为形成细胞存活率的梯度变化实验选择 20mL/min 这一流速，具体如下所述。

以流速为 20mL/min、暴露时间为 20min 的条件在一片芯片上进行烟气梯度暴露，上层芯片一边进气口连接收集的新鲜烟气，一边进气口连接空气，以上述暴露条件进行烟气刺激，使用 AO-EB 荧光染料对细胞染色，荧光倒置显微镜下，蓝光激发活细胞发出绿色荧光、死细胞发出红色荧光，由此可检测细胞存活率。

如图 5.32 所示，图 5.32（1）为同芯片上不同烟气浓度刺激下细胞 AO-EB 染色荧光图，对细胞存活率统计，得到变化趋势图 5.32（2）。图 5.32（2）横坐标 1 为接近空气一侧，4 为接近烟气一侧，则 1、2、3、4 所表示的烟气浓度分别为 0%、33%、66% 和 100%；由图可看出，在接近空气一侧，

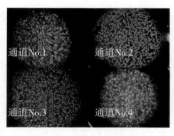

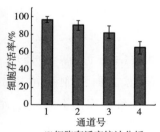

(1)AO/EB荧光染色（蓝光激发）　　　　(2)细胞存活率统计分析

图 5.32　烟气暴露下细胞毒性检测

此通道为 0% 烟气，细胞几乎没有损伤，存活率≥95%；而接近烟气一侧细胞存活率为 65% 左右，此通道为 100% 烟气；在两者之间的通道分别为 33% 和 66% 烟气，细胞存活率也在两者之间变化。实验表明，在此暴露条件下，细胞存活率在芯片上随烟气浓度的增加呈剂量-效应关系。

6.6.3 液相暴露下细胞毒性检测

考察 H_2O_2 刺激下，细胞毒性情况。①研究细胞存活率与 H_2O_2 浓度的关系。两芯片进液口都通入 H_2O_2 细胞培养液，控制刺激时间 2h，分别调节 H_2O_2 浓度为 0、0.025、0.05、0.10mol/L，实验后染色观察。②研究细胞存活率与刺激时间的关系。两芯片进液口都通入 H_2O_2 细胞培养液，控制 H_2O_2 浓度 0.025mol/L，分别调节刺激时间为 0、1、2、3h，实验后染色观察。③芯片 H_2O_2 梯度下细胞存活率检测。在一片芯片上，一边通入 0.05mol/L H_2O_2 细胞培养液，另一边通入纯细胞培养液，调节液体流速为 5μL/min、刺激时间为 2h，实验后染色观察。

（1）细胞存活率与 H_2O_2 浓度的关系 研究 H_2O_2 刺激下细胞毒性与 H_2O_2 浓度的关系，两芯片进液口都通入 H_2O_2 细胞培养液，固定刺激时间 2h，以不同浓度的 H_2O_2 刺激 A549 细胞即 0、0.025、0.05 和 0.1mol/L，两个进液口均以液体流速为 5μL/min 通入一定浓度的 H_2O_2 培养液。细胞 H_2O_2 刺激之后，使用 AO-EB 荧光染料对细胞染色，荧光倒置显微镜下，蓝光激发活细胞发出绿色荧光、死细胞发出红色荧光，可检测细胞存活率。

如图 5.33 所示，图 5.33（1）为不同浓度的 H_2O_2 刺激细胞 AO-EB 染色后细胞存活率统计图。由图可看出，在 H_2O_2 浓度为 0mol/L 和 0.025mol/L 时，细胞损伤不大，存活率≥90%；在 H_2O_2 浓度为 0.05mol/L 时，细胞存活率降到 70%；在 H_2O_2 浓度为 0.1mol/L 时，细胞大部分都已死亡，存活率在 20% 以下。实验表明，随着 H_2O_2 浓度的增加，细胞死亡率增加，当浓度持续增加时，对细胞毒性更加明显。

（2）细胞存活率与刺激时间的关系 研究 H_2O_2 刺激下细胞毒性与刺激时间的关系，考虑上面细胞存活率与 H_2O_2 浓度的关系，在 H_2O_2 浓度为 0.025mol/L 时，细胞损伤不大，存活率≥90%，研究在此浓度下，增加刺激时间，细胞存活率变化。两芯片进液口都通入 H_2O_2 细胞培养液，固定 H_2O_2 浓度 0.025mol/L，以不同时间刺激 A549 细胞即 0、1、2 和 3h，两个进液口均以液体流速为 5μL/min 通入 0.025mol/L H_2O_2 培养液。细胞 H_2O_2 刺激之后，使用 AO-EB 荧光染料对细胞染色，荧光倒置显微镜下，蓝光激发活细胞发出绿色荧光、死细胞发出红色荧光，检测细胞存活率。

如图 5.33 所示，图 5.33（1）为不同时间刺激细胞 AO-EB 染色后细胞存活率统计图。由图可看出，在时间为 0、1 和 2h 时，细胞损伤不大，存活率≥90%；在时间为 3h 时，细胞大部分都已死亡，存活率在 40%。实验表明，随着刺激时间的增加，细胞死亡率增加，当时间持续增加时，对细胞毒性更加明显。

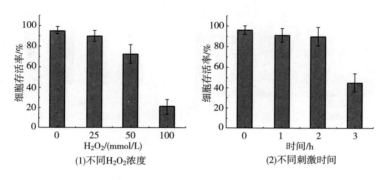

图 5.33 H_2O_2 刺激下细胞存活率统计分析（AO/EB 荧光染色，蓝光激发）

（3）芯片 H_2O_2 梯度下细胞存活率检测 由上面研究 H_2O_2 浓度及刺激时间与细胞存活率的关系，了解到随着 H_2O_2 浓度和刺激时间的不断增加，细胞存活率呈下降趋势；综合考虑为在一片芯片上实现细胞存活率的梯度变化，研究使用 H_2O_2 浓度为 0.05mol/L、刺激时间为 2h 的条件在一片芯片上进行 H_2O_2 梯度暴露；因为如果 H_2O_2 浓度过大易对细胞造成损伤；则在此浓度条件下，为形成细胞存活率的梯度变化选择 2h 刺激时间，具体如下所述。

两个进液口均以液体流速为 5μL/min，一个进液口通入含有 0.05mol/L H_2O_2 的细胞培养液，另一个进液口通入纯细胞培养液，对 A549 细胞进行染毒，使用 AO-EB 荧光染料对细胞染色，荧光倒置显微镜下，蓝光激发活细胞发出绿色荧光、死细胞发出红色荧光，检测细胞存活率。

如图 5.34 所示，图 5.34（1）为同芯片上不同 H_2O_2 浓度刺激下细胞 AO-EB 染色荧光图，对细胞存活率统计，得到变化趋势图 5.34（2）。图 5.34（2）横坐标 1 为接近细胞培养液一侧，4 为接近 H_2O_2 一侧，则 1、2、3、4 所表示的 H_2O_2 浓度分别为 0、0.017、0.033 和 0.05mol/L；可看出，在接近细胞培养液一侧，此通道 H_2O_2 浓度 0，细胞几乎没有损伤，存活率≥95%；接

近 H_2O_2 一侧细胞存活率为 70%，此通道为 0.05mol/L H_2O_2；在两者之间的通道，H_2O_2 浓度分别为 0.017mol/L 和 0.033mol/L，细胞存活率也在两者之间变化。实验表明，在此刺激条件下，细胞存活率在芯片上随 H_2O_2 浓度增加呈剂量效应关系。

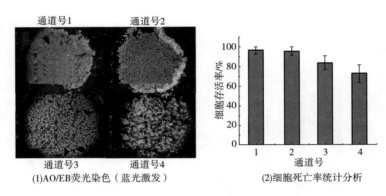

图 5.34　H_2O_2 浓度梯度刺激下细胞毒性检测

6.7　芯片上烟气暴露与细胞氧化应激作用

运用建立微流控芯片平台，以细胞 ROS 为指标研究烟气暴露下细胞的氧化应激作用。

6.7.1　芯片上细胞 ROS 检测

实验以 ROS 作为氧化应激指标，以 A549 细胞作为细胞模型，研究烟气暴露下细胞的氧化应激作用，所用烟气暴露装置及烟气收集方法皆同前所述。

如前所述，烟气暴露下细胞毒性检测，随着流速及暴露时间的增加，细胞死亡率增加，并发生细胞凋亡。烟气暴露下，细胞 ROS 增加，发生氧化应激反应，诱导细胞死亡。为研究烟气暴露之后，细胞中 ROS 变化，使用 ROS 荧光探针 DHE（二氢乙啶）对细胞进行染色，使用绿光激发得红色荧光，荧光强度的大小与细胞内 ROS 的量呈正相关，据此判断细胞 ROS 变化。①研究细胞 ROS 与烟气流速的关系。两芯片进气口都连接烟气，控制烟气暴露时间 20min，分别调节流速为 0，4，8，12，20mL/min，实验后染色观察。②研究细胞 ROS 与暴露时间的关系。两芯片进气口都连接烟气，控制流速 4mL/min，分别调节时间为 0，20，40，60min，实验后染色观察。③芯片烟气梯度下细胞 ROS 检测。在一片芯片上，一边连接烟气，另一边连接空气，调节流速为

4mL/min、暴露时间为20min，实验后染色观察。

6.7.1.1　细胞 ROS 与烟气流速的关系

研究卷烟烟气细胞 ROS 与烟气暴露剂量的关系，两芯片进气口都连接烟气，固定烟气暴露时间 20min，以不同的烟气流速暴露于 A549 细胞即 0，4，8，12 和 20mL/min。细胞烟气暴露之后，使用 DHE 荧光染料对细胞染色，荧光倒置显微镜下，绿光激发细胞发出红色荧光，荧光强度越强，细胞 ROS 浓度越大，使用 Image J 软件对细胞荧光强度进行分析。

如图 5.35 所示，细胞烟气暴露之后，DHE 荧光染色，得图 5.35（1），使用软件分析荧光强度较强的细胞所占百分比，统计数据如图 5.35（2）所示。由图可看出，细胞本身所含 ROS 很少，烟气暴露后，细胞中 ROS 明显增加；随着流速增加细胞 ROS 趋于稳定。

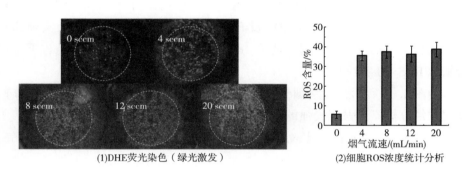

(1)DHE荧光染色（绿光激发）　　(2)细胞ROS浓度统计分析

图 5.35　细胞 ROS 与烟气流速的关系图

6.7.1.2　细胞 ROS 与暴露时间的关系

研究卷烟烟气细胞 ROS 与烟气暴露剂量的关系，两芯片进气口都连接烟气，固定烟气流速 4mL/min，以不同的暴露时间暴露于 A549 细胞即 0、20、40 和 60min。细胞烟气暴露之后，使用 DHE 荧光染料对细胞染色，荧光倒置显微镜下，绿光激发细胞发出红色荧光，荧光强度越强，细胞 ROS 浓度越大，使用 Image J 软件对细胞荧光强度进行分析。

如图 5.36 所示，细胞烟气暴露之后，DHE 荧光染色，得图 5.36（1），使用软件分析荧光强度较强的细胞所占百分比，统计数据如图 5.36（2）所示。由图可看出，结果与上面相同，烟气暴露后，细胞中 ROS 明显增加；随着烟气暴露时间增加细胞 ROS 趋于稳定。

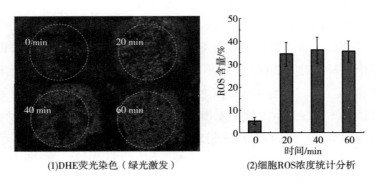

(1)DHE荧光染色（绿光激发）　　(2)细胞ROS浓度统计分析

图5.36　细胞ROS与暴露时间的关系图

6.7.1.3　芯片烟气梯度下细胞ROS检测

由上面研究流速及暴露时间与细胞ROS的关系，了解到随着烟气流速和暴露时间的不断增加，细胞ROS没有变化；因此为在一片芯片上实现细胞ROS的梯度变化，研究使用流速为4mL/min、暴露时间为20min条件下，进行细胞ROS梯度检测。

如图5.37所示，细胞烟气暴露之后，DHE荧光染色，得图5.37（1），使用软件分析荧光强度较强的细胞所占百分比，统计数据如图5.37（2）所示。控制条件为20min和4mL/min，两个进气口，一边通烟气、一边通空气，对芯片上细胞进行烟气暴露，染色观察。由图可看出，在芯片上细胞荧光强度有一定的梯度变化趋势，随着烟气浓度的逐渐增加，细胞中ROS的量逐渐增加。在正常细胞中，ROS量很少，如图中5.37（1）所示，按实验统计方法，在大量的细胞中荧光强度较强的细胞所占百分比小于7%；在33%烟气刺

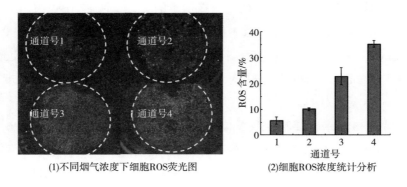

(1)不同烟气浓度下细胞ROS荧光图　　(2)细胞ROS浓度统计分析

图5.37　烟气暴露下细胞ROS梯度变化

激下，这个数量增加到 12%，直至 100% 烟气下的 36%。将其与上章节在流速为 4mL/min、暴露时间为 20min 条件下，细胞存活率保持在 95% 相比较。虽然烟气暴露下细胞没有死亡，但是 ROS 已经明显的增加。说明细胞死亡是一个过程，细胞已经开始发生损伤，证实 ROS 在细胞凋亡中起着一定作用。

6.8　小结

利用微流控芯片技术构建了气液界面烟气暴露平台，模拟人体肺部细胞暴露在烟气环境中的实际状态，并利用该平台进行了细胞培养和烟气暴露，实现了芯片上烟气细胞毒性及氧化应激作用的原位高通量检测。

构建了一种"三明治结构"烟气暴露平台，使能够在实验室进行卷烟烟气毒理学评估。凝胶气液界面既可使细胞与烟气直接接触，又可保证细胞生长所需要的稳定环境。气、液双梯度的构建，可实现多重条件下细胞原位高通量检测。使用该芯片平台可实现烟气与 H_2O_2，气、液梯度条件下细胞毒性检测及氧化应激损伤分析。分别在上层芯片烟气梯度与下层芯片 H_2O_2 梯度条件下，细胞存活率呈梯度变化；在上层芯片烟气梯度条件下，细胞 ROS 呈梯度变化。

参考文献

[1] 方肇伦. 微流控分析芯片发展与展望 [J]. 大学化学. 2001 (02)：1-6.
A. Manz, H. M. Widmer. Sens. Actuators B. 1990, B1, 244-248.

[2] Soper s. A., et al. Polymetric Microelectromechanical Systems, Anal. Chem., 2000 (72)：643A-651A.

[3] 林炳承. 深圳-大连微流控芯片及其产业化战略研讨会文集, 2015：6.

[4] 林炳承. 微流控芯片实验室. 北京：科学出版社, 2013：1-6.

[5] Chao TC, Hansmeier N. Microfluidic devices for high throughput proteome analyses [J]. Proteomics, 2013, 13：467-479.

[6] Reccius CH, Mannion JT, Cross JD, Craighead HG. Compression and free expansion of single DNA molecules in nanochannels [J]. Phys Rev Lett. 2005, 95 (26)：4.

[7] Smeets RMM, Keyser UF, Krapf D, Wu MY, Dekker NH, Dekker C. Salt dependence of ion transport and DNA translocation through solid-state nanopores [J]. Nano Lett. 2006, 6 (1)：89-95.

[8] Beebe DJ, Mensing GA, Walker GM. Physics and applications of microfluidics in

biology [J]. Annu Rev Biomed Eng. 2002, 4: 261-286.

[9] Young EWK, Beebe DJ. Fundamentals of microfluidic cell culture in controlled microenvironments [J]. Chem Soc Rev. 2010, 39 (3): 1036-48.

[10] Gupta K, Kim DH, Ellison D, Smith C, Kundu A, Tuan J, Levchenko A. Lab on a chip. 2011, 10, 2019-2031.

[11] Weaver W, Kittur H, Dhar M, Di Carlo D. Lab on a chip. 2014, 14 (12): 1962-1965.

[12] Guo MT, Rotem A, Heyman JA, Weitz DA. Droplet microfluidics for high-throughput biological assays [J]. Lab Chip. 2012, 12 (12): 2146-55.

[13] Sjostrom SL, Bai YP, Huang MT, Liu ZH, Nielsen J, Joensson HN, et al. High-throughput screening for industrial enzyme production hosts by droplet microfluidics [J]. Lab Chip. 2014, 14 (4): 806-13.

[14] Huh D, Matthews BD, Mammoto A, Montoya-Zavala M, Hsin HY, Ingber DE. Reconstituting Organ-Level Lung Functions on a Chip [J]. Science. 2010, 328 (5986): 1662-8.

[15] 高体玉, 冯军, 慈云祥. 单个活细胞分析的研究进展 [J]. 科学通报. 1998 (07): 673-82.

[16] 翁前锋, 许国旺. 毛细管电泳单细胞分析方法及应用进展 [J]. 生命科学仪器. 2004 (01): 3-10.

[17] Sackmann EK, Fulton AL, Beebe DJ. The present and future role of microfluidics in biomedical research [J]. Nature. 2014, 507 (7491): 181-9.

[18] Esch EW, Bahinski A, Huh D. Organs-on-chips at the frontiers of drug discovery [J]. Nat Rev Drug Discov. 2015, 14 (4): 248-60.

[19] Abbott A. Cell culture: Biology's new dimension [J]. Nature. 2003, 424 (6951): 870-2.

[20] Forry SP, Locascio LE. On-chip CO_2 control for microfluidic cell culture [J]. Lab Chip. 2011, 11 (23): 4041-6.

[21] Xu BY, Hu SW, Qian GS, Xu JJ, Chen HY. A novel microfluidic platform with stable concentration gradient for on chip cell culture and screening assays [J]. Lab on a Chip. 2013, 13 (18): 3714-20.

[22] van Duinen V, Trietsch SJ, Joore J, Vulto P, Hankemeier T. Microfluidic 3D cell culture: from tools to tissue models [J]. Curr Opin Biotechnol. 2015, 35: 118-26.

[23] Potkay JA. The promise of microfluidic artificial lungs [J]. Lab Chip. 2014, 14 (21): 4122-38.

［24］Gimbel AA, Flores E, Koo A, Garcia-Cardena G, Borenstein JT. Development of a biomimetic microfluidic oxygen transfer device ［J］. Lab Chip. 2016, 16 (17): 3227-34.

［25］Di Caprio G, Stokes C, Higgins JM, Schonbrun E. Single-cell measurement of red blood cell oxygen affinity ［J］. Proc Natl Acad Sci U S A. 2015, 112 (32): 9984-9.

［26］Xu BY, Hu SW, Yan XN, Xia XH, Xu JJ, Chen HY. On chip steady liquid-gas phase separation for flexible generation of dissolved gas concentration gradient ［J］. Lab Chip. 2012, 12 (7): 1281-8.

［27］Xu BY, Yang ZQ, Xu JJ, Xia XH, Chen HY. Liquid-gas dual phase microfluidic system for biocompatible CaCO3hollow nanoparticles generation and simultaneous molecule doping ［J］. Chem Commun. 2012, 48 (95): 11635-7.

［28］Huh D, Matthews BD, Mammoto A, Montoya-Zavala M, Hsin HY, Ingber DE. Reconstituting Organ-Level Lung Functions on a Chip ［J］. Science. 2010, 328 (5986): 1662-8.

［29］Wang L, Liu WM, Wang YL, Wang JC, Tu Q, Liu R, et al. Construction of oxygen and chemical concentration gradients in a single microfluidic device for studying tumor cell-drug interactions in a dynamic hypoxia microenvironment ［J］. Lab Chip. 2013, 13 (4): 695-705.

［30］Chang CW, Cheng YJ, Tu M, Chen YH, Peng CC, Liao WH, et al. A polydimethylsiloxane-polycarbonate hybrid microfluidic device capable of generating perpendicular chemical and oxygen gradients for cell culture studies ［J］. Lab Chip. 2014, 14 (19): 3762-72.

［31］Fujii S, Tokuyama T, Abo M, Okubo A. Simple microfabrication method of glass plate using high-viscosity photoresist for micro analytical systems ［J］. Analyst. 2004, 129 (4): 305-8.

［32］H. J. Zeng, Z. L. Wan, A. D. Feineerman, Nat Nanotechnol. 2006, 17, 3183-3188.

［33］Boone T, Fan ZH, Hooper H, Ricco A, Tan HD, Williams S. Plastic advances microfluidic devices ［J］. Anal Chem. 2002, 74 (3): 78A-86A.

［34］Duffy DC, McDonald JC, Schueller OJA, Whitesides GM. Rapid prototyping of microfluidic systems in poly (dimethylsiloxane) ［J］. Anal Chem. 1998, 70 (23): 4974-84.

［35］Studer V, Pepin A, Chen Y. Nanoembossing of thermoplastic polymers for microfluidic applications ［J］. Appl Phys Lett. 2002, 80 (19): 3614-6.

［36］Roberts MA, Rossier JS, Bercier P, Girault H. UV laser machined polymer substrates for the development of microdiagnostic systems ［J］. Anal Chem. 1997, 69 (11): 2035-42.

［37］Benam KH, Villenave R, Lucchesi C, Varone A, Hubeau C, Lee HH, et al. Small

［38］airway-on-a-chip enables analysis of human lung inflammation and drug responses in vitro ［J］. Nat Methods. 2016, 13 (2): 151-+.

［39］ Horvath L, Umehara Y, Jud C, Blank F, Petri-Fink A, Rothen-Rutishauser B. Engineering an in vitro air-blood barrier by 3D bioprinting ［J］. Sci Rep. 2015, 5: 8.

［40］ Stucki AO, Stucki JD, Hall SRR, Felder M, Mermoud Y, Schmid RA, et al. A lung-on-a-chip array with an integrated bio-inspired respiration mechanism ［J］. Lab Chip. 2015, 15 (5): 1302-10.

［41］ Hiki S, Mawatari K, Aota A, Saito M, Kitamori T. Sensitive Gas Analysis System on a Microchip and Application for On-Site Monitoring of NH3 in a Clean Room ［J］. Anal Chem. 2011, 83 (12): 5017-22.

［42］ Park CP, Kim DP. Dual-Channel Microreactor for Gas-Liquid Syntheses ［J］. J Am Chem Soc. 2010, 132 (29): 10102-6.

［43］ Potkay JA, Magnetta M, Vinson A, Cmolik B. Bio-inspired, efficient, artificial lung employing air as the ventilating gas ［J］. Lab Chip. 2011, 11 (17): 2901-9.

［44］ de Jong J, Lammertink RGH, Wessling M. Membranes and microfluidics: a review ［J］. Lab Chip. 2006, 6 (9): 1125-39.

［45］ de Jong J, Verheijden PW, Lammertink RGH, Wessling M. Generation of local concentration gradients by gas-liquid contacting ［J］. Anal Chem. 2008, 80 (9): 3190-7.

［46］ Yuen PK, Su H, Goral VN, Fink KA. Three-dimensional interconnected microporous poly (dimethylsiloxane) microfluidic devices ［J］. Lab Chip. 2011, 11 (8): 1541-4.

［47］ Shao HW, Lu YC, Wang K, Luo GS. Liquid-liquid microflows in micro-sieve dispersion devices with dual pore size ［J］. Microfluid Nanofluid. 2012, 12 (5): 705-14.

［48］ Sridharamurthy SS, Jiang H. A microfluidic device to acquire gaseous samples via surface tension held gas-liquid interface ［J］. IEEE Sens J. 2007, 7 (9-10): 1315-6.

［49］ Sjostrom SL, Bai YP, Huang MT, Liu ZH, Nielsen J, Joensson HN, et al. High-throughput screening for industrial enzyme production hosts by droplet microfluidics ［J］. Lab Chip. 2014, 14 (4): 806-13.

［50］ Lo JF, Sinkala E, Eddington DT. Oxygen gradients for open well cellular cultures via microfluidic substrates ［J］. Lab Chip. 2010, 10 (18): 2394-401.

［51］ Kim J, Taylor D, Agrawal N, Wang H, Kim H, Han A, et al. A programmable microfluidic cell array for combinatorial drug screening ［J］. Lab Chip. 2012, 12 (10): 1813-22.

［52］ Khoury M, Bransky A, Korin N, Konak LC, Enikolopov G, Tzchori I, et al. A microfluidic traps system supporting prolonged culture of human embryonic stem cells aggregates ［J］. Biomed Microdevices. 2010, 12 (6): 1001-8.

［53］Li LM, Wang W, Zhang SH, Chen SJ, Guo SS, Francais O, et al. Integrated Microdevice for Long–Term Automated Perfusion Culture without Shear Stress and Real–Time Electrochemical Monitoring of Cells ［J］. Anal Chem. 2011, 83 （24）: 9524–30.

［54］Rossi M, Lindken R, Hierck BP, Westerweel J. Tapered microfluidic chip for the study of biochemical and mechanical response at subcellular level of endothelial cells to shear flow ［J］. Lab Chip. 2009, 9 （10）: 1403–11.

［55］Kim D, Lokuta MA, Huttenlocher A, Beebe DJ. Selective and tunable gradient device for cell culture and chemotaxis study ［J］. Lab Chip. 2009, 9 （12）: 1797–800.

［56］VanDersarl JJ, Xu AM, Melosh NA. Rapid spatial and temporal controlled signal delivery over large cell culture areas ［J］. Lab Chip. 2011, 11 （18）: 3057–63.

［57］Cimetta E, Cannizzaro C, James R, Biechele T, Moon RT, Elvassore N, et al. Microfluidic device generating stable concentration gradients for long term cell culture: application to Wnt3a regulation of beta–catenin signaling ［J］. Lab Chip. 2010, 10 （23）: 3277–83.

［58］Xu BY, Yan XN, Zhang JD, Xu JJ, Chen HY. Glass etching to bridge micro– and nanofluidics ［J］. Lab Chip. 2012, 12 （2）: 381–6.

［59］Dertinger SKW, Chiu DT, Jeon NL, Whitesides GM. Generation of gradients having complexshapes using microfluidic networks ［J］. Anal Chem. 2001, 73 （6）: 1240–6.

［60］Rothbauer M, Wartmann D, Charwat V, et al. Recent advances and future applications of microfluidic live–cell microarrays ［J］. Biotechnology advances, 2015, 33 （6 Pt 1）: 948–61.

［61］Huh D, Hamilton G A, Ingber D E. From 3D cell culture to organs–on–chips ［J］. Trends in Cell Biology, 2011, 21 （12）: 745.

［62］Kelm J M, Marchan R. Progress in 'body–on–a–chip' research ［J］. Archives of toxicology, 2014, 88 （11）: 1913–4.

［63］Polini A, Prodanov L, Bhise N S, et al. Organs–on–a–chip: a new tool for drug discovery ［J］. Expert opinion on drug discovery, 2014, 9 （4）: 335–52.

［64］Frey O, Misun P M, Fluri D A, et al. Reconfigurable microfluidic hanging drop network for multi–tissue interaction and analysis ［J］. Nature communications, 2014, 5: 4250.

［65］Wu J, Wheeldon I, Guo Y, et al. A sandwiched microarray platform for benchtop cell–based high throughput screening ［J］. Biomaterials, 2011, 32 （3）: 841.

［66］安凡. 3D 多元类器官药物筛选芯片的设计、构建及应用. 大连理工大学, 2016.

［67］Maschmeyer I, Lorenz A K, Schimek K, et al. A four–organ–chip for interconnected long–term co–culture of human intestine, liver, skin and kidney equivalents ［J］. Lab on A Chip, 2015, 15 （12）: 2688.

第6部分
新型烟草制品毒理学评价研究进展

　　为了降低传统烟草制品对消费者的危害，新型烟草制品的开发应运而生[1]。2001年，美国医学研究院（IOM）在"清洁烟气：评价烟草减害的科学基础"报告中，首次提出"PREP（Potential Reduced-Exposure Product）"概念。所谓"PREP"，是指与传统卷烟相比某些有害成分释放量降低的烟草制品，这些产品可能减少了使用者对有害成分的暴露[2]。2009年，美国众议院通过了"家庭吸烟预防与烟草控制法案"（Family Smoking Prevention and Tobacco Control Act，FSPTCA），首次提出"MRTP（Modified Risk Tobacco Product）"概念，其定义：为了减少市场上现有商品化烟草制品带来的危害或烟草相关疾病风险，销售、流通、供消费者使用的任何烟草制品[3]。FSPTCA授权美国FDA管控烟草制品。美国FDA管控的内容除了限制卷烟设计的物理参数、卷烟生产的烟叶类型、烟气中有害成分的释放量之外，最重要的是卷烟烟气暴露的毒理学影响。

　　2011年美国FDA授权IOM制订了"MRTP研究的科学标准"[4]，为新型烟草制品的健康风险评估提供了一个指导性框架。根据该框架，MRTP健康风险评估主要包括烟草制品成分的化学分析、临床前毒理学研究和临床研究3个步骤。临床前毒理学研究是评估程序中一个重要组成部分，通过毒理学评价的烟草制品方可进入临床评估阶段，以确保进入临床评估阶段的产品对人体风险较低，同时具有较高的"减害"可能。该"标准"中建议进行的临床前毒理学评价研究主要包括：①体外毒性和遗传毒性试验；②动物毒性实验；③吸烟者尿液致突变性和姊妹染色单体交换试验。目前，国际市场上代表性的新型烟草制品主要有三类：①加热非燃烧型烟草制品；②无烟气烟草制品；③电子烟。各个烟草公司都对其开发的新型烟草制品的健康风险进行了评估，以满足美国FDA的管控要求。

1　加热非燃烧型烟草制品毒理学评价

加热非燃烧型烟草制品主要以碳加热型和电加热型为代表，其特点是"加热烟丝而非燃烧烟丝"，减少了烟草高温燃烧裂解产生的有害成分。

1.1　碳加热型烟草制品毒理学评价

美国雷诺烟草公司最早研发碳加热型卷烟。其研究人员围绕产品原型和新产品，采用细菌致突变试验、染色体畸变分析、姊妹染色单体交换试验、细胞毒性试验、DNA 损伤分析、胞内相关酶分析等体外试验以及动物模型实验开展了大量的毒理学评价研究。

Doolittle 等[5,6]采用鼠伤寒沙门氏菌回复突变试验（Ames 试验）、中国仓鼠卵巢细胞（CHO 细胞）染色体畸变分析、CHO 细胞姊妹染色单体交换试验、大鼠肝细胞 DNA 损伤分析、CHO 细胞次黄嘌呤鸟嘌呤磷酸核糖转移酶分析等体外毒性测试方法评价了碳加热型卷烟原型的主流烟气和侧流烟气的遗传毒性。Smith 等[7]采用 Ames 试验检测了吸烟者尿液的致突变性。结果显示，抽吸燃烧型卷烟的吸烟者改抽加热非燃烧型卷烟后，其尿液的致突变性显著性降低。Bombick 等[8]采用基于 TA98，TA100，TA1538，TA1537 和 TA1535 菌株的 Ames 试验以及基于 CHO 细胞的姊妹染色单体交换试验、染色体畸变分析、中性红细胞毒性试验评价了碳加热非燃烧型卷烟 TOB-HT 的体外毒性。结果显示，1R4F 和 1R5F 参比卷烟烟气冷凝物的姊妹染色单体交换试验、染色体畸变分析、中性红细胞毒性试验结果均为阳性，而 TOB-HT 烟气冷凝物的相应体外毒性终点的测试结果均为阴性，表明碳加热型卷烟烟气冷凝物的遗传毒性和细胞毒性与常规卷烟相比显著降低。McKarns 等[9]评价了 TOB-HT 烟气冷凝物对细胞质膜结构和功能的影响。结果显示，与 1R4F 和 1R5F 参比卷烟相比，在相同烟气染毒剂量下，TOB-HT 没有抑制受试细胞的间隙连接细胞间通讯（GJIC），没有增加乳酸脱氢酶（LDH）的释放，表明 TOB-HT 烟气冷凝物对多种细胞系（人支气管上皮细胞、冠状动脉内皮细胞、冠状动脉平滑肌细胞、WB-344 大鼠肝内皮细胞系等）细胞质膜结构和功能的损伤作用小于 1R4F 和 1R5F 燃烧型卷烟。Foy 等[10]比较了"Eclipse"卷烟和 4 个牌号市售超低焦油卷烟烟气冷凝物的体外毒性。Ames 试验结果显示，

"Eclipse"卷烟诱发的基于单位质量烟气总粒相物的回复突变数显著低于4个牌号燃烧型卷烟诱发的回复突变数。中性红摄取试验结果显示，"Eclipse"卷烟的细胞毒性明显低于燃烧型卷烟。

Brown等[11]采用小鼠烟气仅鼻吸入实验比较了TOB-HT和1R4F参比卷烟烟气遗传毒性的差异。小鼠骨髓细胞和外周血嗜多染红细胞微核实验结果显示，TOB-HT和1R4F参比卷烟烟气暴露组与空气暴露对照组相比，微核发生率均无显著性差异。DNA加合物分析结果显示，与空气暴露对照组相比，1R4F参比卷烟烟气暴露组小鼠肺组织和心脏组织中DNA加合物水平显著升高，而TOB-HT烟气暴露组小鼠相应组织中DNA加合物水平无明显变化。这表明，TOB-HT卷烟主流烟气的遗传毒性低于1R4F参比卷烟。Brown等[12]采用小鼠皮肤涂抹实验，检测了"Eclipse"烟气冷凝物染毒后小鼠体内不同组织中形成DNA加合物的水平。结果显示，1R4F参比卷烟染毒组DNA加合物水平显著高于溶剂对照组，而"Eclipse"烟气冷凝物染毒组DNA加合物水平与溶剂对照组相比没有升高，表明"Eclipse"卷烟烟气的遗传毒性明显低于燃烧型卷烟。Ayres等[13]采用90d大鼠烟气仅鼻吸入实验比较了"Eclipse"卷烟主流烟气和1R4F参比卷烟主流烟气的亚慢性毒性差异。相关生理及病理指标的综合评估结果表明，在可比较的烟气暴露浓度下，"Eclipse"卷烟烟气综合的生物学活性低于1R4F参比卷烟烟气。Meckley等[14]评价了"Eclipse"的致肿瘤性，其小鼠皮肤烟气冷凝物涂抹致肿瘤实验结果表明，与1R4F参比卷烟相比，"Eclipse"卷烟诱导的皮肤肿瘤发生率显著降低。上述实验结果均表明，与常规低焦油卷烟相比，加热非燃烧型卷烟的毒性显著降低。

1.2 电加热型烟草制品毒理学评价

菲莫烟草公司已研发推出了三代电加热型卷烟产品——第一代电加热型卷烟E系列、第二代电加热型卷烟JLI系列和第三代电加热型卷烟K系列[15]，并针对每一代电加热型卷烟，有相关的毒理学评价研究报道。

第一代电加热型卷烟的毒理学效应采用Ames试验、中性红细胞毒性试验、小鼠淋巴瘤胸腺嘧啶核苷激酶分析和90d大鼠烟气吸入实验等方法进行评价[16-18]。Schramke等[18]采用小鼠淋巴瘤胸腺嘧啶核苷激酶分析试验比较了E系列电加热型卷烟与常规卷烟烟气的致突变性。结果显示，E系列电加热型卷烟原型的致突变性明显低于燃烧型卷烟。Tewes 等[19]评价了 E 系列电加热型卷烟主流烟气总粒相物的体外毒性。TA98，TA100，TA102，TA1535 和 TA1537 五种菌株的 Ames 试验结果显示，与 1R4F 参比卷烟相比，E 系列电加热型卷烟的致突变性降低 90%；小鼠胚胎 BALB/c 3T3 细胞的中性红摄取试验结果显示，E 系列电加热型卷烟的细胞毒性降低 40%。Terpstra 等[20]采用 90d 大鼠烟气仅鼻吸入实验评价了 E 系列电加热型卷烟主流烟气的亚慢性吸入毒性。结果显示，E 系列电加热型卷烟和 1R4F 参比卷烟引起的动物体内生物学效应是可比较的，与其他文献报道的主流烟气吸入实验中观察到的结果相似，然而，对观察到的生物学效应进行数理统计分析后发现，与 1R4F 参比卷烟相比，E 系列电加热型卷烟主流烟气的生物学活性平均降低 65%。

Roemer 等[21]采用中性红摄取试验和 Ames 试验测试了第二代电加热型卷烟 JLI 系列的细胞毒性和遗传毒性。结果表明，与常规卷烟相比，加热的方式明显地降低了烟气有害成分释放量，体外毒性的测试结果也明显降低。Moennikes 等[22]进行了 90d 大鼠烟气吸入实验和 35d 烟气吸入肺炎症实验。结果表明，JLI 系列电加热型卷烟主流烟气的吸入毒性降低。

Zenzen 等[23]分别在标准抽吸模式（ISO）和 25 种反映"人抽吸行为（human puffing behavior，HPB）"的抽吸模式下抽吸第三代电加热型卷烟 K 系列和常规卷烟，并采用 Ames 试验和中性红摄取试验评价了 2 种卷烟烟气的体外致突变性和细胞毒性。结果显示，与常规卷烟烟气相比，K 系列电加热型卷烟主流烟气的体外毒性降低。Werley 等[24]对 K 系列产品进行了体外、体内毒理学评价研究。Ames 试验结果显示，与常规卷烟相比，K 系列电加热型卷烟主流烟气总粒相物的致突变性降低了 70%~90%，其主流烟气总粒相物和气相组分的细胞毒性分别降低 82% 和 65%。小鼠皮肤涂抹实验结果表明，与常规卷烟烟气染毒组相比，K 系列电加热型卷烟烟气冷凝物诱发的皮肤肿瘤发生较晚，肿瘤发生率较低，皮肤肿瘤多样性减少，恶性皮肤肿瘤的比例下降。35d 和 90d 大鼠烟气仅鼻吸入实验结果表明，与常规卷烟烟气暴露组相比，电加热型卷烟烟气诱发的大鼠肺组织炎症减轻，相应组织病理学症状减轻。这些体外、体内毒理学实验结果表明，电加热型卷烟相对于常规卷烟，烟气生物学活性显著降低。

2 无烟气烟草制品毒理学评价

IOM 制订的"MRTP 研究的科学标准"[4] 提出，无烟气烟草制品的体外毒性试验包括 Ames 试验、细胞毒性试验、细胞增殖试验、细胞凋亡试验、染色体畸变分析、姊妹染色体交换试验以及微核分析等。动物实验主要包括：仓鼠颊囊研究，大鼠唇管模型，大鼠、小鼠喂养实验等，重点集中于无烟气烟草制品与模型动物口腔、牙龈/牙周病变位点的直接接触，或与呼吸道、心血管病变组织的间接接触。

欧盟新兴及新鉴定健康风险科学委员会（Scientific Committee on Emerging and Newly-Identified Health Risks，SCENIHR）对无烟气烟草制品的健康影响进行了评价[25]。评价采用的相关研究主要包括：流行病学研究、人群实验、动物模型实验以及体外试验等部分。评价结果表明，无烟气烟草制品具有致癌性和成瘾性，对人体健康有害，胰腺被确定为主要的靶器官，无烟气烟草制品可以引起局部口腔损伤，有证据表明无烟气烟草制品可以增加使用者致死性心肌梗死的发生风险。

Bhisey[26] 对有关无烟气烟草制品中有害化学成分的毒性、致突变性和致癌影响的综述表明，无烟气烟草制品可以影响细胞代谢，引起 DNA 损伤，诱导实验动物发生肿瘤，无烟气烟草制品中的化学成分对人体健康具有不利影响。Arimilli 等[27] 比较了无烟气烟草制品和燃烧型卷烟的细胞毒性效应。结果显示，无烟气烟草制品提取物的细胞毒性小于燃烧型卷烟总粒相物及全烟气的细胞毒性。Coggins 等[28] 采用 Ames 试验、小鼠淋巴瘤细胞 TK 基因突变试验、体外微核试验和中性红摄取试验评价了 5 种无烟气烟草制品（3 种市售的 Swedish snus、1 种试验 Swedish snus 样品和 2S3 参比 moist snuff）的体外毒性。结果表明，无烟气烟草制品与常规卷烟相比，具有非常低的致癌影响。Niaz 等[29] 使用 PubMed、Scopus 和谷歌 Scholar 提供的引文搜索工具建立待评价文章列表，对无烟气烟草制品（paan 和 gutkha）的消费在诱导口腔黏膜下纤维化和最终导致口腔癌中的作用进行了系统综述，持续咀嚼 paan 和吞咽 gutkha 可引起黏膜下组织进行性纤维化，3-（甲基亚硝胺）-乙基氰、亚硝胺、烟碱等成分在无烟气烟草制品中引发活性氧的产生，最终导致在烟草消费者口中具有致癌作用的成纤维细胞的 DNA、RNA 的损伤。细胞色素 P450 酶对烟草中亚硝胺的代谢激活可能导致 N–亚硝基降烟碱的形成（一种主要致癌物质），以及微核的发生（基因毒性指标），这些影响导致 DNA 进一步受损，最终导致口腔癌。Rostron 等[30]对无烟气烟草制品的使用和血液循环疾病风险的关系进行了系统综述和 meta 分析，结果表明，无烟气烟草制品消费者患心脏疾病和中风的风险增加。Gupta 等[31]对无烟气烟草制品和心血管疾病之间的关系进行了系统综述，由于大多数研究结果的可变性和方法上的限制，目前现有的证据不足以最终支持心血管疾病与无烟气烟草制品使用之间的联系。需要对区域和特定产品进行精心设计的研究，以便向决策者提供这方面的证据。同时，应向心血管疾病患者提供停止使用无烟气烟草制品的建议。

3　电子烟毒理学评价

电子烟抽吸时产生的烟气来自雾化的电子烟烟液。通常，电子烟烟液包含丙三醇、丙二醇、水、烟碱和多种消费者可选择的香味成分。电子烟的出现和使用也引起了公众对健康的关注[32]。然而，目前关于电子烟的临床前毒理学评价研究非常少。Bahl 等[33]采用 MTT 试验测试了电子烟烟液对人胚胎干细胞、小鼠神经干细胞和人肺成纤维细胞的毒性影响。结果显示，部分烟液对胚胎干细胞具有细胞毒性，其细胞毒性不是归因于烟碱，而是与烟液中化学成分的组成和浓度具有相关性。Romagna 等[34]评价了 21 种市售电子烟烟液蒸气的体外细胞毒性，MTT 试验结果显示，电子烟烟液的蒸气对小鼠 BALB/3T3 成纤维细胞的体外毒性作用均显著低于常规卷烟主流烟气。Farsalinos 等[35]采用 MTT 试验比较了 20 种市售电子烟烟液与常规卷烟烟气的体外毒性效应的差异。结果显示，部分电子烟烟液蒸气对培养的心肌细胞具有毒性影响，且主要与烟液的生产工艺和添加的香味成分有关，评价的所有电子烟烟液蒸气的细胞毒性均显著小于常规卷烟烟气。Vasanthi Bathrinarayanan 等[36]采用气–液界面暴露方式评价了电子烟气溶胶全烟气对体外共培养细胞的毒性影响，结果发现，长时间暴露于电子烟气溶胶可以明显增加细胞促炎症因子 IL–6 和 IL–8 的释放，引起氧化应激反应，降低细胞的存活率，然而，电子烟气溶胶诱导的细胞毒性效应显著低于卷烟烟气。我们课题组前期开展了电子烟体外毒性评价研究，在全烟气暴露条件下模拟电子烟气溶胶暴露的微环境，随着暴露时间的延长，经电子烟气溶胶暴露后的细胞与合成空气暴露组细胞相比，细胞存活率有降低趋势［图6.1（1）］，促炎症因子 IL-6 的释放水平有所增加［图6.1（2）］，提示电子烟气溶胶与合成空气相比具有一定的毒性效应，然而，电子烟的体外毒性显著低于常规卷烟［图6.1（3）］。Taylor 等[37] 评价了电子烟气溶胶和卷烟烟气对体外培养的内皮细胞迁移的影响，结果显示，与卷烟烟气相比，电子烟不诱导内皮细胞迁移的抑制。

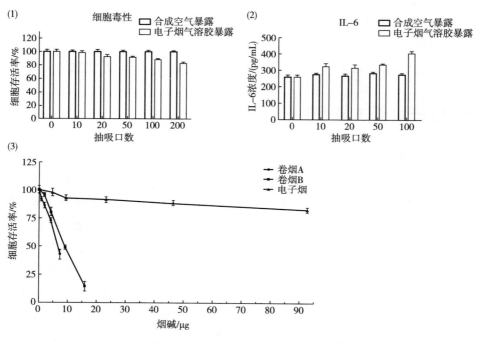

图6.1　电子烟和卷烟烟气气溶胶的体外毒性比较

Ahmad 等[38] 研究了吸入雾化后的烟碱对肺部器官的急性影响，动物实验结果提示，急性烟碱吸入可引起肺水肿和肺损伤加重，免疫组化结果显示血管充血、中性粒细胞浸润增加，全血细胞计数也显示中性粒细胞、白细胞、嗜酸性粒细胞和嗜碱性粒细胞增多。多数分子生物学指标发生了生理性和病理性的改变，如促炎性因子 IL-1A 和 CXCL1 的 mRNA 水平升高，IL-1A 蛋白水平也有增加。体外细胞实验结果显示，烟碱暴露可诱导细胞死亡呈剂量依赖性增加以及细胞凋亡标志物 caspase 3/7 活性增加。这些结果表明，电子烟中的烟碱成分可能对肺组织和全身产生不良影响。Phillips 等[39] 进行了电子烟气溶胶的 90d 大鼠仅鼻吸入暴露的实验研究，发现不含烟碱的甘油/丙二醇混合物的气溶胶对大鼠仅有一些有限的生物学效应，但没有毒性影响；而烟碱的加入（含有烟碱的甘油/丙二醇混合物的气溶胶）对大鼠产生了一些亚毒性和适应性反应，例如引起大鼠肺组织中异性生物质酶的上调、降低血清脂质浓度、改变肝脏代谢酶的表达变化等一些代谢性影响。Sifat 等[40]的研究结果从脑血管的观点支持了烟碱和/或电子烟气溶胶可诱导神经血管单元的葡萄糖剥夺，这可能导致增强性缺血性脑损伤和/或中风风险。

4　展望

新产品的健康影响需要采用合适的毒理学实验方法和较为全面的测试指标进行评价研究。美国 FDA 烟草制品管控的主要目标是确保新产品相对于现有产品不能增加人群健康风险。目前，国际上关于烟草制品健康风险的具体评估程序和评价方法尚需进行大量研究。我国烟草行业针对卷烟的毒理学评价主要采用 CORESTA 推荐的体外测试方法，关于新型烟草制品的毒理学评价尚处于研究阶段。随着新型烟草制品的不断涌现，发展多种反映烟草暴露相关毒性终点的体外试验方法，建立合适的动物吸入毒理学模型，采用先进的检测手段，如流式细胞仪、悬浮芯片、高内涵筛选等，对不同类型烟草制品开展科学的、客观的临床前毒理学评价，或将是我国烟草行业在新型烟草制品健康风险评估工作中毒理学评价研究的发展方向。当前，不同学科领域交叉互补，发展和建立一系列适用于不同类型产品特性的毒理学评价方法，可以较为全面地评估烟草制品的健康影响，运用基因组学、转录组学、蛋白质组学以及代谢组学等技术，研究烟草烟气暴露下体外培养细胞、模型动物体内的生理生化反应，表观遗传学修饰及信号通路传导，结合传统的毒理学评价方法和表征指标，综合评价新产品的健康影响，这将更好地为新型烟草制品的研发服务，同时也应对了政府管控机构的要求，为公众提供了可靠可信、客观公正的科学证据。然而，基于多种毒性终点的体外毒理学测试结果和动物实验数据的综合评估是非常复杂的问题，国际上尚无标准的综合分析方法，这一方面的探索也将成为未来研究的关键课题之一。

参考文献

［1］ Stratton K, Shetty P, Wallace R, et al. Clearing the smoke：The science base for tobacco harm reduction-executive summary ［J］. Tob Control, 2001, 10 （2）: 189-195.

［2］ IOM. Clearing the smoke: Assessing the science base for tobacco harm reduction ［M］. Washington, DC: National Academy Press, 2001.

［3］ Family Smoking Prevention and Tobacco Control Act （FSPTCA） ［L］. Public Law No. 807 111-31 （June 22, 2009）.

［4］ IOM. Scientific standards for studies on modified risk tobacco products ［M］. Washington, DC: The National Academies Press, 2011.

［5］ Doolittle D J, Lee C K, Ivett J L, *et al*. Comparative studies on the genotoxic activity of mainstream smoke condensate from cigarettes which burn or only heat tobacco ［J］. Environ Mol Mutagen, 1990, 15 （2）: 93-105.

［6］ Doolittle D J, Lee C K, Ivett J L, *et al*. Genetic toxicology studies comparing the activity of sidestream smoke from cigarettes which burn or only heat tobacco ［J］. Mutat Res, 1990, 240 （2）: 59-72.

［7］ Smith C J, McKarns S C, Davis R A, *et al*. Human urine mutagenicity study comparing cigarettes which burn or primarily heat tobacco ［J］. Mutat Res, 1996, 361 （1）: 1-9.

［8］ Bombick B R, Murli H, Avalos J T, *et al*. Chemical and biological studies of a new cigarette that primarily heats tobacco. Part 2. *In vitro* toxicology of mainstream smoke condensate ［J］. Food Chem Toxicol, 1998, 36 （3）: 183-190.

［9］ McKarns S C, Bombick D W, Morton M J, *et al*. Gap junction intercellular communication and cytotoxicity in normal human cells after exposure to smoke condensates from cigarettes that burn or primarily heat tobacco ［J］. Toxicol *In Vitro*, 2000, 14 （1）: 41-51.

［10］ Foy J W, Bombick B R, Bombick D W, *et al*. A comparison of *in vitro* toxicities of cigarette smoke condensate from Eclipse cigarettes and four commercially available ultra low- "tar" cigarettes ［J］. Food ChemToxicol, 2004, 42 （2）: 237-243.

［11］ Brown B G, Lee C K, Bombick B R, *et al*. Comparative study of DNA adduct formation in mice following inhalation of smoke from cigarettes that burn or primarily heat tobacco ［J］. Environ Mol Mutagen, 1997, 29 （3）: 303-311.

［12］ Brown B, Kolesar J, Lindberg K, *et al*. Comparative studies of DNA adduct formation in mice following dermal application of smoke condensates from cigarettes that burn or primarily heat tobacco ［J］. Mutat Res, 1998, 414 （1-3）: 21-30.

［13］ Ayres P H, Hayes J R, Higuchi M A, *et al*. Subchronic inhalation by rats of mainstream smoke from a cigarette that primarily heats tobacco compared to a cigarette that burns tobacco ［J］. InhalToxicol, 2001, 13 （2）: 149-186.

［14］ Meckley D R, Hayes J R, Van Kampen K R, *et al*. Comparative study of smoke condensates from 1R4F cigarettes that burn tobacco versus ECLIPSE cigarettes that primarily heat tobacco in the SENCAR mouse dermal tumor promotion assay ［J］. Food ChemToxicol, 2004, 42 （5）: 851-863.

［15］ Schorp M K, Tricker A R, Dempsey R. Reduced exposure evaluation of an electrically heated cigarette smoking system. Part 1: Non-clinical and clinical insights ［J］. Regul Toxicol Pharmacol, 2012, 64 （2 Suppl）: S1-10.

［16］ Patskan G, Reininghaus W. Toxicological evaluation of an electrically heated cigarette. Part 1: Overview of technical concepts and summary of findings ［J］. J ApplToxicol, 2003, 23 （5）: 323-328.

［17］ Roemer E, Stabbert R, Rustemeier K, *et al*. Chemical composition, cytotoxicity and mutagenicity of smoke from US commercial and reference cigarettes smoked under two sets of machine smoking conditions ［J］. Toxicology, 2004, 195 （1）: 31-52.

［18］ Schramke H, Meisgen T J, Tewes F J, *et al*. The mouse lymphoma thymidine kinase assay for the assessment and comparison of the mutagenic activity of cigarette mainstream smoke particulate phase ［J］. Toxicology, 2006, 227 （3）: 193-210.

［19］ Tewes F J, Meisgen T J, Veltel D J, *et al*. Toxicological evaluation of an electrically heated cigarette. Part 3: Genotoxicity and cytotoxicity of mainstream smoke ［J］. J ApplToxicol, 2003, 23 （5）: 341-348.

［20］ Terpstra P M, Teredesai A, Vanscheeuwijck P M, *et al*. Toxicological evaluation of an electrically heated cigarette. Part 4: Subchronic inhalation toxicology ［J］. J ApplToxicol, 2003, 23 （5）: 349-362.

［21］ Roemer E, Stabbert R, Veltel D, *et al*. Reduced toxicological activity of cigarette smoke by the addition of ammonium magnesium phosphate to the paper of an electrically heated cigarette: Smoke chemistry and *in vitro* cytotoxicity and genotoxicity ［J］. Toxicol *In Vitro*, 2008, 22 （3）: 671-681.

［22］ Moennikes O, Vanscheeuwijck P M, Friedrichs B, *et al*. Reduced toxicological activity of cigarette smoke by the addition of ammonia magnesium phosphate to the paper of an electrically heated cigarette: Subchronic inhalation toxicology ［J］. InhalToxicol, 2008, 20 （7）: 647-663.

［23］ Zenzen V, Diekmann J, Gerstenberg B, *et al*. Reduced exposure evaluation of an electrically heated cigarette smoking system. Part 2: Smoke chemistry and *in vitro* toxicological evaluation using smoking regimens reflecting human puffing behavior ［J］. Regul Toxicol Pharmacol, 2012, 64 （2 Suppl）: S11-34.

［24］ Werley M S, Freelin S A, Wrenn S E, *et al*. Smoke chemistry, *in vitro* and *in vivo* toxicology evaluations of the electrically heated cigarette smoking system series K ［J］. RegulTox-icolPharmacol, 2008, 52 （2）: 122-139.

［25］ SCENIHR. Health Effects of Smokeless Tobacco Products ［M］. Brussels: European Commission, 2008.

［26］ Bhisey R A. Chemistry and toxicology of smokeless tobacco ［J］. Indian J Cancer, 2012, 49 （4）: 364-372.

［27］ Arimilli S, Damratoski B E, Bombick B, et al. Evaluation of cytotoxicity of different tobacco product preparations ［J］. RegulToxicolPharmacol, 2012, 64 （3）: 350-360.

［28］ Coggins C R, Ballantyne M, Curvall M, et al. The in vitro toxicology of Swedish snus ［J］. Crit Rev Toxicol, 2012, 42 （4）: 304-313.

［29］ Niaz K, Maqbool F, Khan F, et al. Smokeless tobacco （paan and gutkha） consump-tion, prevalence, and contribution to oral cancer ［J］. Epidemiol Health. 2017, 39: e2017009.

［30］ Rostron BL, Chang JT, Anic GM, et al. Smokeless tobacco use and circulatory disease risk: a systematic review and meta-analysis ［J］. Open Heart. 2018, 5 （2）: e000846.

［31］ Gupta R, Gupta S, Sharma S, et al. A systematic review on association between smokeless tobacco & cardiovascular diseases ［J］. Indian J Med Res. 2018, 148 （1）: 77-89.

［32］ Cobb N K, Byron M J, Abrams D B, et al. Novel nicotine delivery systems and public health: The rise of the "e-cigarette" ［J］. Am J Public Health, 2010, 100 （12）: 2340-2342.

［33］ Bahl V, Lin S, Xu N, et al. Comparison of electronic cigarette refill fluid cytotoxicity using embryonic and adult models ［J］. ReprodToxicol, 2012, 34 （4）: 529-537.

［34］ Romagna G, Allifranchini E, Bocchietto E, et al. Cytotoxicity evaluation of electronic cigarette vapor extract on cultured mammalian fibroblasts （ClearStream-LIFE）: Comparison with tobacco cigarette smoke extract ［J］. Inhal Toxicol, 2013, 25 （6）: 354-361.

［35］ Farsalinos K E, Romagna G, Allifranchini E, et al. Comparison of the cytotoxic poten-tial of cigarette smoke and electronic cigarette vapour extract on cultured myocardial cells ［J］. Int J Environ Res Public Health, 2013, 10 （10）: 5146-5162.

［36］ Vasanthi Bathrinarayanan P, Brown JEP, Marshall LJ, et al. An investigation into E-cigarette cytotoxicity in-vitro using a novel 3D differentiated co-culture model of human airways ［J］. Toxicol In Vitro. 2018, 52: 255-264.

［37］ Taylor M, Jaunky T, Hewitt K, et al. A comparative assessment of e-cigarette aerosols and cigarette smoke on in vitro endothelial cell migration ［J］. Toxicol Lett. 2017, 277: 123-128.

［38］ Ahmad S, Zafar I, Mariappan N, et al. Acute pulmonary effects of aerosolized nicotine ［J］. Am J Physiol Lung Cell Mol Physiol. 2018 Oct 25. doi: 10. 1152/ajplung. 00564. 2017.

［39］ Phillips B, Titz B, Kogel U, et al. Toxicity of the main electronic cigarette components, propylene glycol, glycerin, and nicotine, in Sprague-Dawley rats in a 90-day OECD inhalation study complemented by molecular endpoints. Food Chem Toxicol ［J］. 2017, 109: 315-332.

　　［40］ Sifat AE, Vaidya B, Kaisar MA, *et al*. Nicotine and electronic cigarette (E-Cig) exposure decreases brain glucose utilization in ischemic stroke ［J］. J Neurochem. 2018, 147 (2): 204-221.

附录
缩略语

英文简称	英文全称	中文全称
$\Delta\Psi_m$	Mitochondrial Membrane Potential	线粒体膜电位
8-OHdG	8-hydroxy-2′-deoxyguanosine	8-羟基脱氧鸟苷
AIF	Apoptosis Inducing Factor	凋亡诱导因子
AO-EB	Acridine Orange-Ethidium Bromide	吖啶橙-溴化乙啶
AOP	Adverse Outcome Pathway	有害结局路径
APT	Aminophosphatidyl Transferase	氨基磷脂转移酶
AqE	Aerosol Aqueous Extracts	气溶胶水提物
AαC	2-Amino-9H-Pyrido [2, 3-B] Indole	2-氨基-9H-吡啶并 [2, 3-b] 吲哚
BAT	British American Tobacco	英美烟草公司
caspases	Cysteine-Containing Aspartate-Specific Proteases	天冬氨酸特异性半胱氨酸蛋白酶
CA	Cellulose Acetate	醋酸纤维
CHO	Chinese Hamster Ovary	中国仓鼠卵巢
CMD	Count Median Diameter	粒数中值直径
COPD	Chronic Obstructive Pulmonary Disease	慢性阻塞性肺病
CORESTA	Cooperation Centre for Scientific Research Relative to Tobacco	国际烟草科学研究合作中心
CSC	Cigarette Smoke Condensate	卷烟烟气冷凝物
DC	Dual Segment Carbon	二元碳复合
DMA	Dimethylarsinic Acid	二甲基砷酸
DMSO	Dimethyl sulfoxide	二甲基亚砜
EC_{50}	Half Maximal effective concentration	半数效应浓度
EC-SOD	Extracellular Superoxide Dismutase	细胞外超氧化物酶

英文简称	英文全称	中文全称
ECVA	European Centre For Validation Of Alternative Methods	欧洲委员会欧盟替代方法验证中心
ELISA	Enzyme-Linked Immunosorbent Assay	酶联免疫吸附反应
ELPI	Electrical Low Pressure Impactor	电子低压撞击器
FSPTCA	Family Smoking Prevention and Tobacco Control Act	家庭吸烟预防与烟草控制法案
FTC	Federal Trade Commission	联邦贸易委员会
GSH/GSSG	Reduced Glutathione/Oxidized Glutathione	谷胱甘肽还原态/氧化态
GVP	Gas Vapour Phase	卷烟烟气的气相部分
HCI	Health Canada Intense	加拿大卫生部深度抽吸模式
HCS	High-Content Screening	高含量筛选平台
HI	Hazard Index	危害性评价指数
HMVEC-L	Human Microvascular Endothelial Cells From The Lungs	人肺微血管内皮细胞
HNE	4-Hydroxynonenal	4-羟基壬烯酸
HO-1	Heme Oxygenase 1	血红素加氧酶
HPB	Human Puffing Behavior	人抽吸行为
HPHCs	Potentially Harmful Constituents	潜在有害成分
HUVEC	Human Umbilical Vein Endothelial Cells	人脐静脉内皮细胞
IC_{50}	half Maximal Inhibitory Concentration	半数抑制浓度
IKBKE	Inhibitor Of Nuclear Factor Kappa-B Kinase Subunit Epsilon	核因子 κB 抑制蛋白 E 抗体
IL	Interleukin	白细胞介素
IOM	Institute of Medicine	美国医学研究院
IPCS	International Programme On Chemical Safety	国际化学品安全司
IRIS	Integrated Risk Information System	综合风险信息系统
IVMNT	In Vitro Micronucleus Test	体外微核试验
LDH	Layered Double Hydroxide	乳酸脱氢酶
lncRNA	Long Non-Coding RNA	长链非编码 RNA

英文简称	英文全称	中文全称
LOH	Loss Of Heterozygosity	杂合性丢失
MAPK	Mitogen-Activated Protein Kinase	胞外信号调节激酶
MCN	Micronucleus	微核
MCP-1	Monocyte Chemotactic Protein 1	单核细胞趋化蛋白-1
MDA	Malondialdehyde	丙二醛
MDPH	Massachusetts Department Of Public Health	马萨诸塞州公共卫生部
MMA	Monomethylarsonic Acid	甲基砷酸
MMD	Mass Median Diameter	质量中值直径
MnBn	Micronucleated Binucleated	微核双核
MRTP	Modified Risk Tobacco Product	风险改良烟草制品
MS	Main Stream Smoke	主流烟气
MTT	Methyl Thiazolyl Tetrazolium	噻唑蓝
NAS	National Academy Of Science	美国国家科学院
NCI	National Cancer Institute	美国国立癌症研究所
NFDPM	Nicotine-Free Dry Particulate Matter	无烟碱干粒相物
NHANES	National Health And Nutrition Examination Surveys	美国全国健康和营养调查
NHBE	Normal Human Bronchial Epithelial Cells	正常人支气管上皮细胞
NHFDPM	Nicotine And Humectants-Free Dry Particulate Matter	无烟碱无保湿剂的干粒相物
NIH	National Institutes of Health	国家卫生研究所
NIOSH	National Institute For Occupational Safety And Health	国立职业安全与卫生研究所
NNK	(Methylnitrosamino) -1- (3-Pyridyl) -1-Butanone	4- （甲基亚硝胺基） -1- （3-吡啶） -1-丁酮
NNN	Nitrosonornicotine	亚硝基去甲烟碱
NPA	Network Perturbation Amplitude	网络扰动幅度
NRC	National Research Council	美国国家研究委员会

英文简称	英文全称	中文全称
PCR	Polymerase Chain Reaction	聚合酶链式反应
PDMS	polydimethylsiloxane	聚二甲基硅氧烷
PM	Particulate Matter	粒相物
PM0.1	Particulate Matter 0.1	超细颗粒物
PM10	Particulate Matter 10	可吸附颗粒物
PM2.5	Particulate Matter 2.5	细颗粒物
PMMA	polymethylmethacrylate	聚甲基丙烯酸甲酯
PREP	Potential Reduced−Exposure Product	潜在低暴露产品
PS	Phosphatidylserine	磷脂酰丝氨酸
QCM	Quartz Crystal Microbalance	石英微量天平
RC	Registry of Cytotoxicity	毒性作用数据库
ROS	Reactive Oxygen Species	活性氧族
SAEC	Human Small Airway Epithelial Cells	人小气道上皮细胞
SS	Side Stream Smoke	侧流烟气
STPs	Smokeless Tobacco Products	无烟气烟草制品
TGF−β	Transforming Growth Factor−β	转化生长因子β
TobReg	Tobacco Product Regulation	烟草制品法规
TobReg	Tobacco Product Regulation Study Group	世界卫生组织烟草制品管制研究小组
TPM	Total Particulate Matter	烟气总粒相物
TPM	Total Particle Phase	总粒相物
TSNAs	Tobacco Specific Nitrosamines	烟草特有亚硝胺
TSP	Tobacco Smoke Particulates	烟草烟气粒相物
TSP	Total Suspended Particulate	悬浮颗粒物或总颗粒物
TUBES	Theoretical Upper−Bound Estimates	理论上限评估法
UVE	Uninformative Variable Elimination	无信息变量删除
VEGF	Vascular Endothelial Growth Factor	血管内皮细胞生长因子
WHO	World Health Organization	世界卫生组织
WS	Whole Smoke	全烟气
WTPM	Wet Total Particle Phase	湿总粒相物